U0010142

台灣自然圖鑑 042

The
Encyclopedia
of Fruit

水果圖鑑

一般社團法人 日本果樹種苗協會
國立研究開發法人 農業・食品產業技術綜合研究機構
國立研究開發法人 國際農林水產業研究中心 **監修**

游韻馨 **翻譯**

國立自然科學博物館 嚴新富 **審定**

晨星出版

Contents

※ 根據利用權許諾契約規定，由農研機構育成的種苗法登錄品種之種苗（苗木與穗木），其生產與販售僅限
　 於日本國內。未經植物育種者權人之許可，嚴禁將種苗攜出或出口至國外，或進行海外販售，違者經告發後，
　 得課以罰鍰、勒令停止生產並請求賠償，切勿以身試法。
　 由都道府縣育成之登錄品種亦然。

審定序

　　本書結合果樹種苗、產業技術、國際產業等實作及研究單位，寫出如此詳盡的水果圖鑑，尤其把日本市場上可以買到的果樹品種整理出來，真是果樹界的一大創舉，是一本非常值得閱讀的書。

　　對消費者而言，本書內容包括如何挑選水果、買回去的水果如何保存、最佳品嘗時期、水果的主要營養成分、各品種的主要生產期均有介紹，讓消費者得以輕鬆買到當季的水果，營養美味又安全。雖然它是介紹日本的市場情況，但對台灣的消費者也會有一定的助益。

　　對果樹研究者而言，本書也是一本值得參考的書籍。書中包括各類水果的品種，如本地育種的品種、國外引進的品種、品種來源、有些水果甚至做出主要品種的系譜，這些資料都是引種及育種者的重要參考資訊。

　　另外，本書分為二部分，第一部分為水果的基礎知識，第二部分為水果圖鑑。在水果的基礎知識中，針對消費者需求，將全年市場可以買到的水果按月圖列出來，讓消費者可以迅速掌握日本水果市場的狀況。另外簡單說明果樹品種改良方法及新品種產生的過程、品種登錄、商標登錄等，讓消費者有能力去瞭解各品種的資訊。在水果圖鑑中，內容包括花及果的解剖圖（橫切、縱切、如何切片）、如何挑選水果、主要成分、主要品種譜系圖、上市時期、在日本的主要產地及面積、育成品種的演進等部分，讓讀者可以通盤瞭解每一類水果的來龍去脈。

　　本書在「水果」的分類上，首先依植物學將水果食用部位分成仁果、柑橘、核果及堅果，另外再分果菜、其他水果、熱帶水果等雜項。果菜包括草莓、洋香瓜及西瓜三項，與台灣一般人的想法不太一樣。在台灣所謂的「果菜」，指的是吃果實的菜，如胡瓜、南瓜等瓜類，豌豆、豇豆等豆類，以及菱角、黃秋葵等吃果實的菜。但若依栽培方法，草莓、洋香瓜及西瓜等栽培方法類似蔬菜，因此亦有人將它歸在「果菜」，但實際上它們還是當水果吃。另外，在台灣花生是歸在豆類蔬菜，但在本書因其吃法及營養等因素，而歸在堅果類中。

　　早期在日本文獻中對柑橘的分類採用「小種」的概念，對每一種柑橘給予一個拉丁學名，由於在日本的柑橘種類多，因此彼此間的親緣關係較不清楚。本書參考西方柑橘的分類架構，採用「大種」，將日本可以買到的柑橘類，分成橘子（包括溫州蜜柑、椪柑等）、甜橙、橘橙、文旦、葡萄柚、橘柚等大類，其中如橘橙（tangor）是橘子與甜橙類的種間雜交，包括台灣常見的桶柑、茂谷柑等；橘柚（tangelos）為橘子與柚子或葡萄柚的雜交，如台灣常見的紅柑（明尼橘柚），這樣的架構讓消費者較為瞭解彼此間的關係。

　　日文的漢字所代表的含意，有時候與中名的含意不同。例如中文的「柚子」，在本書中的漢字稱「文旦」；而本書中所提的「柚子」，並不是台灣所熟悉的柚子，而是一種「香橙（*Citrus junos*）」的植物。

　　另外，於本書中歸在堅果類中的扁桃（*Prunus dulcis*，英名 almon），在台灣俗稱「杏仁果」；在台灣早期民眾常吃的杏仁粉，是由杏（*Prunus armeniaca*，英名 apricot）的種子磨成粉做成的，兩者雖同屬薔薇科李屬，但為不同物種，在此補充說明。

國立自然科學博物館植物園老園丁　嚴新富

PART
1

水果的基礎知識

水果雖然是日常可見的食物，
我們對它的認識卻很少。
本章網羅了品種改良的重點與各種資訊，
幫助各位更加了解「水果的現況」。

水果盛產月曆

有些水果只能在盛產期吃到，有些水果當令的最好吃。
所有水果都很容易腐壞，
有些珍貴品種甚至可用「一生只有一次的相遇」來形容。
事先掌握水果的大致產季，就不會錯過品嘗美味的機會。

※ 不同地區的水果產季略有不同，本月曆係以日本主要產地的產季為基準，
但也會受到每年的天候等條件影響產生改變。此外，地球暖化使得水果採收
期有愈來愈早的趨勢。

不知火（凸頂柑）
3～4月（熊本）
▶ P96

檸檬
1～3月（廣島）
▶ P120

伊予柑
2～3月（愛媛）
▶ P96

草莓
2～4月（栃木）
▶ P180

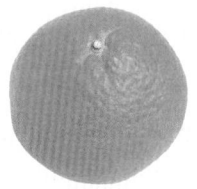

清見
2～4月（愛媛）
▶ P96

1月	2月	3月
12月	11月	10月

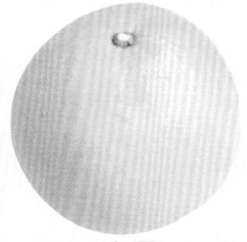

文旦
11～3月（高知）
▶ P101

溫州蜜柑
11～12月（和歌山・愛媛）
▶ P84

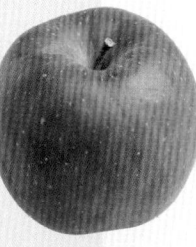

栗子
9～10月（茨城・熊本）
▶ P267

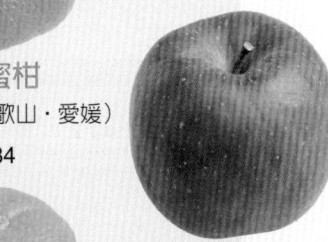

蘋果
9～12月（青森・長野）
▶ P24

奇異果
11～2月（愛媛）
▶ P246

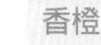

香橙
11～12月（高知）
▶ P126

柿子
10～11月（和歌山・奈良）
▶ P236

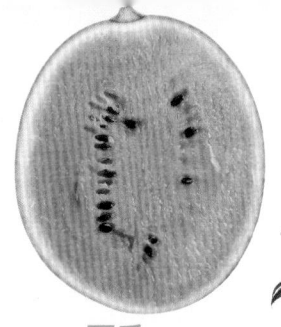

西瓜
4～6月（熊本）
▶ P209

枇杷
3～6月（長崎・千葉）
▶ P68

鳳梨
5～8月（沖繩）
▶ P282

芒果
4～7月（宮崎）
▶ P291

洋香瓜
5～8月（茨城・北海道）
▶ P199

櫻桃
5～6月（山形）
▶ P167

梅子
5～6月（和歌山）
▶ P159

4月	5月	6月
9月	8月	7月

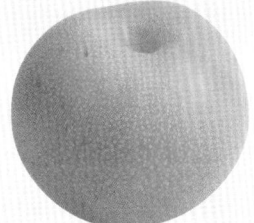

梨
8～10月
（千葉・鳥取）
▶ P44

桃子
7～8月
（山梨・福島）
▶ P136

中國李
7～8月（山梨）
▶ P151

溫室蜜柑
6～8月（佐賀）
▶ P85

西瓜
7～8月（山形）
▶ P209

葡萄
7～9月（山梨）
▶ P222

無花果
6～8月（愛知）
▶ P252

何謂水果？

西瓜是水果還是蔬菜？
本節從農作物的栽種方法為各位說明
水果究竟是什麼？

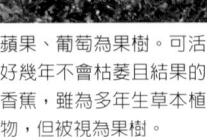

蘋果、葡萄為果樹。可活
好幾年不會枯萎且結果的
香蕉，雖為多年生草本植
物，但被視為果樹。

栽種在田地裡的一年生草
本植物西瓜，一般稱為
「果菜」。

其實有果樹與果實蔬菜之分

　　根據日本農林水產省的分類，「栽種
兩年以上的草本植物與木本植物，且食用
果實者稱為『果樹』」，果樹結出的果
實一般稱為「水果」。

　　栽種兩年以上的草本植物指的是多年
生草本的香蕉、鳳梨等；木本植物指的是
樹木，也就是蘋果、柑橘類、柿子、桃子、
葡萄、栗子等。

　　另一方面，一年生草本植物結成的果
實（草莓、洋香瓜、西瓜）通常視為蔬菜，
稱為「果實蔬菜」或「果菜」。本書介紹
的是「水果」與「果菜」。

水果

木本結的果實

草本結的果實

果菜

多年草本結的果實

水果的分類

水果有幾種分類方法，但很難分得一清二楚，以下為各位介紹本書的分類方式。

豐富的水果有各種不同分類方式

　　光是日本農林水產省確實掌握產量的果樹，現在就有一百三十一種。果樹有許多種類、品種與分類方法。包括依照目、科、屬、種等方式區分的「自然分類法」；按花器構造、可食部位關係區分的「型態分類法」；從原產地氣候、樹木大小分類的「生態分類法」等。

　　無論哪種分類方式都分得很細，一般人難以理解，因此本書使用獨特的分類方式，請參照右方說明。

本書分類綱要
這種分類方式較為淺顯易懂，其他水果與無法含括的水果歸類在「其他各種水果」類別裡。

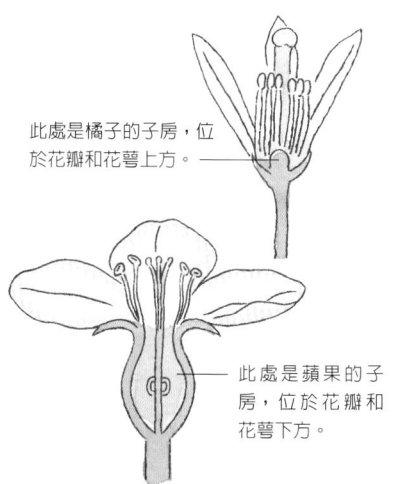

此處是橘子的子房，位於花瓣和花萼上方。

此處是蘋果的子房，位於花瓣和花萼下方。

「型態分類法」的分類條件之一，在於花被（花瓣和花萼）與未來結果的子房的相對位置。柑橘類為「子房上位花」；蘋果和梨是「子房下位花」；桃子與梅子是「子房中位花」。

仁果
位於花瓣和花萼下方的花托會長成果肉的水果，包括蘋果、梨等。

橘子・柑橘
自然分類法的芸香科水果，包括橘子、甜橙、文旦、葡萄柚、檸檬等。

核果
薔薇科李屬中除了杏仁果的水果，果肉中央有一個內含種子的大核。包括桃子、中國李、梅子、櫻桃等。

果菜
一年生草本的果實。果實類蔬菜。包括草莓、洋香瓜、西瓜。

其他各種水果
葡萄、奇異果等攀緣性果樹、柿子、無花果等落葉性果樹、樹莓類、越橘類等。

堅果
帶有硬果皮，食用中間大種子的水果。包括栗子、堅果類。一年生草本的花生也屬於此類。

熱帶水果
原產或生育在熱帶與亞熱帶的水果，包括鳳梨、香蕉、木瓜、芒果等。

9

果樹的品種改良與新品種

就像米有「越光」、「一見鍾情」、蘋果有「富士」、「喬納金」等品種，農作物也各有性質不同的品種。

為了因應消費者與生產者的需求，相關研究機構無不投注心力，培育出更美味、更容易種植的新品種。

歷經十年以上的努力才終於誕生

新品種問世是一件令人振奮的事情，但要改良樹木結出的果實品種，必須花十年以上的時間才能改良出一個新品種。研究機構與農園經過努力不懈的默默耕耘，終於在這幾年陸續推出新的水果品種。

此外，生產新品種需要很長的時間才能上軌道，因為樹木不會在一夜之間突然長大或增生。參閱 P16 的栽種面積數據即可得知，在登錄品種後，新品種開始於日本全國流通，一直到普及於一般家庭，通常要花十年以上的時間。

品種改良用語 1　何謂實生？

從種子培育或長大的狀態。

雖然從種子發芽開始培育，可能種出品質不如親本的種苗，但也可能改良出比親本品質更好的品種。

品種改良用語 2　嫁接與砧木

一般來說，果樹是將想要培育的品種，嫁接在健康強韌的砧木上。若從種子發育成長，要花很長的時間才能結果，途中也很可能罹病枯萎，因此嫁接是可以節省時間與降低病蟲害風險的做法。

品種改良的主要種類

雜交育種

以人工方式結合不同品種培育而成。
（以雜交育種培育而成的品種範例）

富士
國光 × 五爪蘋果

幸水
菊水 × 早生幸藏

清見
宮川早生 × 特羅維塔甜橙

曉
白桃 × 白鳳

佐藤錦
拿破崙櫻桃 × 美國金櫻桃

巨峰
石原早生 ×Centennial

自然雜交育種、偶發實生

從自然雜交培育的狀態。舉例來說，在 A 與 B 的混植園採收的 A 種子，母本很可能是 A，父本很可能是 B。

自然落下或撿拾的種子發芽長大，被人類發現的苗木即為偶發實生。
（以自然雜交育種、偶發實生培育而成的品種範例）

二十世紀
在垃圾場發現的
偶發實生

春香
日向夏的自然雜
交實生

清水白桃
在白桃與岡山 3 號的混植
園發現的偶發實生

羅馬紅寶石
藤稔的自然雜交
實生

果樹的雜交育種培育過程範例

基本上不斷重複將多個雜交實生苗嫁接培育，選出好苗木的過程，但即使如此，也不代表最後可以找到有發展未來的品種。

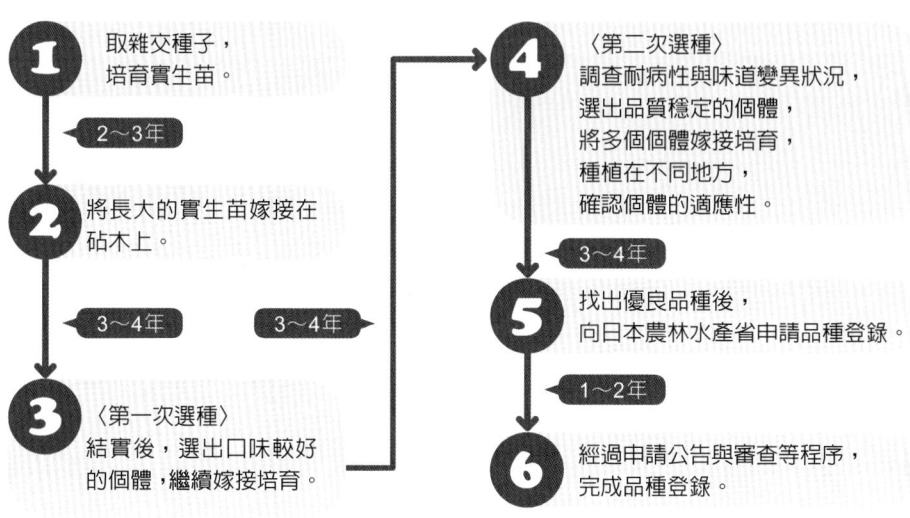

1 取雜交種子，培育實生苗。

2～3年

2 將長大的實生苗嫁接在砧木上。

3～4年　　3～4年

3 〈第一次選種〉
結實後，選出口味較好的個體，繼續嫁接培育。

4 〈第二次選種〉
調查耐病性與味道變異狀況，選出品質穩定的個體，將多個個體嫁接培育，種植在不同地方，確認個體的適應性。

3～4年

5 找出優良品種後，向日本農林水產省申請品種登錄。

1～2年

6 經過申請公告與審查等程序，完成品種登錄。

自然突變（枝變）

找出型態性質與親本不同的枝條，以嫁接方式培育。
（從枝變培育的品種範例）

臍橙
甜橙的枝變

甘夏
夏橙的枝變

刀根早生
平核無的枝變

御坂白鳳
白鳳的枝變

山形美人
佐藤錦的枝變

紫姬梅
白王的枝變

人為誘變

利用放射線或化學物質誘發突變的方法。
（以人為誘變培育的品種範例）

黃金二十世紀
以放射線照射二十世紀梨

11

解讀新品種的關鍵字

日本各縣與研究機構陸續推出新品種,在此嚴選幾個有趣的重點,
幫助各位了解這些新品種的特性與改良目的。

早生種

「早生種」指的是同一種水果中,採收期較早的品種。這類新品種最主要的目的是比主要品種(以蘋果為例即「富士」)更快上市,消費者可以早點吃到該年度第一批的該種水果,生產者也能分散勞動力。一般來說,提早上市也有利於銷售。順帶一提,收穫期比主要品種晚的稱為「晚生種」,介於中間的稱為「中生種」。也有「極早生種」。

夏季採收的極早生種
「夏綠」與「紅羅馬」
(高野 1 號)。

夏綠

紅羅馬

種子

追求方便食用的結果導致了「種子數極少」與「無籽」的改良趨勢。就連以大種子為特色的枇杷,也推出了無籽品種。可連皮吃的無籽葡萄品種成為市場寵兒。蜜柑與柑橘類的新品種也沒有種子,或呈現種子極少的趨勢。

「希房」正是沒有大種子,吃起來很方便的枇杷品種。

希房

剝皮

香蕉是日本水果消費量第一的水果(2016年)。根據研究,其他水果消費量無法成長的原因之一,在於吃的時候很麻煩。由於這個緣故,「好剝皮」是水果的一大賣點。不只蜜柑與柑橘類陸續登錄了可用手剝皮的品種,就連栗子也推出可以剝皮的品種,期待未來日漸普及,所有人都能吃到可剝皮的栗子。

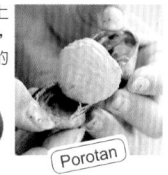

只要在果皮輕輕劃上一刀,再稍微加熱,就能輕鬆剝除澀皮的「Porotan」。

Porotan

果皮

果皮愈薄愈容易剝,亦可連皮吃。可連皮吃的品種已成為現在葡萄的主流趨勢。在日本可買到許多整顆吃下肚的進口葡萄。許多蜜柑與柑橘類品種的果皮愈來愈薄、愈容易剝,裡面的瓢瓣膜也較軟,可連膜一起吃。

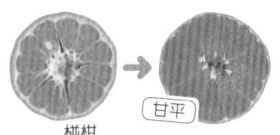

椪柑

甘平

「甘平」是「西之香」與「椪柑」的雜交種,果皮薄度一目了然!

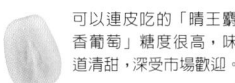

可以連皮吃的「晴王麝香葡萄」糖度很高,味道清甜,深受市場歡迎。

晴王麝香葡萄

糖度

「糖度」指的是甜的程度，單位是「%」，但與「度」相同。糖度愈高吃起來愈甜，一般來說，水果愈甜愈受歡迎。近年來無論何種水果，都陸續推出高糖度品種。

新甘泉

Shinano Hoppe

Sanuki Angel Sweet

果如其名，「新甘泉」以香甜多汁聞名。糖度 14%，暢銷的「二十世紀梨」糖度為 10～12%。

「Shinano Hoppe」是 2013 年登錄的品種，糖度為 15～16%。一般蘋果的糖度為 13～15%，「Shinano Hoppe」的糖度可說是傲視群雄。

最常見的綠色奇異果「海華德」的糖度為 12%。2013 年登錄的「Sanuki Angel Sweet」品種糖度高達 18～20%，十分香甜。

酸味

酸味以強弱標示，愈強代表愈酸。目前水果市場的主流趨勢為酸味愈弱愈好，因此許多新品種具有高糖度與弱酸味。不過，有時會為了食品加工特別培育出酸味較強的品種。

功能性

食品的「功能性」主要在於擁有可增進健康、預防疾病的營養成分。水果中不乏富含多酚、維他命 C、β- 隱黃素等營養成分的品種，可透過品種改良提高功能性。

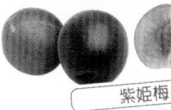
紫姬梅

露茜

「露茜」與「紫姬梅」是富含多酚成分花青素的梅子品種。將這兩種做成梅酒，可釋放出更多紫紅色精華。

耐病性

品種改良的目的不只是味道與食用方便性，也會為了減輕生產者的工作負擔，或為了提高水果生產量，進行各式品種改良。除了能結出更多優質果實之外，增加抵抗性，培育出不怕病蟲害的「強韌品種」也是品種改良的一大目的。不僅能減少農藥使用量，對消費者也有許多助益。

商標登錄

將水果暱稱或 LOGO 登錄為商標（日本特許廳管理），形成品牌的範例不少。舉例來說，「凸頂柑」是 JA 熊本果實連的登錄商標，除了獲得許諾的 JA 之外，其他人不可使用「凸頂柑」的名稱。此外，不只是品種，有些品牌也會冠上地名，例如「大榮西瓜」、「富里西瓜」等，只要符合地區標準，任何品種的西瓜都可以相同品牌名上市。

品種登錄

育成者為新品種取名登錄，保護育成者權利的制度。品種登錄由日本農林水產省統管，依種苗法規定，每年新登錄的品種達 40 到 50 個。權利有效期間從品種登錄日起算 30 年（草本植物為 25 年）※。

※ 平成 10（1998）年 12 月 23 日前登錄的品種為 15 年（15 年）；平成 17（2005）年 6 月 16 日前登錄的品種為 25 年（20 年）。

田助西瓜

以標準化的土壤培育、溫度與水分管理等環境條件栽種，且符合嚴格標準生產出日本北海道當麻町特產西瓜。原本當地種米，1984 年決定轉作西瓜，開始栽種，1989 年完成商標登錄。

品種名為「不知火」，於 1993 年登錄「凸頂柑」商標。針對品質等項目訂定審查標準，唯有符合條件的「不知火」可冠上「凸頂柑」商標銷售。

凸頂柑

各項水果數據

儘管生產量、消費量不斷減少，水果世界依舊精彩。
一起來關心日本國內各種排行榜與進出口總額。

哪項水果生產最多？

日本國內生產量排行榜

1960 年以後才有統計數據，由此可看出蜜柑與蘋果為遙遙領先的前兩名水果。
第 13 名以下依序為中國李（22,000t）、栗子（21,000t）、櫻桃（19,000t）。

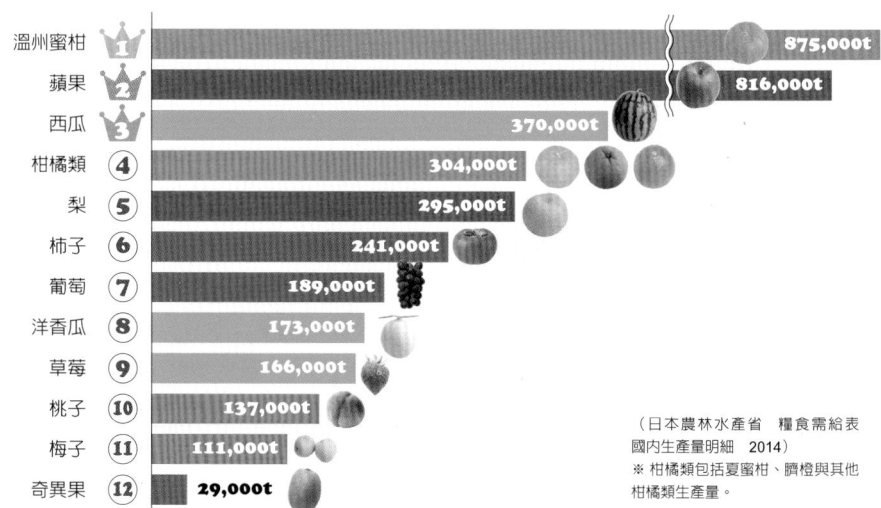

排名	水果	產量
1	溫州蜜柑	875,000t
2	蘋果	816,000t
3	西瓜	370,000t
4	柑橘類	304,000t
5	梨	295,000t
6	柿子	241,000t
7	葡萄	189,000t
8	洋香瓜	173,000t
9	草莓	166,000t
10	桃子	137,000t
11	梅子	111,000t
12	奇異果	29,000t

（日本農林水產省　糧食需給表
國內生產量明細　2014）
※ 柑橘類包括夏蜜柑、臍橙與其他
柑橘類生產量。

哪項水果消費最多？

消費量排行榜

儘管香蕉消費量領先群雄，但消費金額最高的是蘋果（5,228 日圓），
第二名以下依序為香蕉（4,478 日圓）、蜜柑（4,456 日圓）、草莓（3,298 日圓）、葡萄（2,432 日圓）。

（日本總務省統計局家計調查 2013～2015 年平均）
※ 資料為一個家庭的一年購入量。
※ 柑橘類不包括蜜柑、葡萄柚與甜橙。

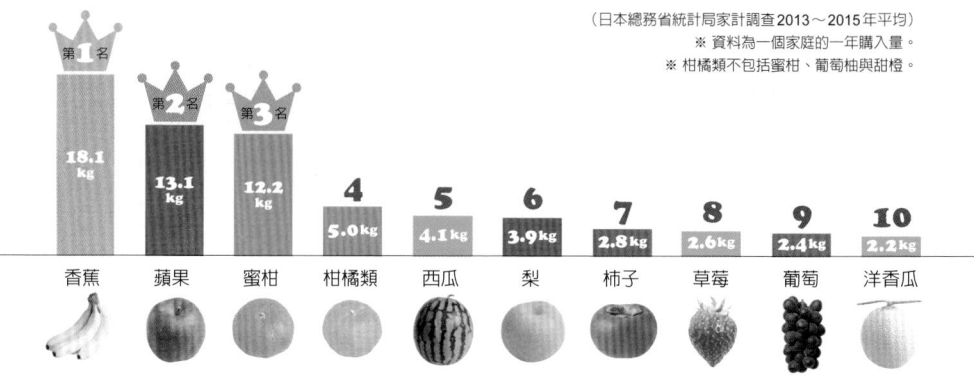

排名	水果	消費量
第1名	香蕉	18.1 kg
第2名	蘋果	13.1 kg
第3名	蜜柑	12.2 kg
4	柑橘類	5.0 kg
5	西瓜	4.1 kg
6	梨	3.9 kg
7	柿子	2.8 kg
8	草莓	2.6 kg
9	葡萄	2.4 kg
10	洋香瓜	2.2 kg

花最多錢買水果的地區是？

（日本總務省統計局家計調查 2013 ～ 2015 年平均）
※ 資料為一個家庭的一年購入量。
※ 柑橘類不包括蜜柑、葡萄柚與甜橙。

都市別 · 消費額排行榜

所有新鮮水果

消費金額 Top 5

- 第1名 山形市 **44,500** 日圓
- 第2名 福島市 **44,021** 日圓
- 第3名 長野市 **41,074** 日圓
- 第4名 盛岡市 **40,624** 日圓
- 第5名 甲府市 **40,354** 日圓

消費量 Top 5

- 第1名 盛岡市 **100.6** kg
- 第2名 長野市 **99.5** kg
- 第3名 新潟市 **98.2** kg
- 第4名 秋田市 **95.6** kg
- 第5名 福島市 **94.5** kg

登上消費額排行榜的城市為生產櫻桃、桃子、葡萄等高價水果的產地縣。消費量較多的城市與蘋果消費量較高的城市幾乎相同。

葡萄

1. 甲府市 **6,600** 日圓
2. 岡山市 **4,689** 日圓
3. 長野市 **3,176** 日圓

在葡萄的知名產地中，甲府市的消費金額最高。第 4 名為京都，消費額為 2,813 日圓。

西瓜

1. 新潟縣 **1,971** 日圓
2. 鳥取市 **1,873** 日圓
3. 千葉市 **1,870** 日圓

第 4 名為熊本市與西瓜的產地縣都市。第 5 名為名古屋市，第 6 名為東京都區部。

柿子

1. 岐阜市 **1,862** 日圓
2. 鳥取市 **1,660** 日圓
3. 奈良市 **1,529** 日圓

岐阜為「富有柿」發祥的縣。鳥取縣與奈良縣自古就是知名的柿子產地。

蘋果

1. 盛岡市 **11,220** 日圓
2. 長野市 **10,800** 日圓
3. 青森市 **9,523** 日圓

消費量排名為青森市（35.7kg）、盛岡市（31.3kg）、長野市（30.2kg）。

柑橘類

1. 高知市 **5,038** 日圓
2. 松山市 **4,087** 日圓
3. 宮崎市 **3,693** 日圓

消費量排名為松山市（15.0kg）、高知市（12.3kg）、宮崎市（11.0kg）。

蜜柑

1. 和歌山 **6,204** 日圓
2. 靜岡市 **5,679** 日圓
3. 濱松市 **5,491** 日圓

第 4 名為松山市與產地縣並列。第 5 名後依序為宇都宮市、甲府市、相模原市。

草莓

1. 宇都宮市 **4,872** 日圓
2. 京都市 **4,139** 日圓
3. 東京都區部 **4,138** 日圓

宇都宮市的消費量也是第一。第 4 名為橫濱市，第 2 名以後皆為大都市。

增加哪些品種？

從栽種面積看出注目品種

儘管日本的水果生產量逐年下滑，但水果本身日益進化，推出許多新品種。
從中找出栽種面積增加的注目品種。

蘋果

在「富士」之前上市的「信濃黃金」品種栽種面積暴增。「群馬名月」的登錄期間於 2009 年到期，群馬縣之外的其他地區也開始大量種植。

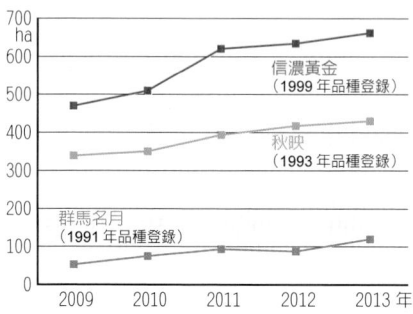

梨

又大又甜的「日光梨」與「新甘泉」備受注目。栃木縣培育的「日光梨」在 2014 年登錄期間期滿，外縣市地區也開始種植。鳥取縣致力於培育「新甘泉」。

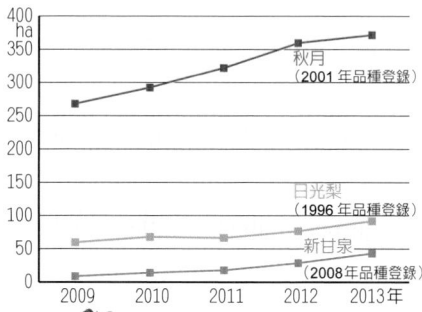

桃子

種植面積增加的品種包括結合兩個人氣品種並由長野縣育成的「Natsukko」，以鮮豔顏色備受歡迎的「黃金桃」，以及岡山縣的新品種「岡山夢白桃」。

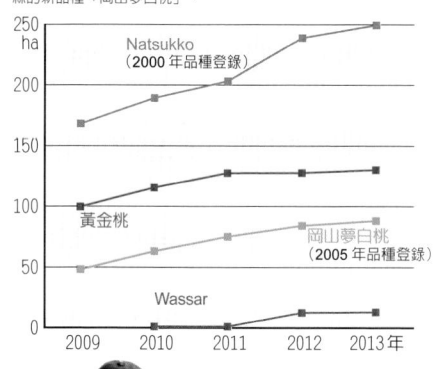

葡萄

「晴王麝香葡萄」呈現一飛衝天的氣勢。東京都中央批發市場的交易量也從 2013 年的 70 萬公斤，暴增至 2015 年的 170 萬公斤，成長率大幅攀升。

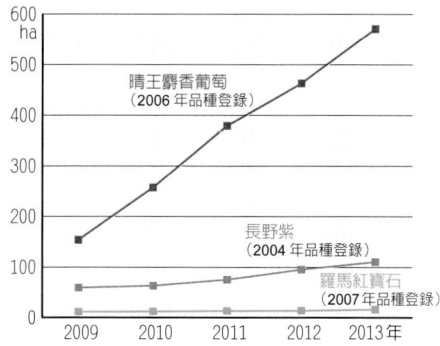

柑橘類

備受注目的高級柑橘「紅瑪丹娜」與「甘平」是愛媛縣的育成品種，只在縣內生產。雖然整體生產量很少，但呈現上升趨勢。沖繩特產的酸食（扁實檸檬）如今已遍布日本全國，不容小覷。

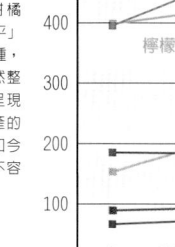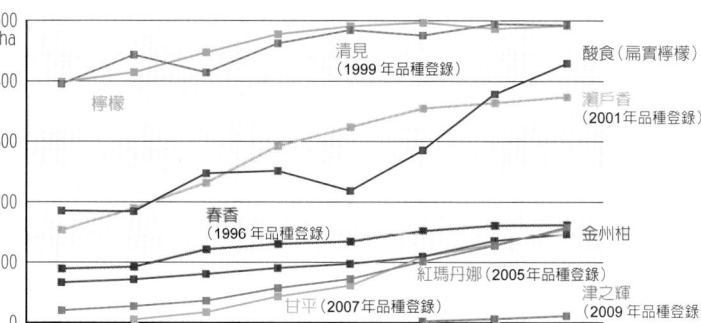

出口額與出口國

出口總額從 2007 年（約 113 億日圓）到 2012 年（約 58 億日圓）呈現衰退趨勢，
受到日圓貶值影響，2013 年（106 億日圓）起大幅增加。不只是蘋果，草莓、桃子、葡萄
與容易腐壞的水果出口額皆增加。2015 年總額達 192 億日圓，創下近十年最高紀錄。

（日本財務省 貿易統計）

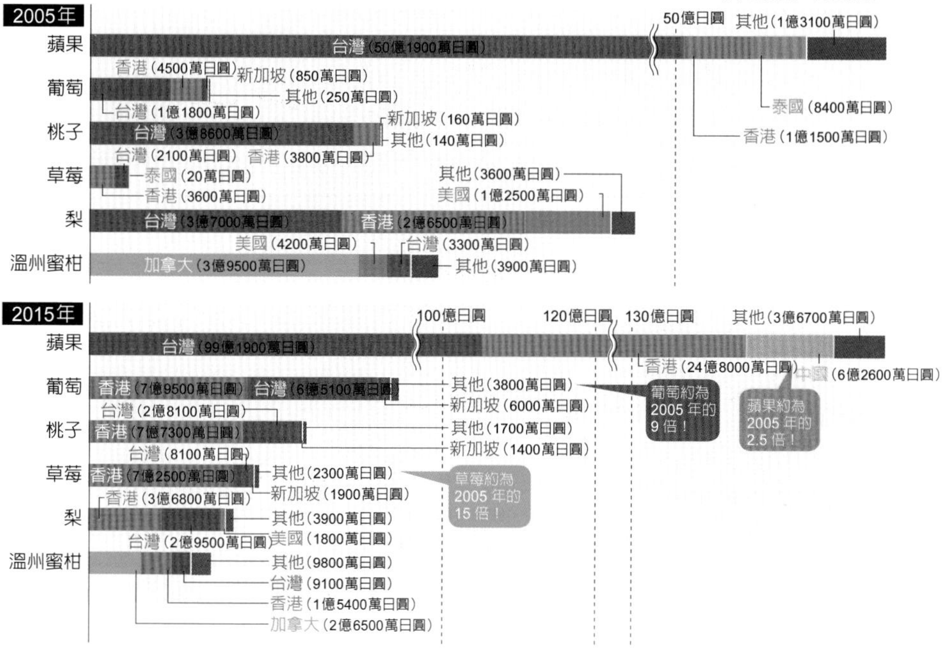

2005年
50億日圓　其他（1億3100萬日圓）

蘋果　台灣（50億1900萬日圓）

葡萄　香港（4500萬日圓）新加坡（850萬日圓）
　　　其他（250萬日圓）
　　　泰國（8400萬日圓）

桃子　台灣（1億1800萬日圓）
　　　台灣（3億8600萬日圓）新加坡（160萬日圓）
　　　其他（140萬日圓）
　　　香港（1億1500萬日圓）

草莓　台灣（2100萬日圓）香港（3800萬日圓）
　　　泰國（20萬日圓）
　　　香港（3600萬日圓）
　　　其他（3600萬日圓）
　　　美國（1億2500萬日圓）

梨　　台灣（3億7000萬日圓）香港（2億6500萬日圓）

溫州蜜柑　美國（4200萬日圓）台灣（3300萬日圓）
　　　加拿大（3億9500萬日圓）其他（3900萬日圓）

2015年
100億日圓　120億日圓　130億日圓　其他（3億6700萬日圓）

蘋果　台灣（99億1900萬日圓）
　　　香港（24億8000萬日圓）中國（6億2600萬日圓）

葡萄　香港（7億9500萬日圓）台灣（6億5100萬日圓）
　　　台灣（2億8100萬日圓）其他（3800萬日圓）
　　　新加坡（6000萬日圓）
　　　葡萄約為2005年的9倍！
　　　蘋果約為2005年的2.5倍！

桃子　香港（7億7300萬日圓）其他（1700萬日圓）
　　　新加坡（1400萬日圓）
　　　台灣（8100萬日圓）

草莓　香港（7億2500萬日圓）其他（2300萬日圓）
　　　新加坡（1900萬日圓）
　　　草莓約為2005年的15倍！

梨　　香港（3億6800萬日圓）其他（3900萬日圓）
　　　台灣（2億9500萬日圓）美國（1800萬日圓）

溫州蜜柑　其他（9800萬日圓）
　　　台灣（9100萬日圓）
　　　香港（1億5400萬日圓）
　　　加拿大（2億6500萬日圓）

水果別進口額演進

進口水果超過半數為香蕉，進口國以菲律賓為大宗。
最近十四年來，葡萄柚的進口額減至一半以下，酪梨大幅成長了六倍。

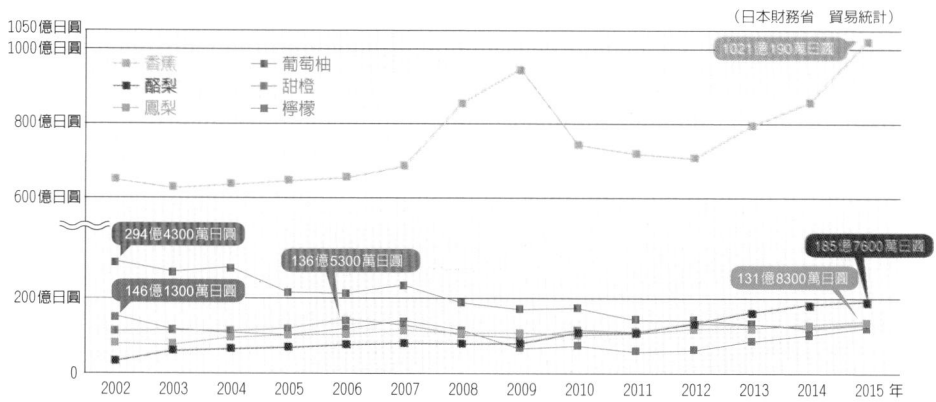

（日本財務省 貿易統計）

圖例：香蕉、酪梨、鳳梨、葡萄柚、甜橙、檸檬

1021億190萬日圓
294億4300萬日圓
146億1300萬日圓
136億5300萬日圓
185億7600萬日圓
131億8300萬日圓

1050億日圓　1000億日圓　800億日圓　600億日圓　200億日圓　0

2002　2003　2004　2005　2006　2007　2008　2009　2010　2011　2012　2013　2014　2015 年

本圖鑑的參考方法

水果介紹頁面

水果名稱

主要成分
可食部位 100g 所含之熱量、水分、最多營養素等皆依據「日本食品標準成分表 2015 年版（七訂）」的資料製作而成。成分表沒有標記的成分未刊載。

甜味順序
甜味依 1 → 3 的順序變弱。

上市時期
陳列在店面的時期、消費者可透過郵購宅配等方式買到的大致時期，依天候與地區等條件略有差異。

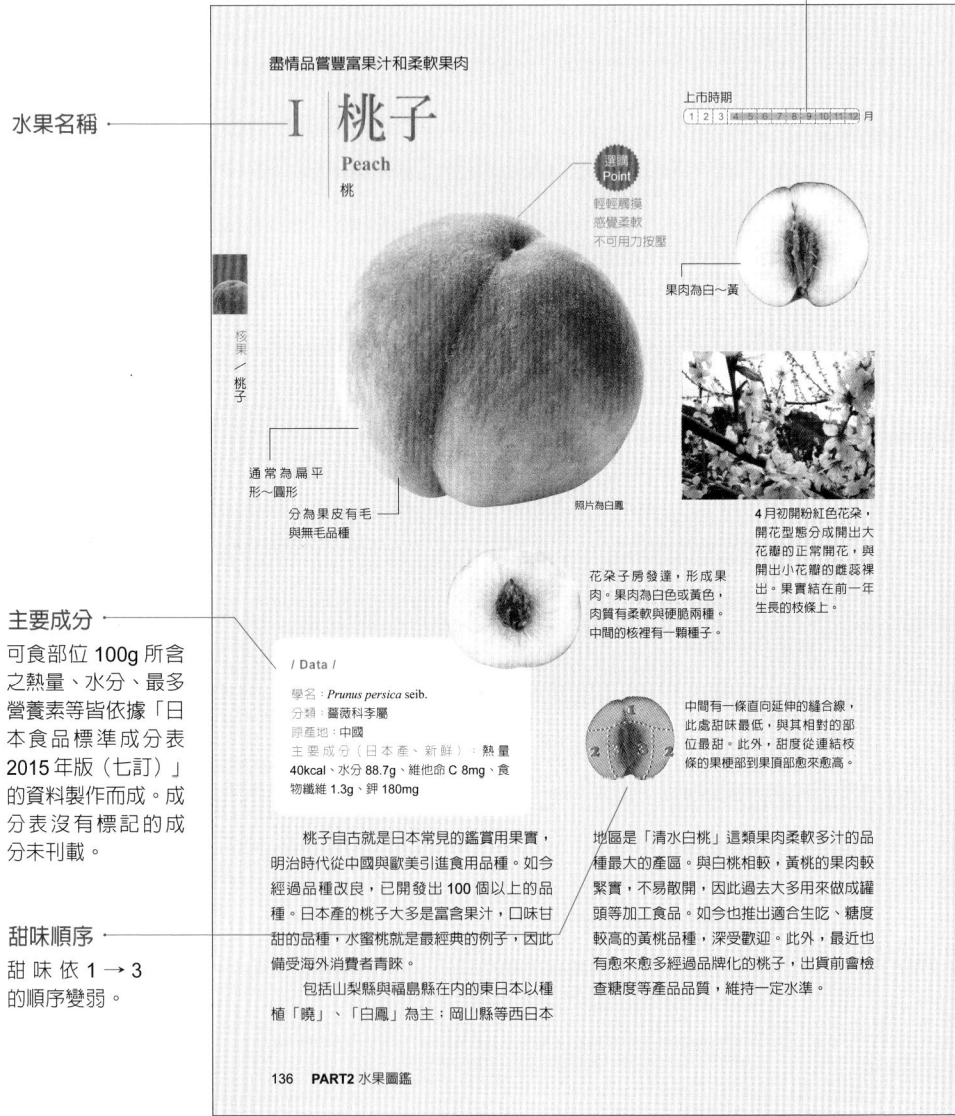

盡情品嘗豐富果汁和柔軟果肉

I 桃子

Peach
桃

核果／桃子

選購 Point
輕輕觸摸
感覺柔軟
不可用力按壓

上市時期
1 2 3 4 5 6 7 8 9 10 11 12 月

果肉為白～黃

通常為扁平形～圓形

分為果皮有毛與無毛品種

照片為白鳳

4 月初開粉紅色花朵，開花型態分成開出大花瓣的正常開花，與開出小花瓣的雌蕊裸出。果實結在前一年生長的枝條上。

花朵子房發達，形成果肉。果肉為白色或黃色，肉質有柔軟與硬脆兩種。中間的核裡有一顆種子。

/ Data /
學名：*Prunus persica* seib.
分類：薔薇科李屬
原產地：中國
主要成分（日本產、新鮮）：熱量 40kcal、水分 88.7g、維他命 C 8mg、食物纖維 1.3g、鉀 180mg

中間有一條直向延伸的縫合線，此處甜味最低，與其相對的部位最甜。此外，甜度從連結枝條的果梗部到果頂部愈來愈高。

桃子自古就是日本常見的鑑賞用果實，明治時代從中國與歐美引進食用品種。如今經過品種改良，已開發出 100 個以上的品種。日本產的桃子大多是富含果汁，口味甘甜的品種，水蜜桃就是最經典的例子，因此備受海外消費者青睞。

包括山梨縣與福島縣在內的東日本以種植「曉」、「白鳳」為主；岡山縣等西日本

地區是「清水白桃」這類果肉柔軟多汁的品種最大的產區。與白桃相較，黃桃的果肉較緊實，不易散開，因此過去大多用來做成罐頭等加工食品。如今也推出適合生吃、糖度較高的黃桃品種，深受歡迎。此外，最近也有愈來愈多經過品牌化的桃子，出貨前會檢查糖度等產品品質，維持一定水準。

136　**PART2** 水果圖鑑

※ 圖表與排行榜係根據「平成 25（2013）年產果樹生產出貨統計」、「平成 25 年產特產果樹生產動態等調查」、「平成 25 年產蔬菜生產出貨統計」（皆為日本農林水產省）、「貿易統計」（日本財務省）資料製作而成。
※ 本書內文將「美利堅合眾國」標記為「美國」。
※ 由於北方領土並未統計，因此在《都道府縣別　主要產地地圖》中呈現一片空白。
※ 凡根據日本種苗法完成品種登錄或申請登錄之品種，本書在該品種旁以「*」標示。另，本書刊載內容皆參考製作時的資訊。

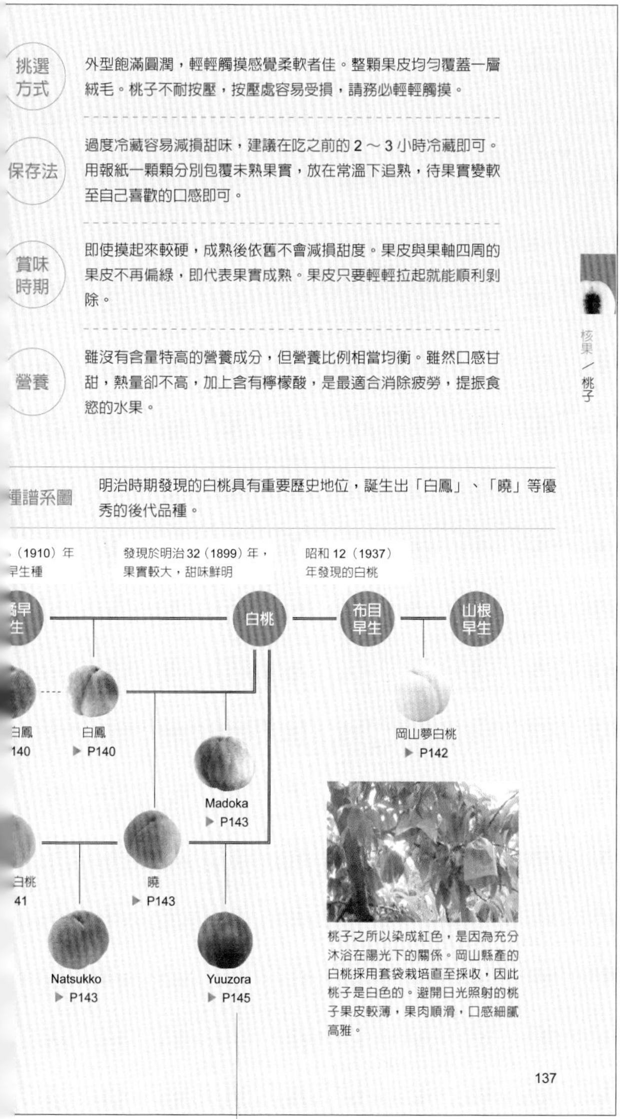

挑選方式	外型飽滿圓潤，輕輕觸摸感覺柔軟者佳。整顆果皮均勻覆蓋一層絨毛。桃子不耐按壓，按壓處容易受損，請務必輕輕觸摸。
保存法	過度冷藏容易減損甜味，建議在吃之前的 2 ～ 3 小時冷藏即可。用報紙一顆顆分別包覆未熟果實，放在常溫下追熟，待果實變軟至自己喜歡的口感即可。
賞味時期	即使摸起來較硬，成熟後依舊不會減損甜味。果皮與果軸四周的果皮不再偏綠，即代表果實成熟。果皮只要輕輕拉起就能順利剝除。
營養	雖沒有含量特高的營養成分，但營養比例相當均衡。雖然口感甘甜，熱量卻不高，加上含有檸檬酸，是最適合消除疲勞，提振食慾的水果。

種譜系圖　明治時期發現的白桃具有重要歷史地位，誕生出「白鳳」、「曉」等優秀的後代種。

(1910)年早生種　發現於明治 32（1899）年，果實較大，甜味鮮明　昭和 12（1937）年發現的白桃

早生　————　白桃　————　布目早生　————　山根早生

白鳳
140　▶ P140

白鳳　▶ P140

岡山夢白桃　▶ P142

Madoka　▶ P143

白桃
41

曉　▶ P143

Natsukko　▶ P143

Yuuzora　▶ P145

桃子之所以染成紅色，是因為充分沐浴在陽光下的關係。岡山縣產的白桃採用套袋栽培直至採收，因此桃子是白色的。避開日光照射的桃子果皮較薄，果肉滑順，口感細膩高雅。

137

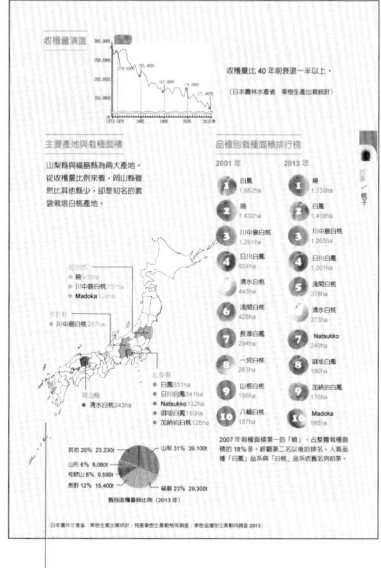

主要產地與栽種面積（或收穫量）

刊載「品種別栽種面積排行榜」前幾名品種的主要產地與栽種面積（或收穫量）。基本上，各都道府縣介紹的品種在該都道府縣的栽種面積（或收穫量），為品種別排行榜的第一名水果。由於這個緣故，有些品種在栽種面積上比主要介紹品種大（或收穫量較多）。

主要品種譜系圖

根據各品種由來製作譜系圖：──是由 ＝ 雜交育種，……為枝變。

品種名與品牌名等

以黑色字體標記品種名。有顏色的字體為商標、品牌名、商品名、大分類等。有英文名的水果加上英文標記。下方為常用別名，但有些水果的常用名稱也可能與本書標記的不同。

上市時期

根據主要產地的 JA、市町村公所官網資訊統整出大致的上市時期。確切上市時間會受到天候與地區等條件影響而略有差異。近年由於地球暖化的關係，不少水果的收穫期比往年還早，因此若想買到想吃的水果，不妨在一個月前詢問水果行或超市店家。

瀨戶巨人葡萄
桃太郎葡萄

由來：Gousal Kara × Neo Muscat
糖度：18～19%
主要產地：岡山縣

岡山 74%
其他 18%
香川 8%

果肉無顏色，富含果汁。

照片提供：JA 全農岡山

上市時期
1 2 3 4 5 6 7 8 9 10 11 12 月

1979 年岡山縣育成，商標名稱為「桃太郎葡萄」。果皮較薄，方便食用。雖然產量不高，但以高甜度聞名，成為人氣品種。

大可滿
Gros Colman

果皮輕薄柔軟，肉質多汁。

由來：不明
糖度：13%
主要產地：岡山縣

岡山 100%

照片提供：JA 全農岡山

上市時期
1 2 3 4 5 6 7 8 9 10 11 12 月

原產於俄羅斯南部高加索地區，是所有葡萄中最晚生的品種，也是很受歡迎的禮品水果。酸味與甜味恰到好處，味道高雅。果汁較少，耐存放。

其他各種水果／葡萄

黑光葡萄

肉質緊實，富含果汁。

由來：Aurora Red 自然雜交實生
糖度：19%
主要產地：岡山縣

岡山 100%

上市時期
1 2 3 4 5 6 7 8 9 10 11 12 月

2003 年完成品種登錄，岡山縣的原創品種，是很受歡迎的地方特產。一顆約 14～17g，果實偏大，甜味適中。由於保存期限長，適合送禮。

浪漫紅寶石
高級

一顆超過 20g 的大型果實。

由來：藤稔的自然雜交實生
糖度：18%
主要產地：石川縣

石川 100%

上市時期
1 2 3 4 5 6 7 8 9 10 11 12 月

2007 年完成品種登錄，誕生於石川縣的高級品牌。顧名思義，鮮紅色果皮宛如紅寶石。大型果實富含水分，帶有清爽甜味，是其魅力所在。

高級
標註一般消費者最常用來送禮的昂貴品種或高價品牌。

memo 「High Bailey」是大顆的黑色麝香葡萄。1989 年完成品種登錄，卻因育成過程遺失名牌，不清楚親本為何。 229

由來
介紹雜交親本、水果誕生的來龍去脈。因未登錄而查不到的品種，或無法確認的品種皆不刊載。

糖度
用來表示甜度的數值，亦即糖分比例。根據品種登錄資訊、主要產地的 JA、市町村公所等官網資訊製作而成。由於水果的個體差異很大，此圖僅供參考。糖度不明的水果未刊載此資訊。

主要產地
根據「平成 25 年產特產果樹生產動態等調查」數據製作而成。標記為 100% 的水果不代表其他都道府縣並未生產。

PART 2

水果圖鑑

日本有許多美味水果。
本書以七大類別介紹七十五種水果，
各種水果都有不同品種與品牌，
令人目不暇給。

PART 2　水果圖鑑

仁果

花托（果托）部分變大且
成為果肉的水果就是「仁果」。
包括採收時期比既有品種早的早生種、
果肉為紅色的蘋果、又大又甜的梨等，
許多新品種陸續登場。

 **蘋果**

▶ P24

仁果 DATA

生產量演進

（單位：萬顆）

花：
- 雄蕊
- 雌蕊
- 花托（果托）
- 胚珠

花

幼果：
- 果心
- 子房
- 花托（果托）

幼果

Old 90.7 / Peak 115 / Now 81.6

1963　1987　2014

支撐花朵部位的花托（果托）包覆子房，成長為果實。

成熟果：
- 果頂部
- 果心
- 果肉
- 種子
- 果梗
- 果梗部

果梗
連結枝條的軸

成熟果

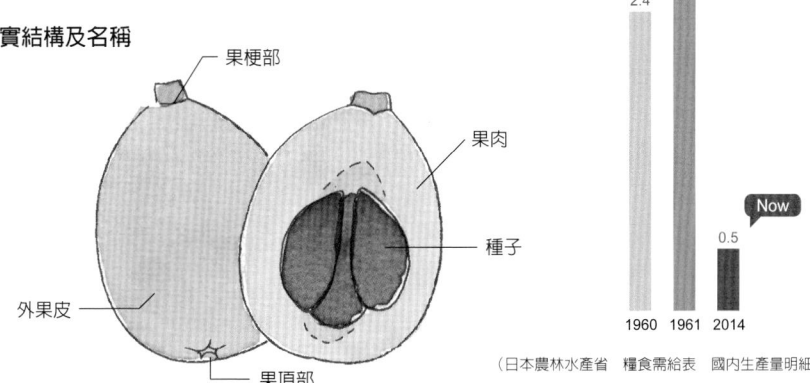 **枇杷**

▶ P68

● **枇杷的果實結構及名稱**

- 果梗部
- 果肉
- 種子
- 果頂部
- 外果皮

Old 2.4 / Peak 2.7 / Now 0.5

1960　1961　2014

（日本農林水產省　糧食需給表　國內生產量明細）

23

I 蘋果
apple
林檎

上市時期

1	2	3	4	5	6	7	8	9	10	11	12	月

照片為富士

仁果／蘋果

有些蘋果
會結蜜

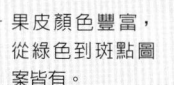
選購
Point

果皮緊實
飽滿沉重

果皮顏色豐富，
從綠色到斑點圖
案皆有。

種子有
2〜10 顆

果肉顏色
為黃〜白

蘋果經由果梗吸收水分與營
養成分，逐漸成熟。花托包
覆子房，成長為果肉。屁股
部分（果頂部）留著花萼與
花瓣枯萎後的痕跡。

/ Data /

學名：*Malus* Mill.
分類：薔薇科蘋果屬
原產地：高加索地區北部
主要成分（削皮、新鮮）：熱量 57kcal、
水分 84.1g、維他命 C 4mg、食物纖維
1.4g、鉀 120mg

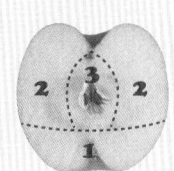

蘋果的屁股部分最甜。直
切成圓弧片狀，就能吃到
均衡的甜度。結蜜處的甜
度與周圍部分幾乎沒差。

　　西元前 2000 年就有人類吃過，可說是
人類吃過最古老的水果。蘋果在平安時代從
中國傳入日本（和蘋果→ P42），但並未普
及。直到明治時代引進歐美品種，才正式大
量種植。

　　蘋果的品種相當豐富，全世界約有一
萬五千個品種，日本各地也改良出不少新品
種。日本研發的品種酸味較弱，糖度較高，
深受海外市場歡迎。其中以糖度高、結蜜也
多的「富士蘋果」人氣最高，成為全球生產
量最多的品種。歐美品種的果皮多為黃色
或黃綠色，酸味較強。「金冠」是最常用來
改良品種的親本，也是知名度頗高的蘋果之
一。

挑選方式	選擇軸（果梗）位於中心，表面未萎縮的品項。拿在手上時要有「沉甸甸」的感覺。以指尖輕彈蘋果，發出堅硬清脆的聲音，代表果實長得很結實。
保存法	室溫下可保存 1 週。若想延長保存期限，以報紙分顆包裝，放入塑膠袋裡冷藏。數量太多時，以報紙交互重疊裝箱，放在陰暗處。
賞味時期	紅色品種的整顆果實會變紅，等屁股部分的綠色退掉並轉黃，即代表成熟。綠色品種等到整顆果實轉成漂亮的黃綠色，就是最好吃的時候。
營養	富含幫助排出鹽分的鉀與食物纖維。根據芬蘭的疫學調查，多吃蘋果的人比不吃蘋果的人，罹患肺癌的風險減少 58%

蘋果開花時中心花先開，邊花沿著軸呈螺旋狀綻放。各品種的開花時期不同，靠蜜蜂與人工方式授粉。

品種別收穫量演進

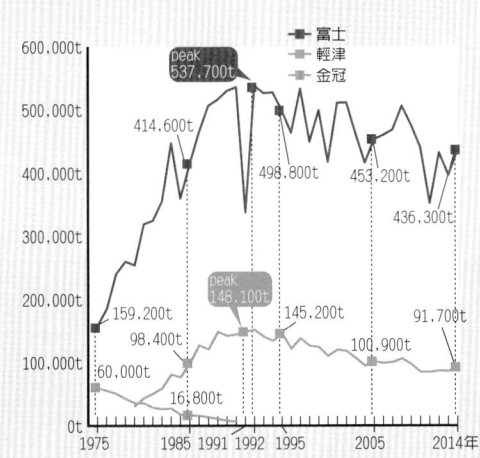

「富士」的收穫量名列前茅超過 40 年，2001 年品種別生產量躍居世界第一。

（日本農林水產省 果樹生產出貨統計、日本農林水產省 特產果樹生產動態等調查）

主要品種譜系圖

以明治、大正時期從美國進口的「國光」、「紅玉」、「元帥」、「金冠」為親本，誕生出許多品種。

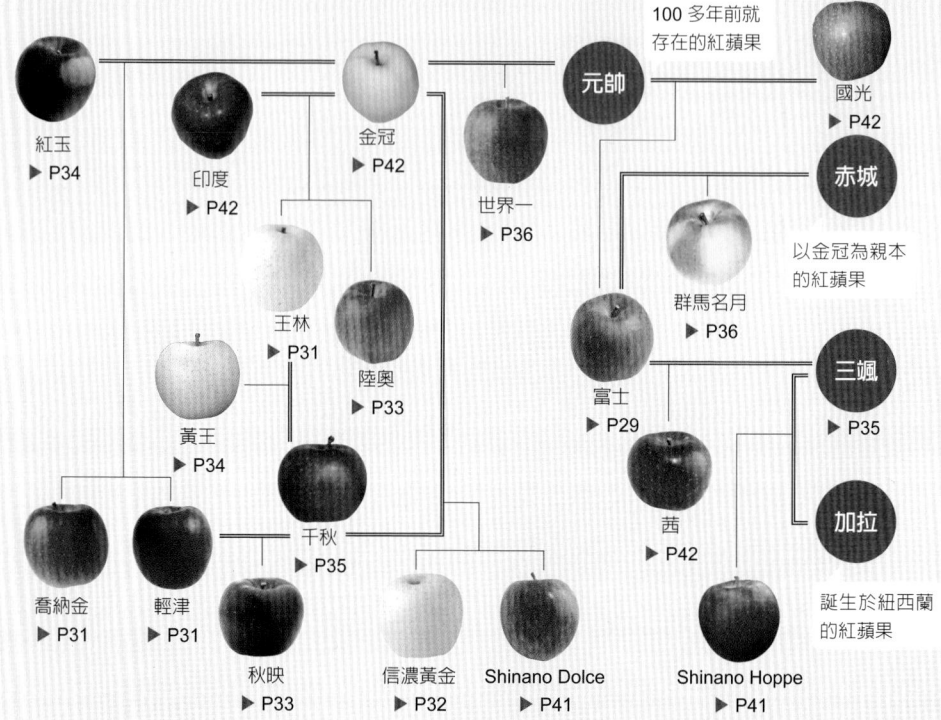

100 多年前就存在的紅蘋果

元帥

國光
▶ P42

赤城

紅玉
▶ P34

印度
▶ P42

金冠
▶ P42

世界一
▶ P36

群馬名月
▶ P36

以金冠為親本的紅蘋果

王林
▶ P31

陸奧
▶ P33

富士
▶ P29

三颯
▶ P35

黃王
▶ P34

千秋
▶ P35

茜
▶ P42

加拉

誕生於紐西蘭的紅蘋果

喬納金
▶ P31

輕津
▶ P31

秋映
▶ P33

信濃黃金
▶ P32

Shinano Dolce
▶ P41

Shinano Hoppe
▶ P41

仁果／蘋果

日本育成品種演進

以從美國引進的蘋果為原種育成，昭和時代誕生成為現在主流的蘋果品種。進入平成之後，又陸續開發出新品種。

明治
1868
～
1912

－明治 4（1871）年
國光 · 紅玉（美國）
從美國引進之後，成為蘋果的代表品種。直到 1960 年代，收穫量皆處於領先地位。如今市場上已幾乎看不見「國光」，但「紅玉」仍是很受歡迎的加工用蘋果，種植於日本各地。

大正
1912
～
1926

－大正 1（1912）年
元帥（美國）
繼「國光」、「紅玉」後，從美國引進至日本的品種。

－大正 12（1923）年
金冠（美國）
與「元帥」一樣，繼「國光」、「紅玉」後，從美國引進至日本的品種。

昭和 1926 〜 1989	**─昭和 3（1928）年** 紅星（美國） 從美國引進，如今生產量愈來愈少。 **─昭和 27（1952）年** 王林（福島縣） 在日本雜交，登錄名稱。現在為收穫量第三的蘋果。 **─昭和 37（1962）年** 富士（青森縣） 在日本雜交後收穫量暴增，80 年代成為品種別收穫量第一的品種。直到現在還是收穫量名列前茅的蘋果。 **─昭和 45（1970）年** 喬納金（美國） 從美國引進，現在為收穫量第四的品種。 **─昭和 48（1973）年** 輕津（青森縣） 在日本雜交，如今僅次於「富士」，是收穫量第二的品種。
平成 1989 〜	**─平成 8（1996）年** 信濃甜蜜（長野縣） 長野縣育成且完成品種登錄的蘋果。在平成時期誕生的新品種中，信濃甜蜜的收穫量數一數二。 **─平成 16（2004）年** 星之金幣〈Aori15〉（青森縣） 青森縣育成且完成品種登錄的蘋果。比「富士」甜，適合整顆帶皮一起吃的新品種。

主要品種上市時期

從初秋到春季的半年期間，各品種輪番上市，品種最多的是秋季。「富士」一整年都可買到。

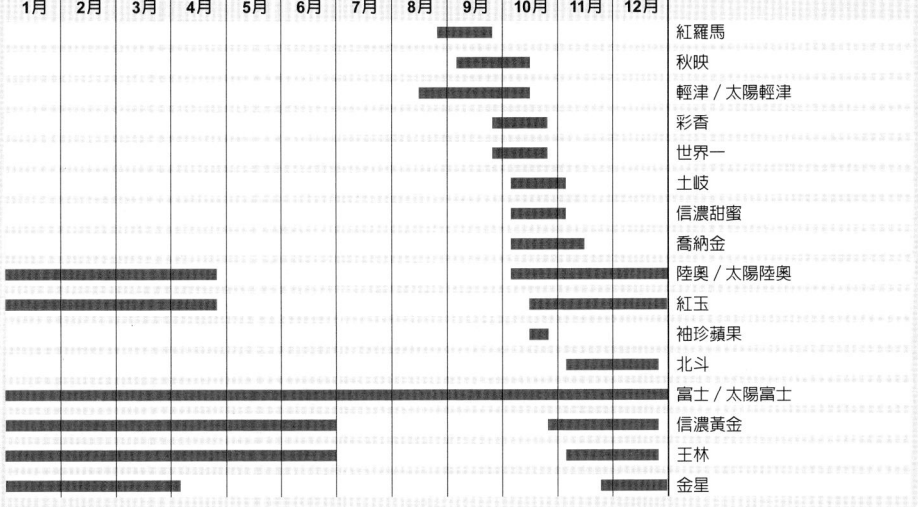

品種	上市時期
紅羅馬	9月
秋映	9月
輕津／太陽輕津	8〜9月
彩香	9〜10月
世界一	10月
土岐	10月
信濃甜蜜	10月
喬納金	10月
陸奧／太陽陸奧	1〜4月、10〜12月
紅玉	1〜3月、10〜12月
袖珍蘋果	10月
北斗	11〜12月
富士／太陽富士	全年
信濃黃金	1〜3月、11〜12月
王林	1〜3月、11〜12月
金星	1〜4月、12月

仁果／蘋果

主要產地與栽種面積

蘋果喜歡冷涼的氣候，因此主要產地為東日本。青森縣與長野縣的生產量很大，光這兩縣就占日本全國收種量的四分之三。2013 年日本國內整體收穫量為 **74 萬1700 順**。

青森縣
- 富士／太陽富士 10,000ha
- 輕津 2,384ha
- 王林 2,184ha
- 喬納金 2,031ha
- 信濃黃金 277ha
- 北斗 508ha
- 弘前富士 487ha
- 陸奧 467ha

長野縣
- 富士／太陽富士 4,543ha
- 信濃甜蜜 685ha
- 信濃黃金 259ha
- 秋映 391ha

福島 4%　26,800t
岩手 6%　42,800t
山形 6%　46,500t
長野 21%　155,300t
其他 7%　58,300t
青森 56%　412,000t

縣別收種量與比例（2013 年）

品種別栽種面積排行榜

1980 年

1 富士 14,300ha
2 紅玉 2,860ha
3 國光 2,750ha
4 輕津 2,180ha
5 金冠 1,900ha
6 陸奧 1,870ha

從昭和時期開始，「富士」就是全日本栽種面積最大的蘋果，放眼世界也是數一數二。平成以後，在長野育成種植的品種生產量大增。

2013 年

1 富士 19,585ha
2 輕津 4,860ha
3 王林 2,926ha
4 喬納金 2,570ha
5 信濃甜密 1,001ha
6 信濃黃金 661ha

7 北斗 577ha
8 弘前富士 569ha
9 陸奧 481ha
10 秋映 429ha

（日本農林水產省　果樹生產出貨統計、日本農林水產省　特產果樹生產動態等調查　2013）

I 蘋果的種類

持續的品種改良造就了近年來新品種不斷上市的現狀。

富士
太陽富士

由來：國光 × 元帥
糖度：15%
主要產地：青森縣

上市時期
| 1 | 2 | 3 | 4 | 5 | 6 | 7 | 8 | 9 | 10 | 11 | 12 | 月 |

仁果／蘋果

秋田 4%　其他 4%
福島 5%
岩手 6%
山形 7%
青森 51%
長野 23%

通常表面有帶綠色直條紋。

太陽富士

富士
帶著鮮豔的紅色，光滑美麗的果皮。

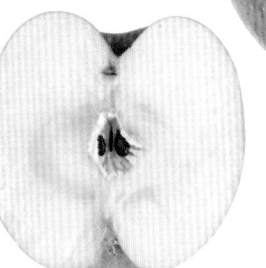

特色為容易結蜜，水嫩多汁。

1962 年命名登錄，是具有代表性的蘋果品種。無論是味道、口感、顏色、保存性都十分出色，如今不只是世界，也是日本國內生產量最多的蘋果。「富士」與「太陽富士」的栽種方式不同（請參照 P30、33）。

---

column

照片：藤崎町

「富士」誕生於藤崎町

「富士」是現在生產量最多的蘋果，最初誕生於曾設置在青森縣藤崎町的「農林省園藝實驗場東北支場」。1934 年，日本的東北地區發生大寒害，亟需培育出適合在寒冷地區栽種的果樹。由於這個緣故，農林省花了 23 年時間從剛開始的交配到完成品種登錄，成功培育出「富士」蘋果。不只好吃又耐放，再上市就掀起熱潮，如今連海外也大量種植。

位於藤崎町公所前的蘋果造型石碑。「富士」（Fuji）的名字起源於藤崎町（Fujisaki）的地名。

各種富士

由於歷經大量種植培育，出現許多枝變品種。栽種方式不同導致味道與上市期間也不一樣。

太陽富士（無袋栽培）

不套袋，讓果實直接曝晒在陽光下的「富士」稱為「太陽富士」。儘管顏色與果皮質感不如「富士」美麗，但甜度、香氣與維他命C含量皆勝過有袋的「富士」。採收後可儲藏3～4個月，一直到初春時期都能買到。

富士（套袋栽培）

一顆顆套袋，採收前拿下果袋，讓表面呈現美麗的紅色。為了與「太陽富士」區隔，命名為「富士」。十分耐放，11月採收的富士可以存放到隔年夏天。

10月	11月	12月	1月	2月	3月	4月

早生富士

「早生富士」是由「富士」的枝變培育而成，比富士更早採收的系統總稱。味道大多近似富士。

弘前富士

1980年代於青森縣弘前市發現，果實比「富士」軟，甜味明顯。糖度超過13%並符合其他條件者，冠上「夢光」品牌販售。未完成品種登錄。
上市時期：10月上旬～10月下旬
由來：富士的枝變
主要產地：青森縣

外觀比「富士」圓，果肉質地柔軟，容易結蜜，水嫩多汁。

弘前富士

提供：JA輕津弘前

其他早生富士

Yataka
在秋田縣發現，體積較大，每顆重約350～450g，表面有清楚的直條紋。
上市時期：10月上旬～10月下旬
由來：富士的枝變　主要產地：秋田縣

昂林
在福島縣發現。
上市時期：10月上旬～10月下旬
由來：富士的枝變　主要產地：青森縣

紅將軍
1987年於山形縣東根市發現，整體呈現漂亮的紅色。
上市時期：10月上旬～10月下旬
由來：Yataka的枝變　主要產地：山形縣‧北海道

輕津
太陽輕津

由來：金冠 × 紅玉
糖度：12 ～ 14%
主要產地：青森縣

肉質多汁，軟硬適中。口感絕佳。

福島 2%　　　　其他 4%
北海道 2%
岩手 5%
山形 5%
青森 49%
長野 33%

仁果／蘋果

在青森縣育成的蘋果，生產量僅次於「富士」。酸味較弱，在早生種中，「輕津」的甜味較強，口感清脆。底色原為黃綠色，套袋栽培使其染上漂亮的紅色。近年來無袋栽培的方式普及，此品種也稱為「太陽輕津」。

王林

外型略呈蛋形，肉質柔軟。

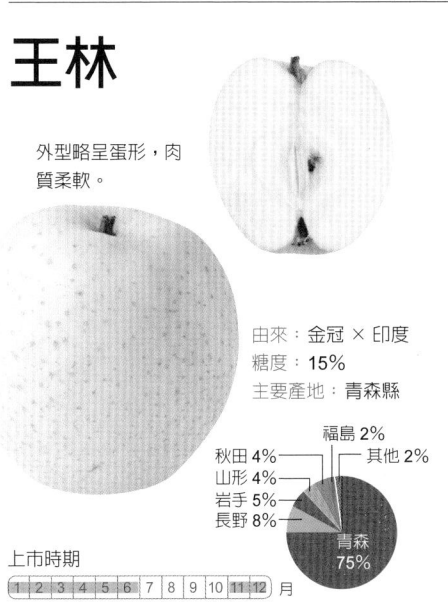

由來：金冠 × 印度
糖度：15%
主要產地：青森縣

福島 2%
秋田 4%　　其他 2%
山形 4%
岩手 5%
長野 8%
青森 75%

來自福島縣的黃綠色蘋果代名詞。酸味較弱，十分甘甜，帶有獨特香氣。口感清脆，果皮很薄，適合整顆帶皮一起吃。耐存放。

喬納金
Jonagold

果肉結實，口感佳，水嫩多汁。

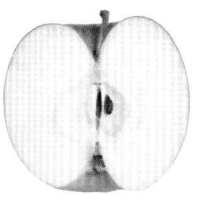

由來：金冠 × 紅玉
糖度：14 ～ 15%
主要產地：青森縣

山形 1%
其他 2%
福島 1%
長野 2%
岩手 15%
青森 79%

誕生於美國紐約州農業實驗場，底色為黃綠色，成熟後染成紅色。帶有強烈甜味，也有酸味，味道十分均衡。表面會出蠟，但不影響風味。

信濃甜蜜

由來：富士 × 輕津
糖度：14 ～ 15%
主要產地：長野縣

果皮有條紋圖案，
多汁，不結蜜。

岩手 2%
其他 2%
福島 2%
山形 7%
秋田 7%
青森 11%
長野 69%

長野縣育成的品種，一顆約 350g，體型較大，
黃綠色果實受陽光照射後轉變為紅色。由於
酸味較弱，甜味較為明顯，味道濃郁。果肉
硬度適中，吃起來很清脆。保存性佳。

信濃黃金 *

果肉為黃色，汁豐
富，少結蜜。

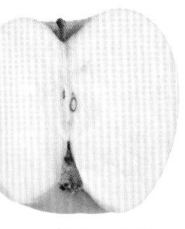

由來：金冠 × 千秋
糖度：14 ～ 15%
主要產地：青森縣、
長野縣

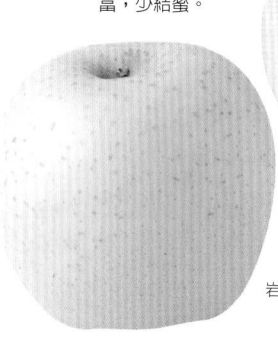

岩手 12%
其他 7%
青森 42%
長野 39%

上市時期
①②③④⑤⑥⑦⑧⑨⑩⑪⑫ 月

長野縣育成的品種，屬於中生種，成熟後為
漂亮的黃色。糖度高達 14 ～ 15%，口味清
爽且具有適度酸味，深受海外消費者好評。
冷藏可保存 3 個月。

北斗

果肉裡有蜜腺，果
汁豐富。
提供：JA 輕津弘前

由來：富士 × 不明
糖度：13%
主要產地：青森縣

北海道 2%
其他 4%
岩手 6%
青森 88%

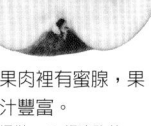

上市時期
①②③④⑤⑥⑦⑧⑨⑩**⑪**⑫ 月

青森縣育成的品種，甜酸口味均衡，香味強
烈，是其特色所在。完熟果的肉質柔軟，容
易結蜜。由於栽種困難，屬於稀有品種。

陸奧
太陽陸奧

肉質略粗，富含果
汁。
提供：JA 輕津弘前

由來：金冠 × 印度
糖度：——
主要產地：青森縣

上市時期
(1 2 3 4 5 6 7 8 9 10 11 12) 月

其他 3%
青森 97%

酸味和甜味都很鮮明，香氣豐沛的品種。套
袋栽培為桃紅色，無袋栽培的果皮呈黃綠色，
稱為「太陽陸奧」。可長期存放，上市期間
為晚秋到春季。

秋映

果肉為黃白色，幾
乎不含蜜。

由來：千秋 × 輕津
糖度：14～15%
主要產地：長野縣

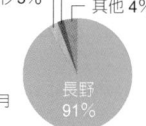

山形 3%　群馬 2%
其他 4%
長野 91%

上市時期
(1 2 3 4 5 6 7 8 9 10 11 12) 月

長野縣獨自研發的品種。底色為黃色，成熟
後染為暗紅色。酸甜滋味均衡，味道濃郁。
肉質偏硬，有嚼勁，富含果汁。

 甜味強烈的「無袋蘋果」與講究外觀的「有袋蘋果」

蘋果的栽種方法分為將果實套袋的套袋栽
培，以及不套袋的無袋栽培兩種。採用套
袋栽培時，由於陽光不會直接照射果實，
蘋果的甜度較低，果皮會染成均勻的紅色。
優點在於果皮較薄，可連皮一起吃，還可
延長保存期間。
另一方面，品種名前方加上「太陽」（Sun）
的是無袋栽培的蘋果。成長過程中直射陽
光的蘋果帶有強烈甜味，有些品種的結蜜
量很高。

上 / 最初是為了預防病蟲害，才在果實上套袋
種植。通常在 6～7 月間完成套袋作業。
下 / 為了讓無袋蘋果完全曝晒在陽光下，果農
細心摘除果實周圍的葉子，用心培育。

---

memo 「紅岩手」是岩手縣原創改良的中生種（或為 9 月下旬成熟的品種），品質優良。品種登錄
為「岩手 7 號」，「紅岩手」為商標名。

33

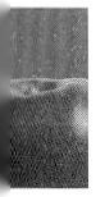

紅玉

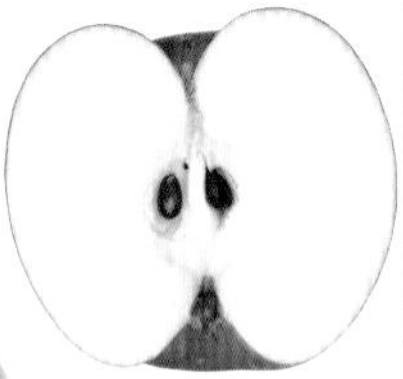

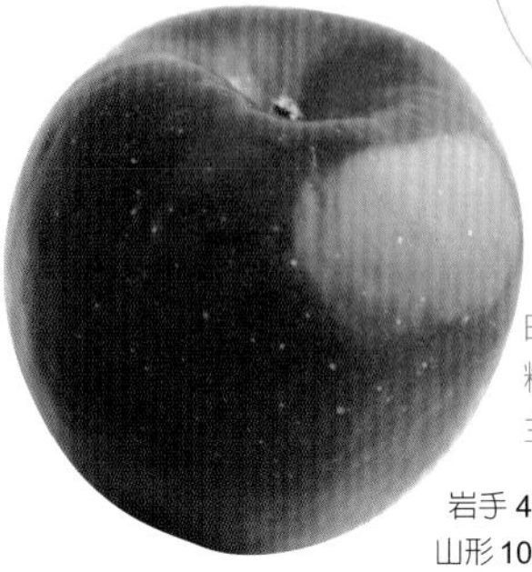

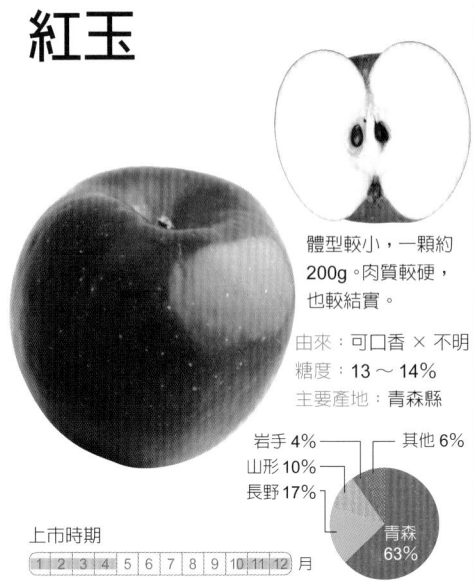

體型較小，一顆約200g。肉質較硬，也較結實。

由來：可口香 × 不明
糖度：13～14%
主要產地：青森縣

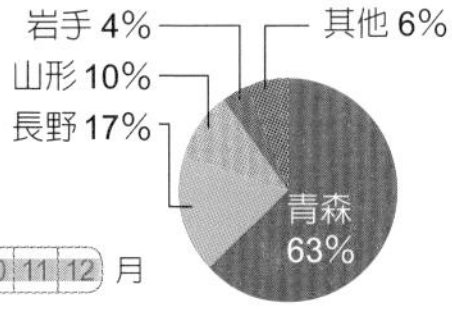
岩手 4%
其他 6%
山形 10%
長野 17%
青森 63%

上市時期
1 2 3 4 5 6 7 8 9 10 11 12 月

1800年左右在美國紐約州發現，於明治時代引進日本的蘋果。果皮為深紅色，滋味酸甜。肉質緊實，是近年來最常用來製作甜點的材料。

黃王

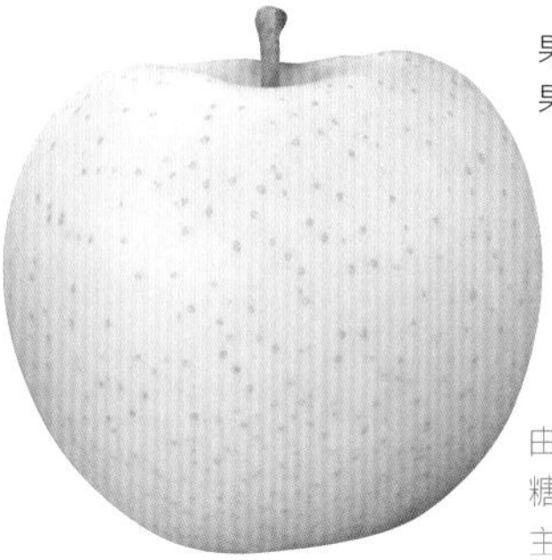

果肉為白色，富含果汁。

由來：王林 × 千秋
糖度：14%
主要產地：青森縣

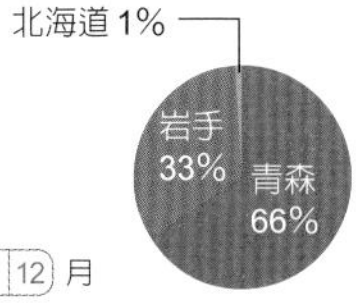
北海道 1%
岩手 33%
青森 66%

上市時期
1 2 3 4 5 6 7 8 9 10 11 12 月

岩手縣育成的品種，充滿「黃色國王」的意象。甜味與酸味的比例均衡，水嫩多汁。肉質硬度適中，口感細膩。可長期保存。

土岐 *

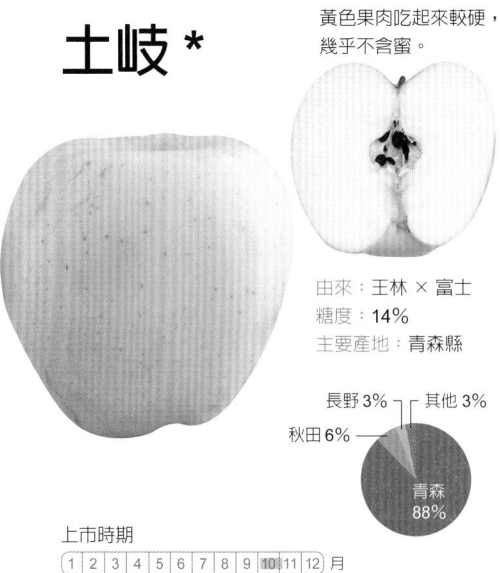

黃色果肉吃起來較硬，幾乎不含蜜。

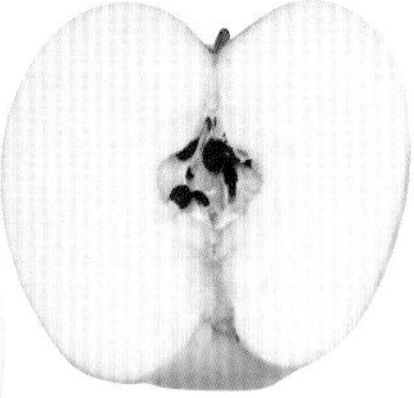

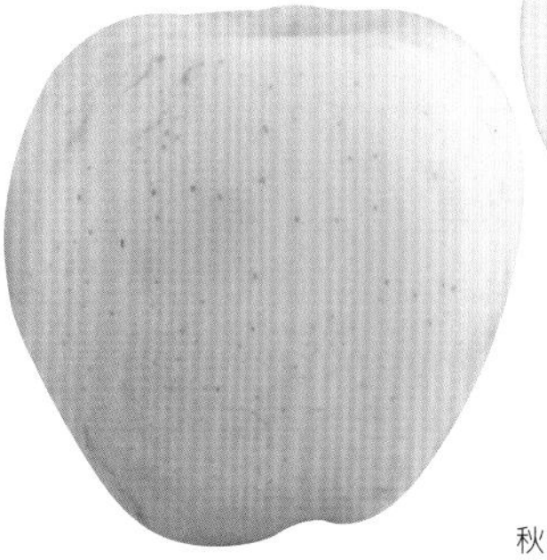

由來：王林 × 富士
糖度：14%
主要產地：青森縣

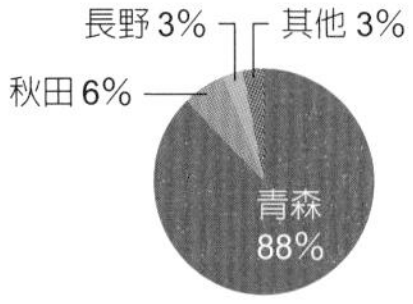
長野 3%
其他 3%
秋田 6%
青森 88%

上市時期
1 2 3 4 5 6 7 8 9 10 11 12 月

誕生於青森縣，2004年登錄的新品種。果皮呈淺黃色，酸味較弱，甜味較強。肉質細膩，口感清脆，富含果汁。

陽光

果實呈圓形～長圓形，白色果肉口感較硬。

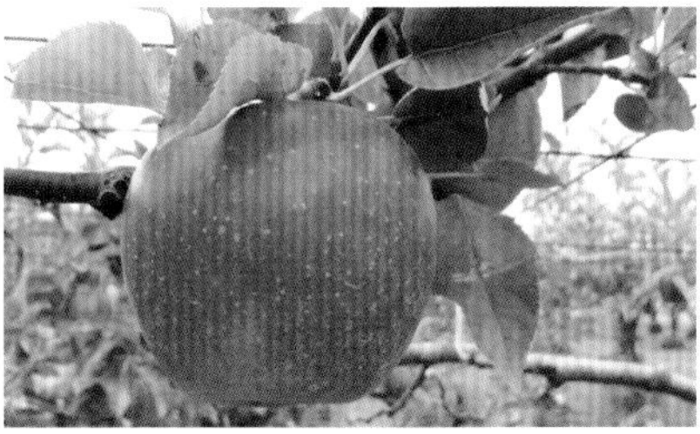

提供：JA會津

由來：金冠 × 不明
糖度：14～15%
主要產地：群馬縣

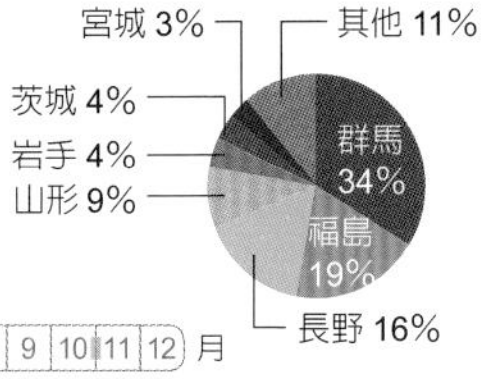
宮城 3%
其他 11%
茨城 4%
岩手 4%
山形 9%
群馬 34%
福島 19%
長野 16%

上市時期
1 2 3 4 5 6 7 8 9 10 11 12 月

群馬縣誕生的品種。口感清脆，甜中帶酸。果皮呈鮮紅色條紋狀，成熟時表面散發光澤，顏色變深。十分耐放。

千秋

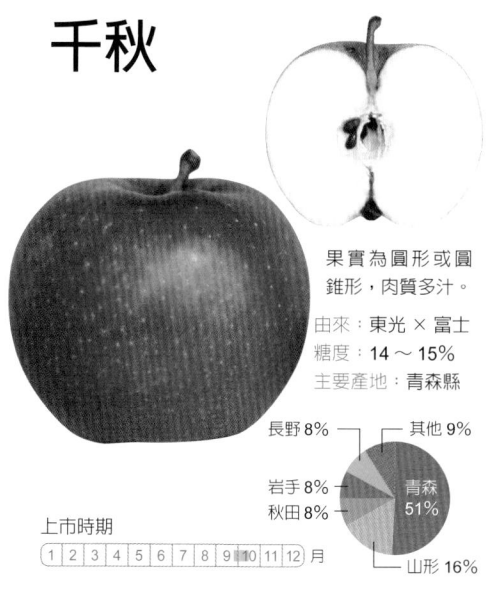

果實為圓形或圓錐形，肉質多汁。
由來：東光 × 富士
糖度：14 ～ 15%
主要產地：青森縣

上市時期
（1 2 3 4 5 6 7 8 9 10 11 12）月

長野8%　其他9%
岩手8%
秋田8%　青森51%
山形16%

秋田縣育成的品種。底色為黃綠色，帶有紅褐色條紋。果皮較薄，在樹上套袋栽培，避免果實受損。肉質細膩，口感佳，甜味與酸味比例均衡。

金星

果肉較硬，富含果汁。

由來：金冠 × 元帥系統
糖度：15%
主要產地：青森縣

提供：JA 輕津弘前

上市時期
（1 2 3 4 5 6 7 8 9 10 11 12）月

秋田1%
岩手18%
青森81%

誕生於青森縣弘前市。套袋栽培可種出漂亮的金色果實，另有無袋栽培的紅色金星。特色在於口感清爽，微酸味甜。保存期間較長。

仁果／蘋果

三颯

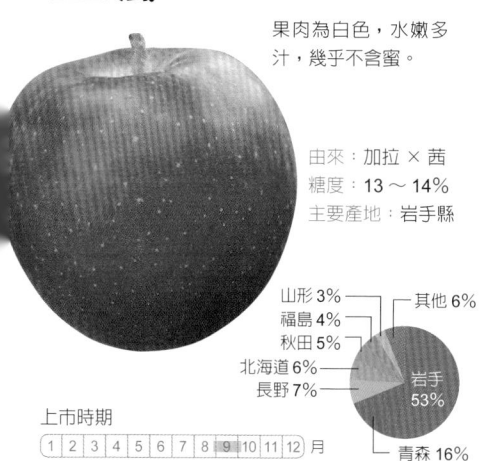

果肉為白色，水嫩多汁，幾乎不含蜜。

由來：加拉 × 茜
糖度：13 ～ 14%
主要產地：岩手縣

山形3%　其他6%
福島4%
秋田5%
北海道6%　岩手53%
長野7%
青森16%

上市時期
（1 2 3 4 5 6 7 8 9 10 11 12）月

在紐西蘭交配，日本育成的品種。名稱取自岩手知名的盛岡三颯舞。底色為黃色，轉為鮮紅色。體型較小，口感清脆，帶有清甜滋味。

column　何謂「不摘葉蘋果」？

採用無袋栽培時，農家通常會摘除遮陽的葉子，讓整顆蘋果曝晒在陽光下。相較於此，直到採收都不摘除葉子，以此方式育成的蘋果就是「不摘葉蘋果」。此栽培法的重點是留下葉子，但切除枝條，避免遮住陽光。此時葉子裡的澱粉會轉化為糖分，讓蘋果的糖度提高 1 ～ 2%。

剪除枝條，引進陽光。

---

memo　「奧入瀨」的親本是「紅星」×「輕津」，此品種的特色在於體型較大，蜜腺呈霜降般遍布。

世界一

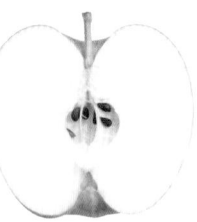

果肉偏硬，味道清爽多汁。
提供：JA 輕津弘前

由來：元帥 × 金冠
糖度：15%
主要產地：青森縣

岩手 2% ┌ 山形 1%
青森 97%

上市時期
1 2 3 4 5 6 7 8 9 10 11 12 月

在青森縣育成。首次發表時宣稱是「世界第一大的蘋果」，因此取名為「世界一」。由於外型美觀大方，是最熱門的贈禮品種。重量以 350 ～ 800g 為主。

群馬名月

黃色果肉口感較硬，富含果汁。

由來：赤城 × 富士
糖度：15%
主要產地：
青森縣、群馬縣

北海道 5% ┐ ┌ 其他 7%
長野 16% ─
青森 42%
群馬 30%

上市時期
1 2 3 4 5 6 7 8 9 10 11 12 月

在群馬縣誕生的品種，但在其他縣市的生產量日益增加。在店頭也可看到以「名月」之名販售的商品。黃色品種有少見的蜜腺，是其特色所在。酸味較弱，帶有清爽的甜味。

秋陽 *

由來：陽光 × 千秋
糖度：14%
主要產地：山形縣

照片：山形縣農業綜合研究中心
山形縣農林水產部園藝農業推進課

上市時期
1 2 3 4 5 6 7 8 9 10 11 12 月

2006 年誕生的山形縣原創品種。少見的中生品種，顏色與味道都很濃郁。帶有強烈的甜味與酸味，備受注目。肉質細膩，可享受清脆的口感。

column 青森乙女

高級

熱衷研究的認真農民水野益治育成的極小型高級蘋果，糖度高達 16 ～ 17%。酸味較弱，肉質較硬。由於水野驟逝，未完成品種登錄。家人接手種植，以「迷你富士」之姿從 2001 年開始在東京的高級水果行販售。如今正以「青森乙女」的名稱申請商標登錄。

一顆 60 ～ 80g，外型小巧，上方呈現漂亮的王冠形狀。

紅羅馬

高野 1 號 *

白色果肉吃起來較硬，富含果汁。

由來：信濃紅的自然雜交實生
糖度：14%
主要產地：岩手縣

上市時期
| 1 | 2 | 3 | 4 | 5 | 6 | 7 | 8 | 9 | 10 | 11 | 12 | 月 |

岩手
100%

岩手縣生產者育成的獨家品種，商標登錄名稱為「紅羅馬」，備受喜愛。果皮滿布深紅色條紋，盛暑時節正是賞味時期。酸味較弱，帶有清爽甜味。

夏綠

白色果肉吃起來較硬，富含果汁。

由來：北上 ×（輕津 × 祝）
糖度：14%
主要產地：青森縣

上市時期
| 1 | 2 | 3 | 4 | 5 | 6 | 7 | 8 | 9 | 10 | 11 | 12 | 月 |

青森
100%

青森縣育成的極早生種。採無袋栽培法培育出的小型青蘋果，果皮帶有淺紅色條紋。受到盛夏時期採收的影響，酸味強烈，吃起來酸酸甜甜的。

仁果／蘋果

---

column 地方品牌「江刺蘋果」是名聞遐邇的高級蘋果

高級

「江刺蘋果」指的是栽種於岩手縣南部奧州市江刺區，品質符合一定標準的蘋果統稱。包括早生種「輕津」、中生種「喬納金」、晚生種「富士」，許多品種都以地方品牌「江刺蘋果」的名義上市販售。
江刺地區的氣候與土壤等條件，最適合栽種蘋果。1973 年，搶先引進矮化栽培法（降低樹高，讓陽光均勻照射整棵蘋果樹的種植法，方便栽培管理），成為全國知名的蘋果產地。此外，減少一根枝條生長的果實數量，讓每顆果實都能充分吸收養分，可使所有品種的糖度提至 13 ～

14%。出貨時分成特選、特秀、秀、○秀、特等五種等級，味道評價極高。在市場上可以賣到很好的價錢，曾有剛上市的「太陽富士」競標價高達一箱（28 顆）一百萬日圓。近幾年極早生的原創新品種「紅羅馬」也加入「江刺蘋果」的行列。

照片：JA 江刺

從夏末開始上市的極早生種「紅羅馬」。2016 年度首批上市的「紅羅馬」，競標價高達一箱（32 顆）十萬日圓。

彩香
Aori9*

由來：茜 × 王林
糖度：14%
主要產地：青森縣

白色果肉多汁，
蜜腺不多。

青森
100%

上市時期

| 1 | 2 | 3 | 4 | 5 | 6 | 7 | 8 | 9 | 10 | 11 | 12 | 月 |

青森縣育成。帶有鮮豔的紅色，呈圓形或長圓形。味道酸甜，充滿清香。果肉較硬，口感絕佳，富含果汁。

星之金幣
Aori15*

由來：富士 ×
（東光 × 紅冠）
糖度：15～16%
主要產地：青森縣

果肉較硬，有嚼勁，糖度較高。

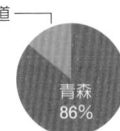

北海道
14%

青森
86%

上市時期

| 1 | 2 | 3 | 4 | 5 | 6 | 7 | 8 | 9 | 10 | 11 | 12 | 月 |

青森縣育成。果皮較薄，適合整顆吃。口感清脆，富含味道高雅的清甜果汁。由於生產量很少，可冷藏長期保存。

戀空
Aori16*

由來：夏綠 ×
（茜 ×Rero11）
糖度：13%
主要產地：青森縣

肉質略硬又細膩，
不結蜜。

青森
100%

上市時期

| 1 | 2 | 3 | 4 | 5 | 6 | 7 | 8 | 9 | 10 | 11 | 12 | 月 |

適合種植於溫暖氣候，在青森縣育成。果皮呈深紅色，是極早生種中甜味較強，富含果汁的品種。可享受高雅風味。

春明 21
Aori21

由來：富士 ×
（東光 × 紅玉）
糖度：14～15%
主要產地：青森縣

果肉較硬且
細膩，一般
不結蜜。

青森
100%

上市時期

| 1 | 2 | 3 | 4 | 5 | 6 | 7 | 8 | 9 | 10 | 11 | 12 | 月 |

青森縣育成。表皮為深紅色且帶有條紋圖案，採收後的果肉很硬，但經過存放可中和酸味，口感變好。採用氣調貯藏可長期保存。

初戀青蘋果
Aor24*

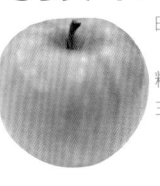

由來：澳洲青蘋 ×
（東光 × 紅玉）
糖度：15%
主要產地：青森縣

果實為圓形，果
肉較硬，有嚼勁。

青森
100%

上市時期

| 1 | 2 | 3 | 4 | 5 | 6 | 7 | 8 | 9 | 10 | 11 | 12 | 月 |

2013 年登錄的品種。果皮呈亮綠色，帶有光澤，是其特色所在。雖然酸味較強，但甜度很高，富含果汁，可享受濃郁滋味。

千雪
Aori27

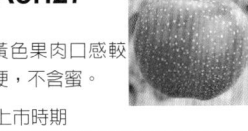

由來：金星 ×Mahe7
糖度：15%
主要產地：青森縣

黃色果肉口感較
硬，不含蜜。

青森
100%

上市時期

| 1 | 2 | 3 | 4 | 5 | 6 | 7 | 8 | 9 | 10 | 11 | 12 | 月 |

果皮為深紅色，上面有斑點。帶有甜味與香氣的品種。最大特色是果肉切開或磨成泥後，在室溫下放置超過 3 天也不變色，深受外食產業青睞。

memo 氣調貯藏又稱「CA 貯藏」，是一種藉由調整溫度與空氣組成，長期維持水果新鮮度的貯藏方式。

仁果／蘋果

高德
小蜜

黃色果肉較硬，
富含果汁。

由來：富士 × Romu16
糖度：14%
主要產地：青森縣

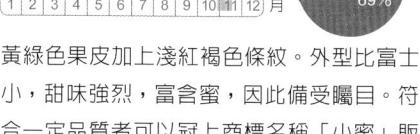
上市時期

| 1 | 2 | 3 | 4 | 5 | 6 | 7 | 8 | 9 | 10 | 11 | 12 | 月 |

山形 11%
茨城 20%
青森 69%

黃綠色果皮加上淺紅褐色條紋。外型比富士
小，甜味強烈，富含蜜，因此備受矚目。符
合一定品質者可以冠上商標名稱「小蜜」販
售。

御所川原

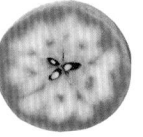

肉質較硬也較
粗，煮熟後整顆
會變成紅色。

由來：不明
糖度：14%
主要產地：青森縣

上市時期

| 1 | 2 | 3 | 4 | 5 | 6 | 7 | 8 | 9 | 10 | 11 | 12 | 月 |

誕生於青森縣五所川原市的小型大紅色蘋果。
不只是果皮，花、嫩葉、枝條與果肉都是紅
色的。由於酸味較強、澀味明顯，最常用來
加熱烹調或做成加工食品。

---

 column　什麼是「Aori」？──解析青森蘋果研究所

「Aori」是日文平假名「青り」的讀音，這是
青森縣蘋果研究所的簡稱。以前申請品種登錄
時，會使用育成時的名稱「青り○号」，作為
品種名。

青森蘋果研究所成立於昭和 6（1931）年，當
時是青森縣蘋果實驗場。透過蘋果栽培技術的
研究和新品種育成等，支持青森縣的蘋果栽培
產業。明治 8（1875）年，日本政府配送三棵
苗木，開啓了青森縣種植蘋果的歷史，但當時
蘋果的栽培技術尚未普及。明治二○年代開始
正式栽培，但沒人知道如何預防病蟲害，不知
如何栽培管理，於是產生蘋果園相繼荒廢的結
果。有鑑於此，許多人大聲疾呼，希望各界重
視官方實驗研究機構的必要性。

「Aori」有品種登錄名與商標登錄名，通常市
面上都以商標登錄名販售。

位於黑石市的青森縣蘋果研究所，附設可供民眾參
觀的蘋果資料館。民眾可從中學習各種與蘋果有關
的小常識，包括蘋果的基礎知識，研究所長久以來
的工作計畫等。

大夢 *

果汁豐富且含蜜。

岩手
100%

由來：富士 × 金冠
糖度：14%
主要產地：岩手縣

上市時期
| 1 | 2 | 3 | 4 | 5 | 6 | 7 | 8 | 9 | 10 | 11 | 12 | 月

岩手縣育成，2013 年登錄的新品種。名稱蘊藏著對於岩手縣走出震災陰霾，振興產地的期待。酸甜滋味均衡，可享受清脆口感。

尾瀨之紅 *

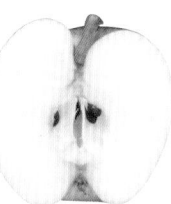

雖不含蜜，但富含果汁，散發迷人香氣。

由來：盛岡 47 號的自然雜交實生
糖度：13 ～ 15%
主要產地：群馬縣

上市時期
| 1 | 2 | 3 | 4 | 5 | 6 | 7 | 8 | 9 | 10 | 11 | 12 | 月

在群馬縣育成，不畏地球暖化等嚴酷氣候條件的優質蘋果，2009 年登錄品種。重量平均約為 400g，屬於大型蘋果，果皮呈鮮紅色。

---

column 弘前大學育成、果肉為紅色的蘋果「紅之夢」

「紅之夢 *」誕生於弘前大學農學生命科學部附屬藤崎農場，2010 年完成品種登錄。紅色果肉品種容易有澀味，通常不會直接吃。但紅之夢一點都不澀，酸味明顯，直接吃也很好吃，是其最大特色。味道依收穫時期不同，愈早採收酸味愈明顯，適合料理與加工；耐心等待一段時間再採收，紅之夢就會結蜜，成為適合生吃的蘋果。

在弘前大學的育種計畫中，包括紅之夢在內已開發出六個品種，完成品種登錄。

紅色果肉來自於天然多酚。

在偶然機緣下誕生的「紅之夢」。果實為圓形或橢圓形，呈深邃的暗紅色。體型比母本「紅玉」大，重約 300 ～ 350g 左右。一般認為，父本應該是紅肉系統。

左側邊欄：仁果／蘋果

Shinano Dolce*

黃色果肉偏硬，
不含蜜。

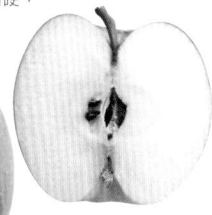

由來：金冠 × 千秋
糖度：14 ～ 15%
主要產地：長野縣

長野
100%

上市時期
1 2 3 4 5 6 7 8 9 10 11 12 月

長野縣的原創品種。底色為黃綠色，遍布紅
色條紋。一顆 300g 左右的果實略有重量，富
含果汁。酸甜滋味均衡，香氣宜人。

Shinano Piccolo*

果肉為黃白色，肉質
略硬。蜜腺較少。

由來：金冠 × 茜
糖度：14%
主要產地：長野縣

長野
100%

上市時期
1 2 3 4 5 6 7 8 9 10 11 12 月

長野縣的原創品牌。底色為黃色，成熟後染
紅色。一顆 150 ～ 200g，小孩的手可輕鬆拿
住，適合整顆帶皮一起吃。甜味與酸味的比
例均衡，最大特色為果肉不易褐變。

仁果／蘋果

Shinano Hoppe*

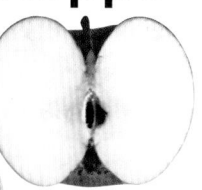

黃白色果肉吃起來較
硬，富含果汁。

由來：茜 × 富士
糖度：15 ～ 16%
主要產地：長野縣

長野
100%

上市時期
1 2 3 4 5 6 7 8 9 10 11 12 月

2013 年登錄的長野縣獨創品種。外型略微
扁平，著色成鮮豔的紅色。糖度高達 15 ～
16%，帶有柔和的酸味，十分好入口。特色
在於含蜜量很高。

袖珍蘋果

果肉呈較深的黃白
色，肉質略粗。

由來：富士 × 紅玉
糖度：13 ～ 15%
主要產地：長野縣

北海道
12%
青森
20%
長野
68%

上市時期
1 2 3 4 5 6 7 8 9 10 11 12 月

長野縣誕生的蘋果品種。雞蛋般大小，成熟
後轉深紅色，看起來很可愛。果皮也很薄，
適合整顆帶皮一起吃。甜味較強，酸味較弱。
袖珍蘋果是最常用來做成蘋果糖的品種。

 memo 近年來陸續出現紅色果肉的新品種，包括「Ruby Sweet」、「Rose Pearl」（皆為農研機構育成）、「Honey
Rouge」、「Columnar Rouge」（皆為信州大學果樹園藝學研究室育成）等。

其他蘋果品種

品種	說明	
北紅 Aori 13	青森縣育成。果皮為深紅色，香甜多汁，是其特色所在。含有大量蜜腺。 由來：輕津 × 元帥系統　主要產地：青森縣	
Aikanokaori*	酸味較弱，富含果汁。清脆口感十分迷人。採收期比富士早一週左右。 由來：富士 × 不明　主要產地：長野縣、青森縣	
末希來福	體型較小，甜酸滋味均衡。名稱源自以輕津為舞台的連續劇。 由來：千秋 × 輕津　主要產地：青森縣	
國光	自古就有的品種，果肉較硬，果汁較少，口感絕佳。在青森縣稱為「雪下」。 由來：不明　主要產地：青森縣	
祝	帶著清淡甜味與酸味的青蘋果，夏季上市，常作為中元節供奉的水果。 由來：不明　主要產地：青森縣、長野縣	
金冠	黃蘋果的代表品種。果皮粗糙，但十分甘甜多汁。 由來：不明　主要產地：美國	
紅星	果皮為深紅色，香氣宜人。果肉細緻，含蜜。 由來：元帥的枝變　主要產地：美國	
澳洲青蘋	果皮為綠色，適合做成蘋果派。英文名 Granny Smith 的意思是史密斯奶奶的蘋果。 由來：French Crab × 不明　主要產地：澳洲	
Bramley's Seedling	主要用來烹調，具有強烈酸味的青蘋果。英國主要栽種此蘋果。 由來：不明　主要產地：英國	
印度	明治初期從美國傳入日本，黃綠色帶紅的果皮是其特色所在。甜味鮮明，香氣迷人。 由來：不明　主要產地：青森縣	
茜	果如其名，果皮呈鮮豔的茜色。味道略酸，久煮不爛，適合烹調使用。 由來：紅玉 × 烏斯特紅皮蘋果　主要產地：北海道	
第一夫人 *	山形縣育成。從 8 月底即可採收的早生種，口感佳，甜味與酸味都很鮮明。 由來：三颯 × 輕津　主要產地：山形縣	
秋田紅 Akari*	秋田縣育成，2002 年完成品種登錄。特色在於體型較大，果皮為鮮豔的紅色。存放期間較長。 由來：不明　主要產地：秋田縣	
Sour Rouge*	宮城縣的新品種，2011 年完成品種登錄。酸味較強，當初育成是為了培育出「紅玉」品種。 由來：富士的自然雜交實生　主要產地：宮城縣	
Suwakko	長野縣諏訪地方特產的蘋果。2006 年完成品種登錄。 由來：世界一的自然雜交實生　主要產地：長野縣	

Suwakko

---

column　自古生長在日本的「和蘋果」

現在的日本蘋果都是明治時代以後，從國外引進的西洋品種。在此之前，日本早已有蘋果，為了與西洋蘋果區分，稱為「和蘋果」。和蘋果體型較小，酸味較強，江戶時代是家家戶戶常吃的點心。後來西洋蘋果強勢壓境，導致和蘋果幾乎沒人吃。如今日本各地還有一小部分品種。

其中之一就是長野縣的「高坂蘋果」。直徑 4 ～ 5cm，果實小巧，直到明治時代初期還能看到大量種植的果園。現在是從倖存下來的樹木分根育成。

滋賀縣的「彥根蘋果」在昭和中期已滅絕，在有志之士努力下成效斐然，重新復育為「平成的彥根蘋果」。此蘋果現在肩負起振興地方鄉鎮的責任。

留存於長野縣北部，上水內郡飯綱町的「高坂蘋果」。江戶時代，每到中元節善光寺就會販售高坂蘋果，供信徒供奉在佛前。直徑只有 4 ～ 5cm，外型十分可愛，在果樹上結實纍纍。如今高坂蘋果樹已成為町指定的天然紀念物。

主要蘋果大小比較圖

apple

仁果／蘋果

世界一	喬納金	陸奧	北斗
P36（500g）	P31（400g）	P33（400g）	P32（400g）

富士	信濃甜蜜	弘前富士	星之金幣（Aori15）	金星
P29（350g）	P32（350g）	P30（350g）	P38（300g）	P35（300g）

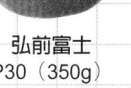
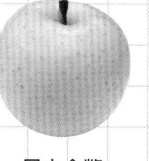

秋陽	王林	信濃黃金	秋映	土岐	黃王
P36（300g）	P31（300g）	P32（300g）	P33（300g）	P34（300g）	P34（300g）

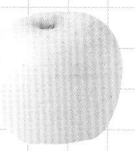

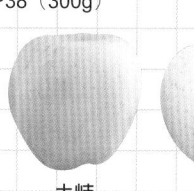

高德	輕津	Shinano Dolce	Shinano Hoppe	紅羅馬（高野1號）	群馬名月
P39（300g）	P31（300g）	P41（300g）	P41（300g）	P37（300g）	P36（300g）

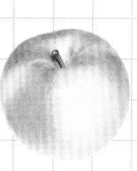
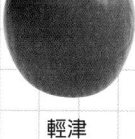

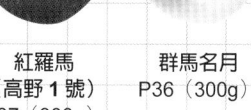

千秋	三颯	紅玉	夏綠	Shinano Piccolo	青森乙女	袖珍蘋果
P35（250g）	P35（250g）	P34（200g）	P37（200g）	P41（150g）	P36（80g）	P41（40g）

※ 此為平均大小的概略比較，水果個體差異甚大，此圖僅供參考。

43

多汁口感在海外也深受歡迎

Ⅱ 日本梨

Japanese pear

日本梨

上市時期

| 1 | 2 | 3 | 4 | 5 | 6 | 7 | 8 | 9 | 10 | 11 | 12 | 月 |

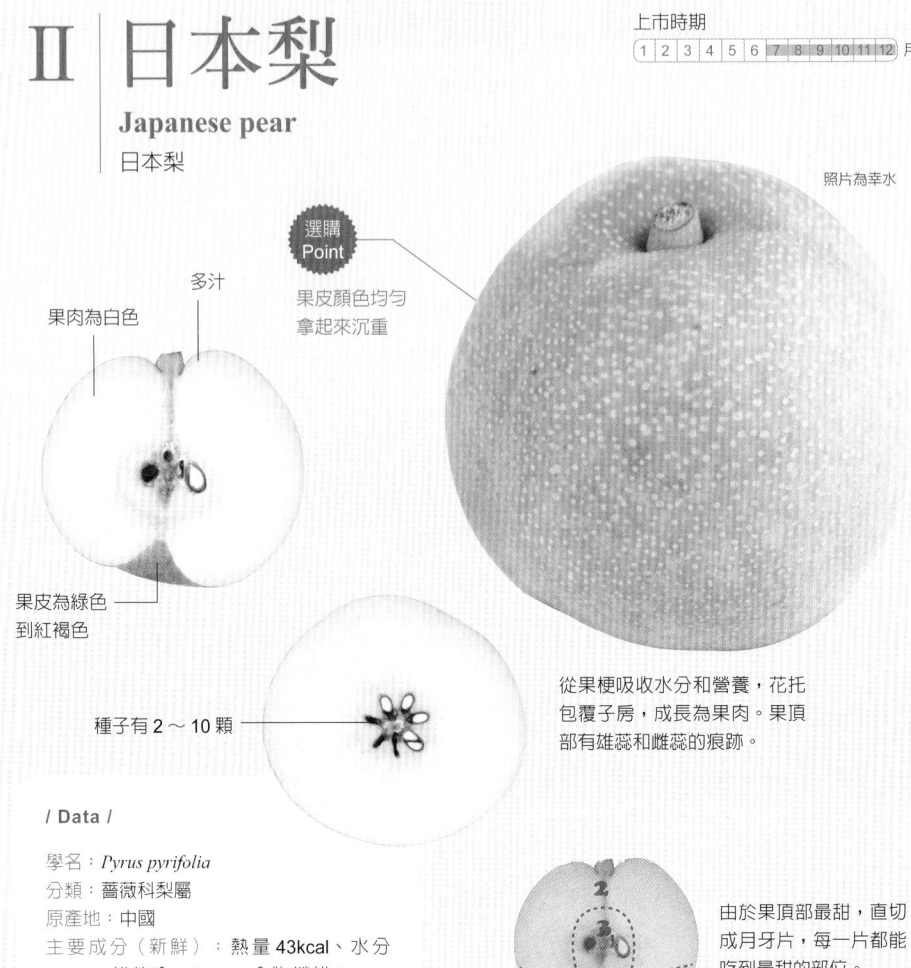

照片為幸水

選購
Point

果皮顏色均勻
拿起來沉重

果肉為白色

多汁

果皮為綠色
到紅褐色

種子有 2 ～ 10 顆

從果梗吸收水分和營養，花托
包覆子房，成長為果肉。果頂
部有雄蕊和雌蕊的痕跡。

由於果頂部最甜，直切
成月牙片，每一片都能
吃到最甜的部位。

/ Data /

學名：*Pyrus pyrifolia*
分類：薔薇科梨屬
原產地：中國
主要成分（新鮮）：熱量 43kcal、水分
88.0g、維他命 C 3mg、食物纖維 0.9g、
鉀 140mg

　　一般認為，日本梨原生於中國、朝鮮半島與日本。江戶時代普遍栽種，十九世紀後半共有一百五十種以上的梨。大致可分成，果皮出現木栓化現象轉為淡褐色的紅梨，與果皮為綠色的青梨。紅梨的代表品種包括口味甘甜、富含水分的「幸水」；肉質又甜又軟的「二十世紀」則是青梨的代表品種。日本各地研發出愈來愈多新品種，種類相當豐富。

　　梨的果肉含有石細胞，這是梨肉清脆口感的緣由。飽含水分也是梨的另一項特色，在海外稱為「水梨」（water pear），是頗受歡迎的水果。

仁果 ／ 日本梨

| 挑選方式 | 選擇外型為橫長形，重心較低，拿在手裡有沉重感的產品。果梗堅實，果皮顏色均勻，外表沒有傷口者為佳，避免選購摸起來軟軟的梨。 |

| 保存法 | 裝進塑膠袋避免乾燥，再放入冰箱冷藏。不過，日本的梨通常採收後會在運輸過程完熟，才進入店頭販售。消費者購買後請務必儘早吃完。 |

| 賞味時期 | 果皮為淡褐色的品種要等粗糙表面變得光滑後再吃；果皮為黃綠色的品種，待果皮顏色逐漸轉黃就是最好吃的時候。 |

| 營養 | 富含可減少體內鈉含量，避免血壓上升的鉀與食物纖維。日本梨含有兩種食物纖維，包括可避免血壓急速升高，減緩吸收膽固醇的水溶性食物纖維，和有助於改善便祕與大腸癌的不溶性食物纖維。 |

梨在春天開白花，每顆芽可開 6 ～ 10 朵花，透過蜜蜂或人工方式授粉結果。

品種別收穫量演進

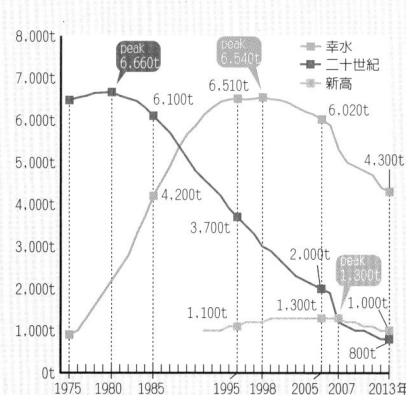

儘管「二十世紀」的收穫量呈下滑趨勢，但不少果農改種「黃金二十世紀」或「長黃金」（Osagold）。

（日本農林水產省　果樹生產出貨統計／日本農林水產省　特產果樹生產動態等調查）

主要品種譜系圖　二十世紀是許多品種的親本，不只開發出子品種，還有不少孫品種。

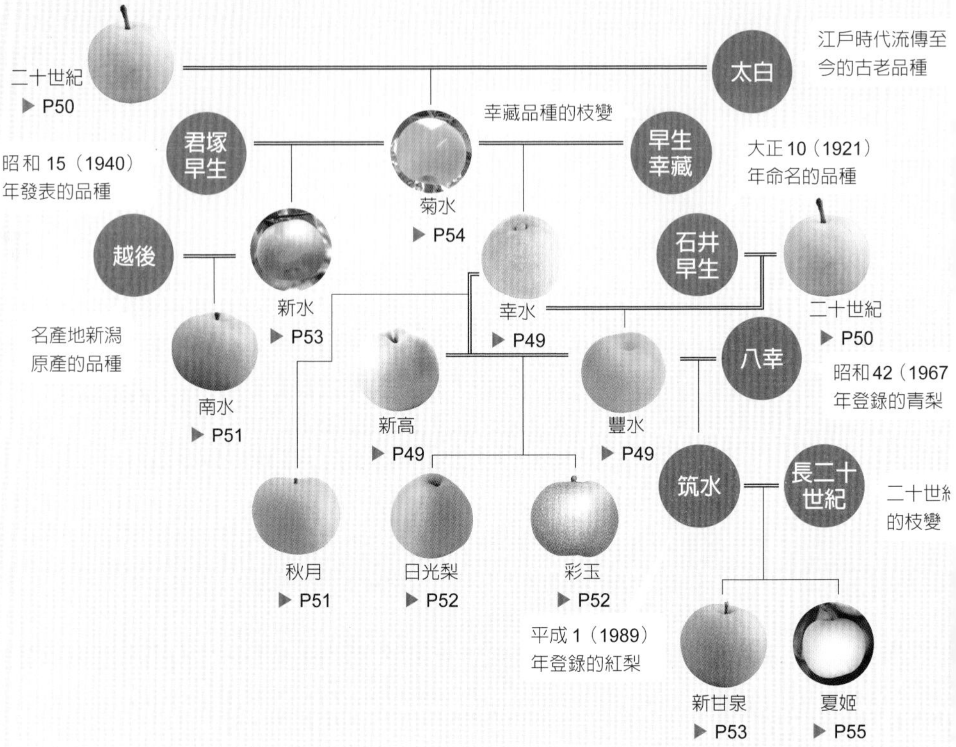

二十世紀
▶ P50

昭和 15（1940）
年發表的品種

君塚
早生

幸藏品種的枝變

菊水
▶ P54

太白

江戶時代流傳至
今的古老品種

早生
幸藏

大正 10（1921）
年命名的品種

越後

新水
▶ P53

石井
早生

二十世紀
▶ P50

名產地新潟
原產的品種

南水
▶ P51

幸水
▶ P49

八幸

昭和 42（1967）
年登錄的青梨

新高
▶ P49

豐水
▶ P49

筑水

長二十
世紀

二十世紀
的枝變

秋月
▶ P51

日光梨
▶ P52

彩玉
▶ P52

平成 1（1989）
年登錄的紅梨

新甘泉
▶ P53

夏姬
▶ P55

主要品種上市時期

由於各品種的收穫時期較短，生產者通常會一起栽種收穫期不同的品種，例如同時栽種早生種的「幸水」、中生種的「豐水」與晚生種的「新高」等。

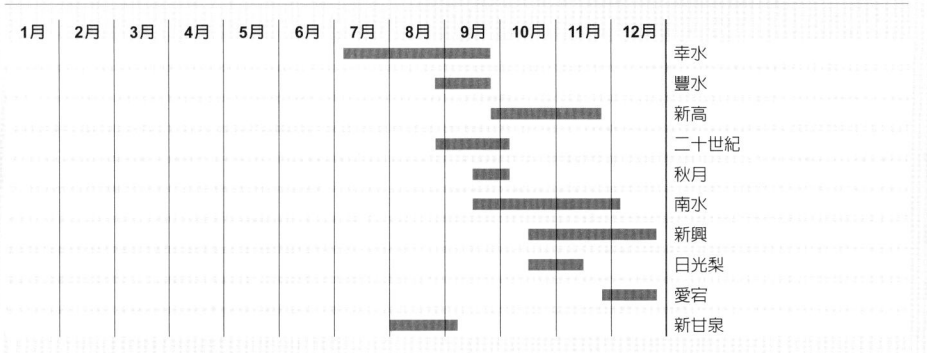

1月	2月	3月	4月	5月	6月	7月	8月	9月	10月	11月	12月	
												幸水
												豐水
												新高
												二十世紀
												秋月
												南水
												新興
												日光梨
												愛宕
												新甘泉

日本育成品種演進	昭和初期育成的品種經過長時間流通後，成為日本家喻戶曉的主流品種。近年來又開發出各式各樣的新品種。

江戶 1603 〜 1867	**－天保 11（1840）年～嘉永 3（1850）年左右** 晚三吉（新潟縣） 在新潟縣的村莊發現，由「早生三吉」演變而來。很快就普及於新潟縣，擴展至日本全國。
明治 1868 〜 1912	**－明治 21（1888）年** 二十世紀（千葉縣） 在千葉縣的民宅發現，1904 年命名為「二十世紀」。對疾病的抵抗力較差，但隨著種植方法改良，生產量逐年增加，與「長十郎」並列兩大品種。 **－明治 25（1895）年左右** 長十郎（神奈川縣） 在偶然機會下，於當麻辰次郎的梨果園發現，迅速成為代表品種。儘管受到新品種抬頭影響，生產量急速下滑，但至今仍有不少忠實愛好者。
大正 1912 〜 1926	
昭和 1926 〜 1989	**－昭和 2（1927）年** 新高（神奈川縣） 此年發表的新品種。以父本與母本原產兩縣的頭文字命名。容易栽種，生產量逐年增加。收穫量為所有梨的第三名。 **－昭和 29（1954）年** 豐水（神奈川縣） 為優良品種，與「幸水」並列為代表品種，收穫量為第二名。 **－昭和 16（1941）年** 幸水（神奈川縣） 因品種優良深受歡迎，為收穫量第一的梨。
平成 1989 〜	**－平成 2（1990）** 南水（長野縣） 在長野縣育成且完成品種登錄。透過品種改良，開發出甜味鮮明、酸味較弱的口感。 **－平成 3（1991）年** 黃金二十世紀 農研機構照射放射線育成，完成品種登錄。比既有的「二十世紀」抗病性更強，不易受到黑斑病侵襲。

主要產地與栽種面積

千葉縣、茨城縣、鳥取縣為前三大產地。千葉縣、茨城縣以「幸水」、「豐水」居多；鳥取縣以「二十世紀」的生產量較大。2013 年日本國內整體收穫量為 26 萬 7200 噸。

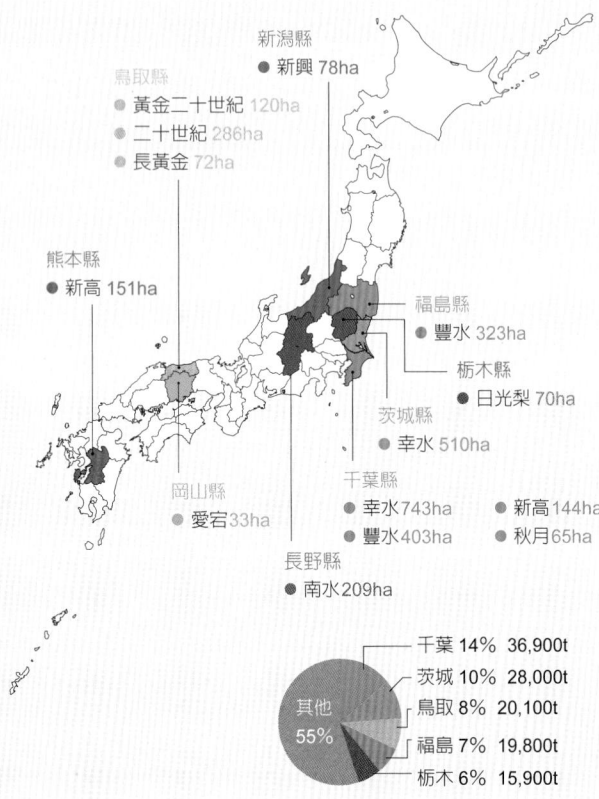

新潟縣
● 新興 78ha

鳥取縣
● 黃金二十世紀 120ha
● 二十世紀 286ha
● 長黃金 72ha

熊本縣
● 新高 151ha

福島縣
● 豐水 323ha

栃木縣
● 日光梨 70ha

茨城縣
● 幸水 510ha

岡山縣
● 愛宕 33ha

千葉縣
● 幸水 743ha　　● 新高 144ha
● 豐水 403ha　　● 秋月 65ha

長野縣
● 南水 209ha

千葉 14% 36,900t
茨城 10% 28,000t
鳥取 8% 20,100t
福島 7% 19,800t
栃木 6% 15,900t
其他 55%

縣別收穫量與比例（2013 年）

品種別栽種面積排行榜

1980 年

 1　二十世紀　6,660ha

 2　長十郎　4,650ha

 3　幸水　2,260ha

近年以富含水分、味道甘甜的梨較具人氣。紅梨品種幸水的栽種面積增加兩倍。

2013 年

 1　幸水　4,315ha

 2　豐水　2,858ha

 3　新高　1,000ha

 4　二十世紀　822ha

 5　秋月　371ha

 6　南水　261ha

 7　新興　242ha

 8　黃金二十世紀　181ha

 9　日光梨　91ha

10　長黃金　83ha

（日本農林水產省　果樹生產出貨統計／日本農林水產省　特產果樹生產動態等調查 2013）

II 日本梨的種類

除了既有品種之外，各縣也育成許多高糖度品種。

仁果 ／ 日本梨

幸水

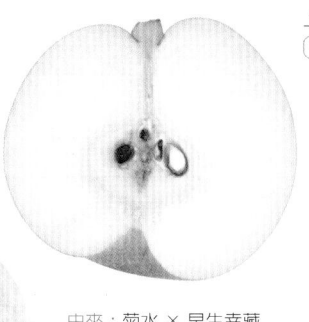

上市時期

1 2 3 4 5 6 7 8 9 10 11 12 月

肉質柔軟細密，富含果汁。

由來：菊水 × 早生幸藏
糖度：12 ～ 13%
主要產地：千葉縣、茨城縣

千葉 17%
其他 35%
茨城 12%
福島 7%
長野 7%
栃木 6%
埼玉 6%
福岡 4%
佐賀 3%
熊本 3%

外界稱為「三水」，屬於果汁較多的紅梨之一，也是日本梨中生產量最多的品種。鮮明甜味是其受歡迎的原因。由於收穫期較早，在季初上市。果實重量約為 300g，呈扁球形，果頂部呈現深凹，是其特色所在。

豐水

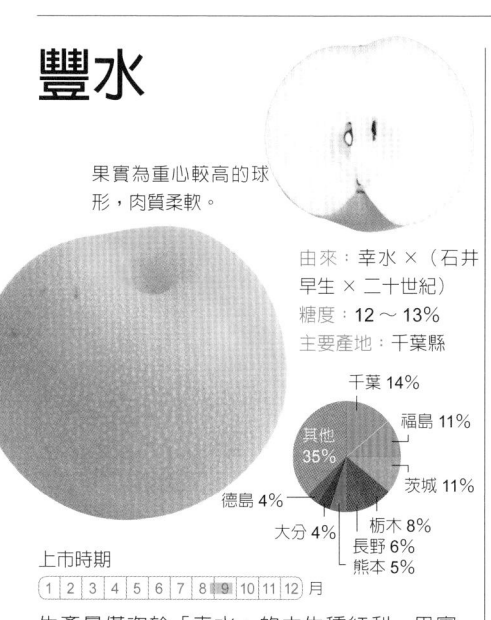

果實為重心較高的球形，肉質柔軟。

由來：幸水 ×（石井早生 × 二十世紀）
糖度：12 ～ 13%
主要產地：千葉縣

千葉 14%
福島 11%
其他 35%
茨城 11%
栃木 8%
長野 6%
熊本 5%
大分 4%
德島 4%

上市時期

1 2 3 4 5 6 7 8 9 10 11 12 月

生產量僅次於「幸水」的中生種紅梨。果實較大，重量達 350 ～ 400g，成熟時為紅褐色。與「幸水」同為「三水」之一，富含果汁。具有鮮明甜味，但也能品嘗適度的酸味。

新高

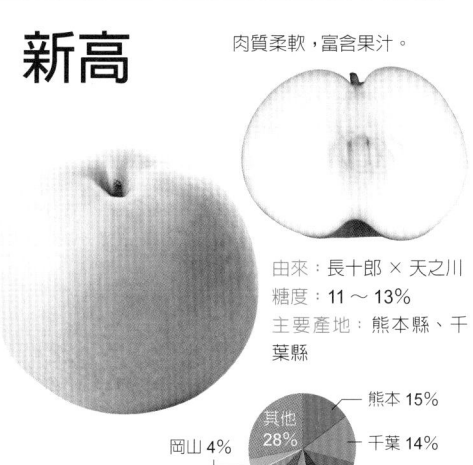

肉質柔軟，富含果汁。

由來：長十郎 × 天之川
糖度：11 ～ 13%
主要產地：熊本縣、千葉縣

熊本 15%
千葉 14%
其他 28%
新潟 10%
大分 8%
茨城 8%
高知 8%
福島 5%
岡山 4%

上市時期

1 2 3 4 5 6 7 8 9 10 11 12 月

神奈川縣育成的晚生紅梨，大顆果實可重達 800 ～ 1500g。肉質多汁，在溫暖地區栽培的果實特別甜。保存性佳，可冷藏保存一個月。

memo 2015 年登錄的品種「甘太」，果實較大，品質佳，容易栽培。身為「新高」的後繼品種，十分受到注目。

49

二十世紀

由來：偶發實生
糖度：10～13%
主要產地：鳥取縣

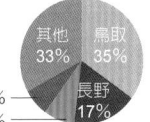

其他 33%
鳥取 35%
長野 17%
山口 7%
福島 8%

黃綠色薄皮與漂亮的圓形是其特色所在。雖然糖度不高，但在水分較多的梨中，品質算是很好。

青梨的代表品種。誕生於明治時代，名字蘊含著成為二十世紀代表品種的期待。在中生品種中保存性特別好，甜度與水嫩口感十分突出，有別於以往的梨品種。直到 1988 年皆穩居日本梨種植排行榜冠軍。現為鳥取縣第一品牌，生產量很大。

各種二十世紀

經過多年改良，「二十世紀」已經成為愈來愈好種植的梨品種。目前市場上常見的「二十世紀」有以下幾種。

二十世紀

千葉縣松戶市農園主人的兒子，在明治 21（1888）年發現幼樹。於是熱衷栽培，十年後終於結果。千葉縣多雨，不利梨成長，因此栽培量不多。鳥取縣從明治 37（1904）年開始栽培，成為主要產地。

位於松戶市二十世紀丘的二十世紀公園中，設有紀念碑與鳥取縣贈送的感謝碑。
照片：松戶市教育委員會社會教育課

長二十世紀

在鳥取縣湯梨濱町的梨園中發現，屬於「二十世紀」的枝變品種。可利用自體花粉授粉，結果性高，登錄品種時已註明可省略人工授粉的步驟。

黃金二十世紀

上市時期：8 月下旬～9 月中旬
由來：以放射線照射二十世紀
主要產地：鳥取縣

長黃金

上市時期：9 月上旬～9 月下旬
由來：以放射線照射長二十世紀
主要產地：鳥取縣

兩品種皆可抵抗黑斑病，「長黃金」的自家結果性高，由「二十世紀」育成而來。「黃金二十世紀」於平成 3 年登錄；「長二十世紀」於平成 9 年登錄。果實的外觀與味道幾乎和「二十世紀」、「長二十世紀」相同，難以區別。

明治	大正	昭和			
31年		54年		3年	9年
1898		1979		1991	1997
1868～1912	1912～1926	1926～1989			

秋月 *

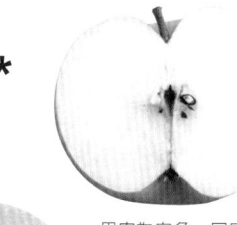

果肉為白色，口感柔軟，富含果汁。
由來：（新高 × 豐水）× 幸水
糖度：12%
主要產地：千葉縣

栃木 11%
千葉 18%
其他 31%
新潟 6%
茨城 10%
長野 6% 福島 8% 熊本 10%

上市時期
1 2 3 4 5 6 7 8 9 10 11 12 月

2001 年完成品種登錄，屬於略微晚生的紅梨。扁圓形的大型果實彷若秋月，因此得名。酸味不明顯，甜味十分鮮明，備受注目，生產量愈來愈多。

南水

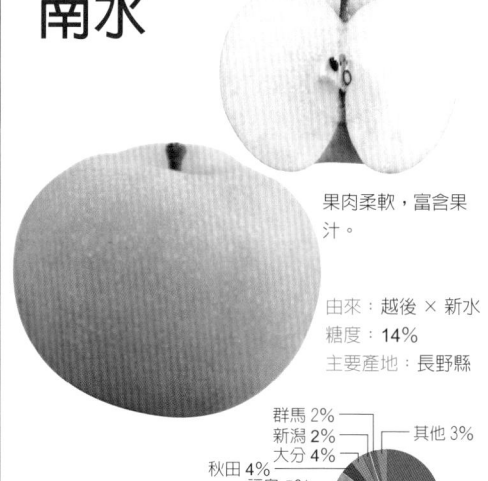

果肉柔軟，富含果汁。

由來：越後 × 新水
糖度：14%
主要產地：長野縣

群馬 2%
新潟 2%
大分 4%
其他 3%
秋田 4%
福島 5%
長野 80%

上市時期
1 2 3 4 5 6 7 8 9 10 11 12 月

長野縣的原創品種，屬於中生種的紅梨。體型中等，重量約360g，成熟後染為黃紅褐色。糖度約14%，甜味鮮明，酸味較弱。保存性佳，可常溫保存一個月。

仁果／日本梨

果如其名，果實看起來散發光芒的「黃金二十世紀」。

太陽世紀

JA 長野將無袋栽培（→P.33）育成的「二十世紀」，以「太陽世紀」之名登錄商標，並以此名稱於市面上販售。由於充分照射日光，甜味相當強烈。

平成
1989 ～

column 鳥取二十世紀梨紀念館

位於鳥取縣倉吉市的「鳥取二十世紀梨紀念館」是介紹「二十世紀」歷史與各種知識的梨主題公園。園內有許多看點，除了展示區之外，還有隨時備著三種品種提供試吃的試吃區。包括野生種與古老品種在內，栽種許多品種的梨花園，也是不可錯過的景點。附設水果咖啡廳。

入口附近的「二十世紀梨巨木」，樹枝寬度約 20m。

 有些地方縣市將「二十世紀」以品牌化方式經營，鳥取縣琴浦町將符合標準的二十世紀梨冠上「皇帝聲響」名稱販售。

51

新興

果皮為紅褐色，帶有光澤。肉質充滿水分。

由來：二十世紀及天之川的雜種
糖度：12～13%
主要產地：新潟縣

其他 24% 新潟 32%
京都 8%
熊本 9% 大分 10% 鳥取 17%

上市時期
1 2 3 4 5 6 7 8 9 10 11 12 月

在新潟縣育成的晚生紅梨。平均重量為400g，果實略大。肉質柔軟，富含水分，口感清脆，甜味與酸味恰到好處。保存性佳。

愛宕

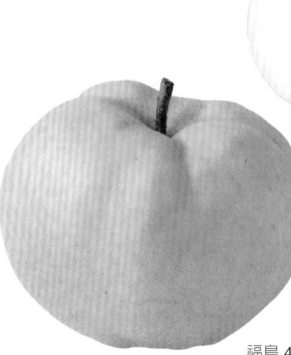

白色肉質十分細密，富含果汁。

由來：不明
糖度：12%
主要產地：岡山縣

資料提供：JA 愛知豐田

其他 19% 岡山 48%
福島 4%
愛知 7%
島根 9% 鳥取 13%

上市時期
1 2 3 4 5 6 7 8 9 10 11 12 月

一般果實為 800g，較大的果實超過 2kg，屬於大型紅梨。果肉吃起來清脆，盛產季的果實不帶酸味，散發獨特的甘甜香氣。常溫亦可長期保存。

日光梨

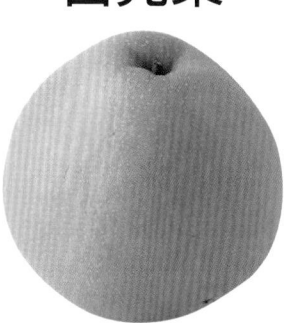

圓形果實的表皮呈紅褐色，柔軟的果肉富含果汁。

由來：新高 × 豐水
糖度：12～14%
主要產地：栃木縣

千葉 1%
茨城 22%
栃木 77%

上市時期
1 2 3 4 5 6 7 8 9 10 11 12 月

在栃木縣育成的晚生紅梨。名字結合了觀光勝地「日光」與「梨」的日文音讀讀法。平均重量約 850g，屬於大型品種，果肉柔軟。特色在於糖度較高，酸味較弱。保存性佳也是其優點，冷藏可保存 3～4 個月。

彩玉 *

果肉為白色，肉質柔軟，果汁豐富。

由來：新高 × 豐水
糖度：13～14%
主要產地：埼玉縣

埼玉 100%

上市時期
1 2 3 4 5 6 7 8 9 10 11 12 月

2005 年品種登錄的埼玉縣原創品種，果實較大，重約 550g，成熟後轉紅褐色。口感清脆，酸味較弱，糖度達 13～14%，味道偏甜。生產量愈來愈多。

新甘泉 *

果肉為白色，硬度適中，果汁豐富。

由來：筑水 × 長二十世紀
糖度：14%
主要產地：鳥取縣

上市時期
(1) 2 3 4 5 6 7 **8** 9 10 11 12 月

鳥取
100%

鳥取縣的原創品種，2008 年品種登錄的早生紅梨。糖度較高，果肉飽含水分，媲美「二十世紀」。肉質細密，吃起來清脆。

秋甘泉 *

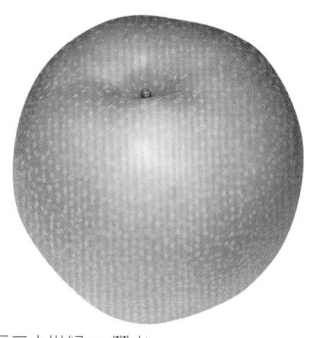

由來：長二十世紀 × 豐水
糖度：14%
主要產地：鳥取縣

上市時期
(1) 2 3 4 5 6 7 8 **9** 10 11 12 月

鳥取縣的原創品種，2009 年品種登錄的紅梨。糖度高達 14%左右，酸味較弱。果肉柔軟，富含果汁。

新水

果實較小，呈扁圓形。果肉清脆多汁。

照片：農研機構

由來：菊水 × 君塚早生
糖度：11%
主要產地：石川縣

其他 17%
石川 21%
群馬 5%
大分 5%
靜岡 7%
廣島 11%
神奈川 15%
兵庫 19%

上市時期
(1) 2 3 4 5 6 7 **8** 9 10 11 12 月

早生紅梨。糖度高達 13%左右，酸味強烈，帶有濃郁味道。由於美味好吃，過去與幸水、豐水並稱為「三水」，可惜不易栽培，出貨量不多。

稻城

果肉柔軟，富含水分。

照片：JA 東京南　稻城支店

由來：菊水 × 君塚早生
糖度：13%
主要產地：東京都

東京
100%

上市時期
(1) 2 3 4 5 6 7 8 **9** 10 11 12 月

東京都稻城市的特產品。體型較大的品種重達 600 ～ 700g，大型果實香甜多汁，十分美味。由於生產量較低，素有「夢幻梨」的美譽，銷售地區以產地為中心。

memo 「三水」指的是戰後出現的「新水」、「幸水」、「豐水」，這三個具有代表性的紅梨品種。

53

菊水

肉質細緻，富含水分。

由來：太白 × 二十世紀
糖度：13%
主要產地：大分縣

愛媛 7%
神奈川 6%
山口 10%
大分 77%

上市時期
① 1 2 3 4 5 6 7 8 **9** 10 11 12 月

神奈川縣育成的青梨，也是「幸水」的親本。雖然生產量較少，但屬於「二十世紀」系統，具有強烈糖度和豐富果汁，深受消費者歡迎。口感清脆。

愛甘水

果汁豐富，肉質水嫩。

由來：長壽 × 多摩
糖度：14%
主要產地：愛知縣

青森 5%
廣島 6%
石川 7%
高知 5%
愛知 49%
山口 19%
茨城 9%

上市時期
① 1 2 3 4 5 6 7 **8** 9 10 11 12 月

由愛知縣安城市生產者育成的紅梨。果實呈扁圓形，果皮為黃紅褐色。重量約 400g，在早生品種中果實偏大。糖度較高，幾乎沒有酸味。

晚三吉

肉質柔軟，富含果汁。

由來：不明
糖度：11%
主要產地：大分縣

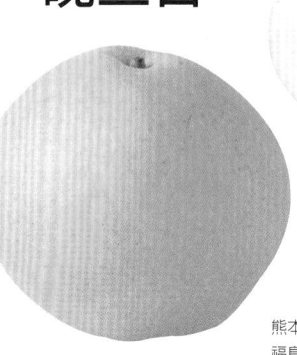

提供：JA 大分日田梨部會

熊本 10%
福島 12%
島根 13%
京都 6%
岐阜 4%
大分 55%

上市時期
① 1 2 3 4 5 6 7 8 9 **10 11 12** 月

晚生紅梨的代表品種，相傳江戶末期在新潟縣發現。果實偏大，重約 500 ～ 700g，口感清脆。可長期保存，儲藏後酸味消失，甜味倍增。

王秋 *

果肉雪白柔軟，富含果汁。

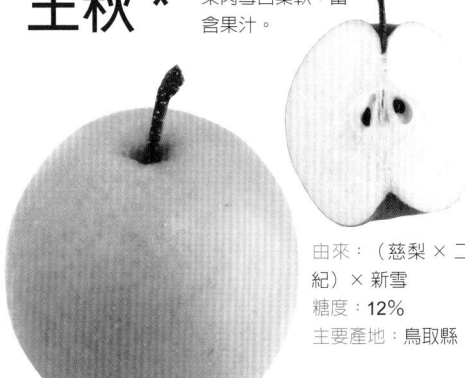

由來：（慈梨 × 二十紀）× 新雪
糖度：12%
主要產地：鳥取縣

佐賀 7%
群馬 7%
京都 9%
鳥取 77%

上市時期
① 1 2 3 4 5 6 7 8 9 10 **11 12** 月

帶有中國梨血統的晚生紅梨。散發獨特香味，形狀宛如西洋梨。果實較大，重達 650g 左右，甜味明顯。肉質細密，口感順滑。低溫冷藏可長期保存。

秋麗 *

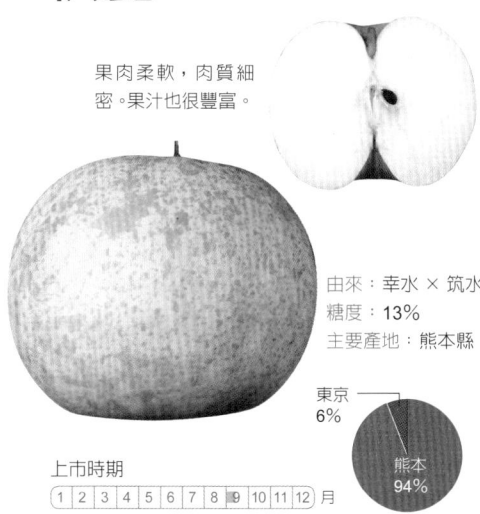

果肉柔軟，肉質細密。果汁也很豐富。

由來：幸水 × 筑水
糖度：13%
主要產地：熊本縣

東京 6%
熊本 94%

上市時期
1 2 3 4 5 6 7 8 9 10 11 12 月

中生種青梨。果實呈扁圓形，套袋培育的果實成熟後會轉成美麗的黃綠色。糖度約13%，幾乎感受不到酸味，濃郁甜味十分突出的品種。

夏姬 *

白色果肉十分柔軟，肉質細密多汁。

由來：筑水 × 長二十世紀
糖度：12%
主要產地：鳥取縣

鳥取 100%

上市時期
1 2 3 4 5 6 7 8 9 10 11 12 月

鳥取縣的原創品種，花了20年才培育成功。早生種青梨，外觀為美麗的黃綠色。酸味較弱，糖度在青梨中算高，可享受高雅清爽的口感。

---

 column 產學合作紮根地區，鳥取大學的新品種

鳥取大學農學部園藝學研究室陸續開發出各種全新的梨品種。不只完成品種登錄，也與當地企業合作，共同致力於種苗生產與栽培。優良品質備受肯定，不少品種已在市面販售。

其中最受矚目的「爽甘」，是同樣由鳥取大學育成的「秋榮」，與中國梨的優良品種共同孕育出的大型青梨。糖度約15%，十分甘甜。「早優利」、「優秋」與「瑞鳥」等新品種是二十世紀枝變品種「長二十世紀」的親本，受到各界關注。

鳥取大學栽培大約300個梨品種。

早優利 *

爽甘 *

優秋 *

瑞鳥 *

Kaori
平塚 16 號

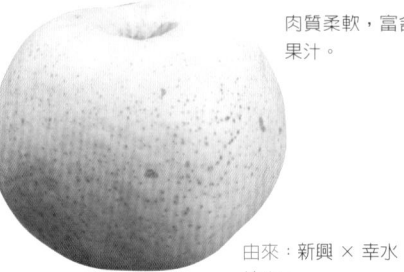

肉質柔軟，富含果汁。

由來：新興 × 幸水
糖度：──
主要產地：千葉縣

栃木 13%
東京 7%
秋田 22%
千葉 58%

上市時期
1 2 3 4 5 6 7 8 9 10 11 12 月

1953 年雜交育成的青梨，擁有獨特香味和大型果實。由於栽培難度高，市面上愈來愈難買到。但因為味道絕佳，伴隨宜人香氣，再次受到消費者青睞。

今村秋

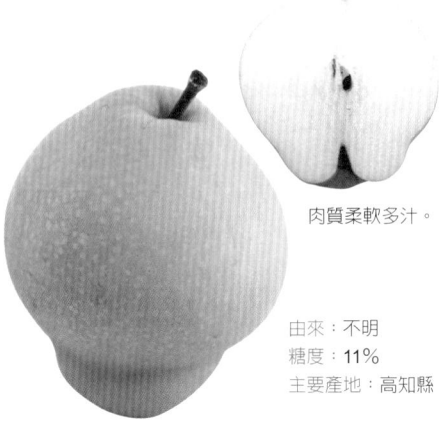

肉質柔軟多汁。

由來：不明
糖度：11%
主要產地：高知縣

上市時期
1 2 3 4 5 6 7 8 9 10 11 12 月

原產於高知縣，從 1840 年左右栽培至今。果實較大，重約 400g，果頂部（與果柄相對的另一邊）呈尖銳狀，是其特色所在。果實愈大愈好吃。

甘響 *

果肉為黃白色，硬度適中。

由來：愛甘水的自然雜交實生
糖度：13 ～ 14%
主要產地：愛知縣

上市時期
1 2 3 4 5 6 7 8 9 10 11 12 月

2010 年完成品種登錄的早生紅梨。最大可超過 1kg，糖度超過 13%。水嫩的果肉吃起來很清脆，目前只有少量生產，以產地為主流通販售。

惠水 *

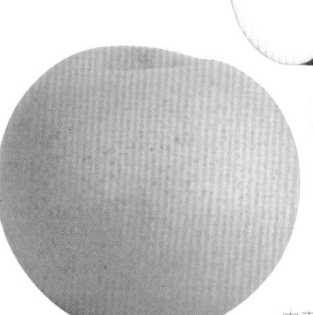

果肉為黃白色，硬度適中，口感多汁。

由來：新雪 × 筑水
糖度：13%
主要產地：茨城縣

上市時期
1 2 3 4 5 6 7 8 9 10 11 12 月

2011 年完成品種登錄的茨城縣原創品種，屬於中生紅梨，體型較大，每顆平均 600g 左右。糖度約 13%，不僅甜味鮮明，口感也很清脆。保存性佳。

新美月 *

由來：長二十世紀 × 豐水
糖度：14%
主要產地：新潟縣

果肉較硬，帶有適度
酸味與濃郁甜味。

上市時期
1 2 3 4 5 6 7 8 9 10 11 12 月

新潟縣育成，2013 年品種登錄的紅梨，市面上還很少見。出生於「新」潟，具有均衡的甜味與酸味，吃起來很「美味」，日本梨的外觀宛如「月」亮一般，因此得名。

織姬 *

由來：新水 × 筑水
糖度：12%
主要產地：栃木縣

果肉細密柔軟，富含果汁。

上市時期
1 2 3 4 5 6 7 8 9 10 11 12 月

栃木縣的原創品種，極早生青梨。果皮光滑美麗，由於在農曆七夕採收，因此命名「織姬」。糖度平均達 12%，十分甘甜。2017 年普及販售。

仁果 ／ 日本梨

其他梨品種

品種	說明	
新雪	重達 1kg 的巨型梨。追熟可增加甜味，是最適合送禮的高級水果。 由來：晚三吉 × 今村秋　主要產地：鳥取縣	
豐月	重達 600g 的大型紅梨。肉質柔軟，富含果汁，略帶酸味。 由來：晚三吉 × 今村秋　主要產地：——	照片：農研機構
長十郎	明治時代於現在的川崎市發現的梨，甘甜多汁，味道高雅，令人懷念。 由來：不明　主要產地：青森縣	長十郎
陽水	重量可達 900g。糖度高達 15%，富含果汁，水嫩口感極具魅力。 由來：新高 × 幸水　主要產地：愛知縣	
秋黃	韓國園藝研究所育成。糖度達 14%，甜味鮮明。耐存放，亦出口至日本。 由來：今村秋 × 二十世紀　主要產地：韓國	
八雲	8 月即可採收的早生品種。1927 年命名，肉質緊實，口感絕佳。 由來：赤穗 × 二十世紀　主要產地：岩手縣	
Southern Sweet*	長野縣育成，2012 年品種登錄。8 月中旬成熟的早生種，品質優良。 由來：八里 × 南水　主要產地：長野縣	Southern Sweet
新王 *	2013 年品種登錄的新潟縣新品種，目前很難買到。糖度高達 15%，十分甘甜。 由來：長二十世紀 × 豐水　主要產地：新潟縣	

memo 媲美高知縣育成的「龍水」、兵庫縣育成的「但馬 1 號」等特產品牌，日本各縣紛紛推出新品種。

主要日本梨大小比較圖

Japenese pear

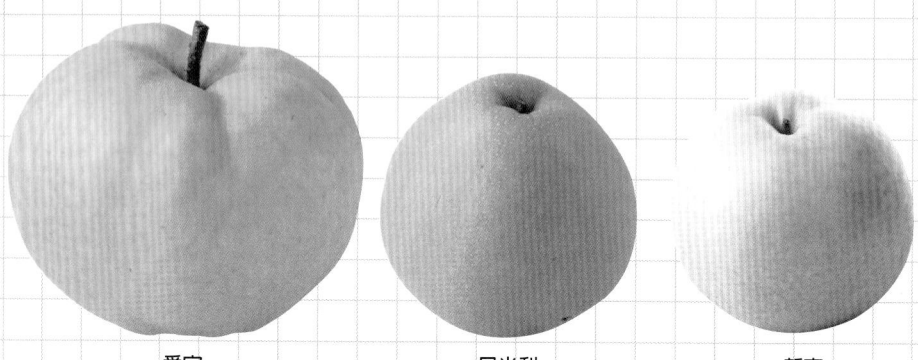

愛宕
P52（1kg）

日光梨
P52（850g）

新高
P49（800g）

晚三吉
P54（700g）

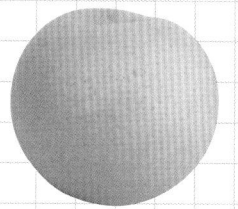

惠水
P56（600g）

彩玉
P52（550g）

秋月
P51（500g）

新興
P52（400g）

新甘泉
P53（400g）

今村秋
P56（400g）

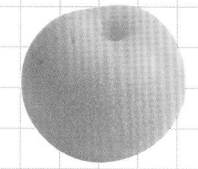

豐水
P49（400g）

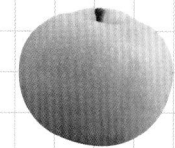

南水
P51（360g）

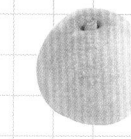

幸水
P49（300g）

二十世紀
P50（300g）

※ 此為平均大小的概略比較，水果個體差異甚大，此圖僅供參考。

外表看似粗獷，味道與口感都很洗鍊

Ⅲ 西洋梨
European pear

選購
Point

果皮完好無傷
拿起來沉甸甸

追熟時通常果皮顏色會變

果肉為白色

種子有2～10顆

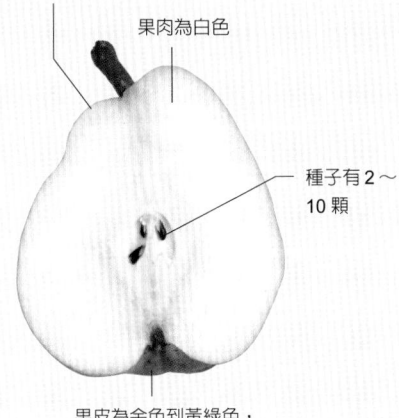

果皮為金色到黃綠色，亦有紅色品種。

花托包覆子房，成長為果肉。果實中心共有 5 個稱為心室的小房，每房各有 2 顆種子，總計有 10 顆。

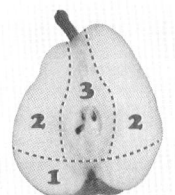

/ Data /

學名：*Pyrus communis* L.
分類：薔薇科梨屬
原產地：歐洲
主要成分（新鮮）：熱量 54kcal、水分 84.9g、維他命 C 3mg、食物纖維 1.9g、鉀 140mg

從果梗吸收水分與營養，慢慢成熟。愈往下愈甜，建議直切成月牙片，從上方開始吃。

「法蘭西梨」的每處枝頭約開 7 朵白色小花，花朵凋謝後就會結果。此時要進行摘果作業，留下最好的果實培育。

　　西洋梨指的是原產於歐洲與地中海沿岸的品種群。日本從明治時代，陸續由美國、法國引進各種品種。與日本梨不同，西洋梨上方（果梗處）較窄，愈往底部（果頂部）愈寬，呈現圓弧曲線。水分較少，糖分較多，果肉帶有濃郁風味，入口即化，素有「奶油梨」之美譽。

　　日本常見的是形狀小巧，帶有獨特香氣的「法蘭西梨」，還有果皮為美麗黃色的「金啤梨」等。味道甘甜，果實較大的「Ballade」、「Silver Bell」等日本開發的品種也備受注目。

挑選方式	表面帶有光澤，完好無傷。拿在手裡有沉甸甸的感覺最好。購買後放在家裡追熟會愈放愈甜，果皮顏色帶青也可以。
保存法	果皮顏色帶青的西洋梨可放入紙袋，在室溫下靜置幾天，追熟至表皮開始轉黃的程度。成熟後放在陰暗處保存。若想延遲西洋梨的成熟速度，可放入冰箱蔬果保鮮室冷藏。
賞味時期	果軸偏褐色，果皮變成黃綠色時最好吃。追熟的西洋梨可沿著周圍按壓，感覺柔軟代表已成熟。完熟後不耐久放，請儘早吃完。
營養	具有豐富的水溶性與不溶性食物纖維，整體含量為日本梨的一倍。富含可減少體內鈉含量，避免血壓上升的鉀。

主要產地

由於西洋梨適合夏季雨量較少的地區，因此山形縣栽種許多品種。近幾年品種愈來愈多，有的縣還將西洋梨當成特產品推廣。

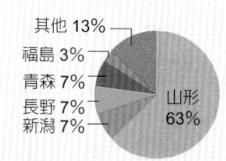

其他 13%
福島 3%
青森 7%
長野 7%
新潟 7%
山形 63%

縣別收穫量比例（2013 年）
（日本農林水產省　果樹生產出貨統計 2013）

收穫量演進

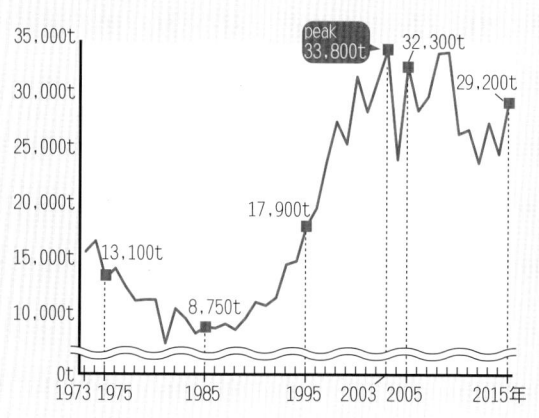

peak 33.800t
32.300t
29.200t
17.900t
13.100t
8.750t

35.000t
30.000t
25.000t
20.000t
15.000t
10.000t
0t
1973 1975　1985　1995 2003 2005　2015年

整體收穫量從 2003 年達到高峰後逐年下滑，但近幾年受惠於氣候穩定，果實品質較優，消費量愈來愈多，因此收穫量也出現回溫趨勢。

（日本農林水產省　特產果樹生產動態等調查）

除了法蘭西梨之外，還有許多不同品種在市面流通，其中包括在日本育成的品種。

西洋梨 仁果

法蘭西梨
La Frnace

果皮為黃綠色，成熟的果肉吃起來較綿密。

由來：不明
糖度：13.5%
主要產地：山形縣

福島 3%
青森 3%
岩手 4%
長野 8%
秋田 1%
其他 2%
山形 22%

上市時期
1 2 3 4 5 6 7 8 9 10 11 12 月

原產於法國，1864 年發現的晚生種。散發獨特芳香，肉質柔軟，富含果汁。採收後追熟 10 天到 3 週左右，即可品嘗濃郁甜味與口感。

金啤梨
Le Lectier

提供：JA 新潟未來

果肉細密，口感順滑，富含果汁。

由來：巴梨 ×Fortune
糖度：15%
主要產地：新潟縣

福島 4%
長野 4%
山形 10%
其他 3%
新潟 79%

上市時期
1 2 3 4 5 6 7 8 9 10 11 12 月

明治時代引進新潟縣。成熟後果皮呈現美麗的山吹色（金黃色），且散發出濃郁香氣，被稱為「西洋梨的貴婦」。糖度超過 16%，十分甘甜，入口即化，是其特色所在。

巴梨
Bartlett
威廉斯梨

白色果肉十分柔軟，吃起來帶有黏性。

由來：不明
糖度：13%
主要產地：北海道

長野 4%
岩手 5%
秋田 16%
北海道 29%
山形 22%
青森 24%

上市時期
1 2 3 4 5 6 7 8 9 10 11 12 月

1770 年左右在英國發現的早生種。追熟後，果皮從黃綠色轉為黃色，散發鮮明香氣。果肉順滑多汁，酸甜均衡，口感清爽。

極光
Aurora

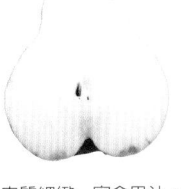

肉質細緻，富含果汁。

由來：瑪格麗特 · 梅里拉特 × 巴梨
糖度：14%
主要產地：山形縣

岩手 5%
長野 12%
北海道 18%
青森 4%
山形 61%

上市時期
1 2 3 4 5 6 7 8 9 10 11 12 月

誕生於美國紐約的早生種。日本於 1980 年代引進。酸味與強烈的甜味互相輝映，散發醇厚香氣。完熟時果皮轉化為黃褐色，吃起來入口即化。

---

memo 另有歐洲引進的品種「康福倫斯」（Conference），尚未成熟的青澀果實吃起來十分清脆。

勒克雷爾將軍
General Leclerc

肉質細緻，口感順滑，富含果汁。

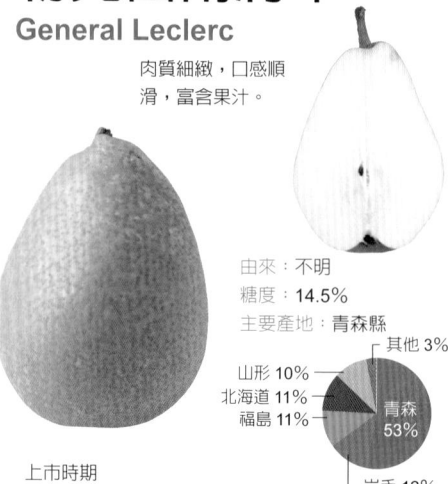

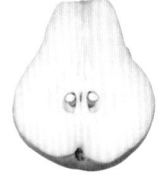

由來：不明
糖度：14.5%
主要產地：青森縣

青森 53%
岩手 12%
福島 11%
北海道 11%
山形 10%
其他 3%

上市時期
1 2 3 4 5 6 7 8 9 10 11 12 月

大約 1950 年於法國發現，首次引進日本是在 1977 年，進口至青森縣。果實較大，散發獨特芳香，金黃色果皮是其特色所在。清甜中帶有淡淡酸味。

瑪格麗特 · 梅里拉特
Marguerite Marillat

成熟的果肉偏黃，香味也較鮮明。

照片：山形縣農林水產部園藝農業推進課

由來：不明
糖度：13%
主要產地：山形縣

山形 43%
長野 6%
青森 14%
岩手 9%
福島 8%
秋田 7%
北海道 13%

上市時期
1 2 3 4 5 6 7 8 9 10 11 12 月

1874 年在法國里約郊外發現，每顆重達 500～600g 的大型梨。成熟後果皮變為黃色，由於酸味較弱，更加突顯清爽甜味。果肉水嫩多汁，口感順滑。

Silver Bell

肉質細密，富含果汁。

照片：山形縣農林水產部園藝農業推進課

由來：法蘭西梨的自然雜交實生
糖度：13%
主要產地：山形縣

山形 43%
長野 3%
群馬 4%
岩手 5%
秋田 16%

上市時期
1 2 3 4 5 6 7 8 9 10 11 12 月

外型宛如聖誕鈴的晚生種，誕生於山形縣。果實較大，約為「法蘭西梨」的兩倍。儘管如此，滋味卻很細膩。淡淡酸味突顯濃郁甜味，吃起來入口即化。

Ballade*

果肉為白色，硬度適中，富含果汁。

由來：巴梨 × 法蘭西梨
糖度：16%
主要產地：山形縣

山形 69%
長野 7%
岩手 11%
北海道 13%

上市時期
1 2 3 4 5 6 7 8 9 10 11 12 月

誕生於山形縣，外型宛如短瓶，重達 300～500g，果實較大。完熟時，黃綠色果皮略微偏黃。肉質順滑，富含果汁。雖然帶有酸味，但甜味相當明顯。

 memo

「加州」是一種追熟後變紅，入口即化的西洋梨。誕生於加州立大學，由「紅巴梨」與「康密絲梨」交配實生而來。

Brandy Wine

由來：不明
糖度：14%
主要產地：北海道

北海道
100%

白色果肉十分細密，富含果汁。

上市時期
1 2 3 4 5 6 7 8 9 **10** 11 12 月

原產於美國賓夕法尼亞州。圓錐形的果實感覺輕盈，體積比其他西洋梨略小。果皮為黃綠色，追熟後變成黃色。香氣芬芳，果肉順滑，入口即化。

康密絲梨
Doyenne du Comice

高級

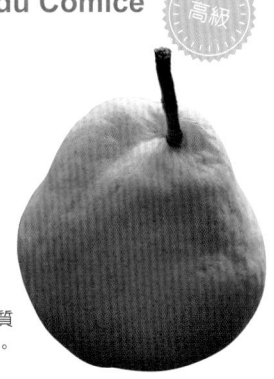

果肉為白色，肉質細密，富含果汁。

照片：（有）漂流岡山

由來：不明
糖度：16%

上市時期
1 2 3 4 5 6 7 8 9 **10** 11 12 月　主要產地：山形縣

昭和初期讓皇室御用廚師讚賞不已的西洋梨。外型近似法蘭西梨，但口感更加綿密甘甜，帶有高雅清香。由於生產量不高，素有「夢幻西洋梨」的美譽。

其他西洋梨品種

		紅星梨
紅星梨	果皮為鮮豔的紫紅色，是其特色所在。甘甜中蘊含適度酸味。 由來：不明　主要產地：長野縣	
紅巴梨 紅八特利西洋梨	最大特色為果皮呈紅色。成熟後會散發出蘋果般香氣，甜味與酸味的比例適中。 由來：巴梨的枝變　主要產地：秋田縣	紅巴梨
Precourse	顧名思義，這是從夏末季節開始上市的早生種。口味清爽。 由來：不明　主要產地：山形縣	
Mellowrich*	糖度高達 16%，甜度在西洋梨中獨占鰲頭。口感順滑。 由來：Michaelmas Nelis×法蘭西梨　主要產地：山形縣	
Grand Champion	重量只有 200g 左右，果實略小。果皮呈茶褐色，酸味較強，口味清爽。 由來：Gorham 的枝變　主要產地：北海道	
日面紅	肉質柔軟多汁，甜味鮮明，香氣芬芳。果皮轉黃即可食用。 由來：不明　主要產地：青森縣	
La Neige	日本國內的生產者很少，屬於珍貴的晚生品種。口感清脆，甜味濃郁，是其特色所在。 由來：不明　主要產地：山形縣	

帶有獨特香氣與清脆口感

IV｜中國梨

Chinese pear

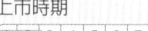
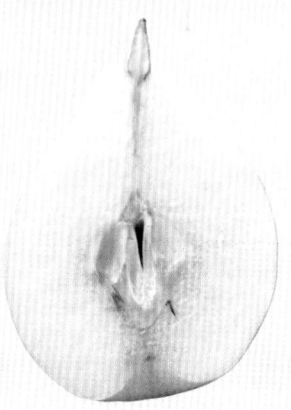

照片為鴨梨

選購
Point

顏色均勻
重量十足

/ Data /

學名：*Pyrus bretschneideri* Rehd.
分類：薔薇科梨屬
原產地：中國
主要成分（新鮮）：熱量 47kcal、水分 86.8g、維他命 C 6mg、食物纖維 1.4g、鉀 140mg

中國梨是將原生於中國北部和朝鮮北部的梨進行改良而成。外型近似西洋梨，肉質宛如日本梨清脆。富含果汁，散發獨特的強烈香氣。

據傳中國梨於明治時代傳入日本，代表品種包括果皮為黃綠色，帶有清爽風味的「千兩（身不知）」；成熟後果皮變黃，口感水嫩的「鴨梨」等。

挑選方式
選擇果皮完好無損的品項。果梗紮實，果皮顏色均一，果點均勻分布。拿在手上有重量感，不要購買摸起來軟軟的產品。

保存法
裝進塑膠袋可避免乾燥，放入冰箱冷藏保存。雖然耐存放，但最好還是儘快吃完。

賞味時期
果梗附近變軟即代表成熟。完熟時香味也會變強。基本上市面販售的幾乎都是成熟的梨。

千兩
身不知

由來：不明
糖度：──
主要產地：北海道

上市時期
(1 2 3 4 5 6 7 8 9 10 11 12) 月

北海道
100%

明治時代偶然機會下在北海道余市發現的品種。雖然現在的生產量比以前少，但具有芳醇香氣和清爽甘甜，深受消費者喜愛。尚未成熟的果實可享受清脆口感。

外型呈葫蘆狀，一顆約 400g，果實偏大。

鴨梨

照片：JA 全農岡山

由來：不明
糖度：11%
主要產地：岡山縣

岡山
100%

上市時期
(1 2 3 4 5 6 7 8 9 10 11 12) 月

由於外型近似鴨子縮著頭的模樣，因此得名。採收後的果皮為黃綠色，成熟後轉為黃色。追熟 1 個月後，即可享受豐富香氣與酸甜滋味。

外型近似西洋梨，呈淡淡的黃綠色。

中國梨品種

慈梨	在中國，自古就是家喻戶曉的人氣梨。具有獨特香氣，甜味鮮明，多汁。 由來：不明　主要產地：──

自古即備受喜愛的芳香水果

V | 木瓜海棠
Chinese Quince
花梨

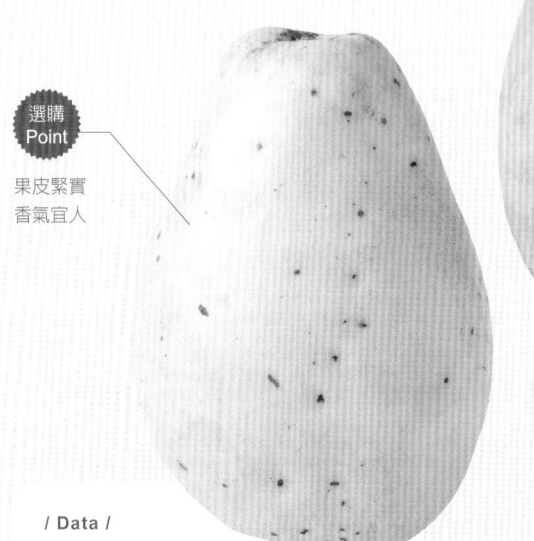

選購 Point

果皮緊實
香氣宜人

果肉較硬

種子較多

/ Data /

學名：*Chaenomeles sinensis*
分類：薔薇科木瓜屬
原產地：中國
主要成分（新鮮）：熱量 68kcal、水分 80.7g、維他命 C 25mg、食物纖維 8.9g、鉀 270mg

　　原產於中國。傳入日本的情況不明，有一說是弘法大師從中國帶回種苗。
　　果實呈橢圓形，完熟後轉為漂亮的黃色。果實成熟後散發宜人香氣，不過果肉較硬，無法生吃，通常做成果醬、糖漬水果，或釀成水果酒飲用。
　　此外，木瓜海棠自古當成藥物食用，有助於預防感冒，帶有止咳功效。

挑選方式

選擇整顆呈飽滿橢圓形，果皮緊實有光澤，且外表無傷的品項。如想立刻加工，請選購果皮為黃色，香氣宜人的果實。

保存法

果皮為綠色的果實尚未成熟，可放在通風常溫處追熟，直到果皮轉黃為止。已成熟的果實不耐久放，最好立刻加工保存。

賞味時期

成熟後果皮表面開始出油，呈現漂亮的黃色。若聞到鮮明香氣，就是最好吃的時候（適合加工的狀態）。

成熟的果實請加工後享用

VI｜榲桲
Quince

上市時期

1 2 3 4 5 6 7 8 9 **10 11** 12 月

仁果／榲桲

選購
Point

表面無傷無洞
呈現飽滿的圓形

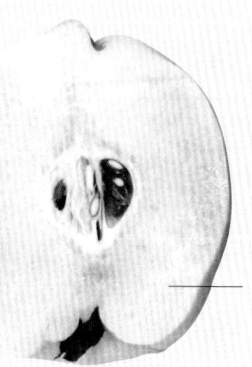

果肉較硬

照片：長野縣農政部

/ Data /

學名：*Cydonia oblonga* Mill
分類：薔薇科榲桲屬
原產地：中亞
主要成分（新鮮）：熱量 56kcal、水分 84.2g、維他命 C 18mg、食物纖維 5.1g、鉀 160mg

外型近似木瓜海棠，但原產地截然不同。榲桲原產於伊朗、突厥斯坦地區，相傳於江戶時代從葡萄牙引進日本。從外表來看，榲桲比木瓜海棠圓，未成熟的果實表面有一層細毛，是其特色所在。完熟後香氣強烈。

榲桲的果肉與木瓜海棠一樣硬，適合做成果醬、果凍或水果酒食用。日文名「マルメロ」源自葡萄牙語 marmelo，有一說認為語源是 marmalade。

挑選方式
外型飽滿，接近圓形，果皮緊實有光澤，外表無傷無洞。若買回家想立刻加工，請選擇果皮轉黃，香氣馥郁的產品。

保存法
果皮為綠色的品項尚未成熟，可放在通風常溫處追熟，直到表皮變成黃色。已經成熟的果實請立刻加工保存。

賞味時期
當果皮變黃，聞起來有明顯香氣，即代表可以食用（適合加工的狀態）

67

甘甜多汁，春到初夏的美好滋味

VII 枇杷

Loquat

金丸

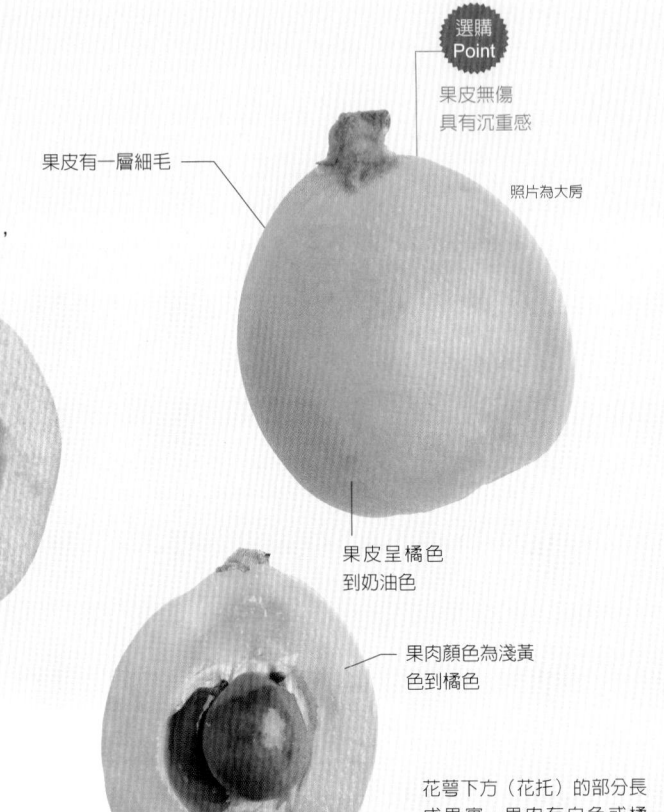

選購
Point

果皮無傷
具有沉重感

照片為大房

果皮有一層細毛

種子為 3 ～ 6 顆，
亦有無籽品種。

果皮呈橘色
到奶油色

果肉顏色為淺黃
色到橘色

/ Data /

學名：*Eriobotrya* Lindl.
分類：薔薇科枇杷屬
原產地：中國、日本南部
主要成分（新鮮）：熱量 40kcal、水分
88.6g、維他命 C 5mg、食物纖維 1.6g、
鉀 160mg

花萼下方（花托）的部分長
成果實，果肉有白色或橘
色。種子為紅褐色，每顆約
有 3 ～ 6 顆種子。

　　日本自古就有枇杷，但現在的品種源自
江戶時代末期，從中國傳入的唐枇杷。蛋形
外表近似樂器的琵琶，果肉多汁甘甜，是盛
產於春到初夏的美味水果。除了常見的淺橘
色枇杷之外，亦有黃白色的白枇杷。中國有
超過 300 個枇杷品種，日本長久以來只栽培
數種。代表品種包括富含果汁，酸味較弱的

「茂木」；口感十足的「田中」等。
　　各品種的產季較短，不同時期可在市場
上買到不同品種。不過，日本的枇杷多半不
標榜品種名稱，而是以產地名稱販售。

挑選方式	請選擇蒂頭與果皮不蔫萎，整體感覺緊實，沒有受損或變色的品項。表面有一層細毛，左右對稱飽滿的果實狀態最佳。
保存法	由於枇杷不耐放，購買後請儘早食用。沒吃完的枇杷可在陰涼處保存 1～2 天。枇杷不耐低溫，也不耐高溫，請務必特別注意。
賞味時期	果皮呈漂亮的橘色，摸起來有點軟就可以吃。基本上，市場販售的枇杷都處於賞味時期，買回家後請儘快吃完。
營養	富含胡蘿蔔素，有助於維持肌膚和眼睛健康，減少活性氧，對抗老化。亦含有錳、鎂等礦物質。

11 月左右開白色花朵。一棵枇杷樹可結 300～500 顆果實，有些甚至可結 1500 顆枇杷。橘色果實生長在大型葉片的下方。

照片：長崎縣農林技術開發中心果樹・茶研究部門

收穫量演進

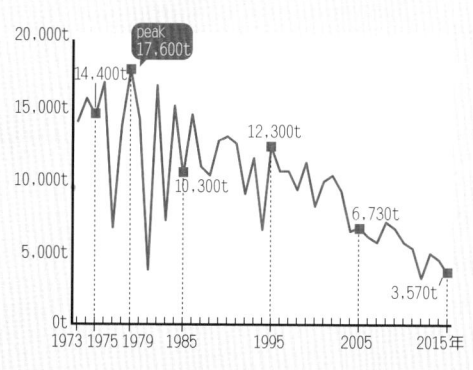

整體收穫量呈現下滑趨勢，原因包括生產者高齡化導致產量減少，枇杷樹容易受到氣候影響，栽種不易等。

（日本農林水產省　特產果樹生產動態等調查）

主要品種產季　寒冷季節推出的是溫室栽種品種，主要產季為 5 ～ 6 月。

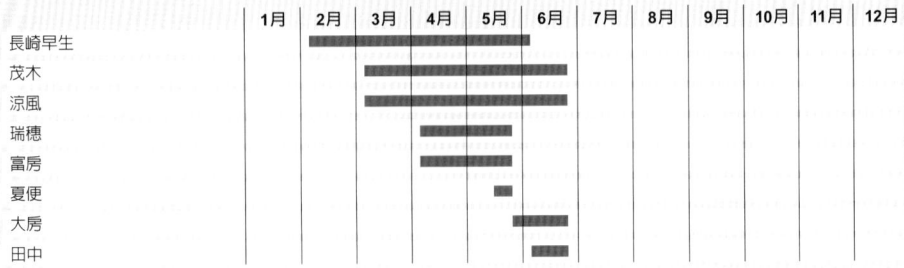

	1月	2月	3月	4月	5月	6月	7月	8月	9月	10月	11月	12月
長崎早生												
茂木												
涼風												
瑞穗												
富房												
夏便												
大房												
田中												

主要產地與栽種面積

長崎縣與千葉縣是枇杷的知名產地。千葉縣產的枇杷在市場上統稱為「房州枇杷」，市面上看到的長崎縣產枇杷大多稱為「長崎枇杷」。2013 年日本國內整體收穫量為 4,960t。

- 長崎縣
  - ● 茂木 355ha
  - ● 長崎早生 69ha
  - ● 夏便 56ha
  - ● 涼風 8ha
- 大分縣
  - ● 長生早生 7ha
- 愛媛縣
  - ● 田中 38ha
  - ● 長生早生 7ha
  - ● 茂木 11ha
- 鹿兒島縣
  - ● 長崎早生 83ha
- 千葉縣
  - ● 大房 90ha
  - ● 田中 38ha
  - ● 瑞穗 15ha
  - ● 富房 8ha
  - ● 山川 4ha

品種別栽種面積排行榜

2003 年

 1 茂木 993ha

 **2** 長崎早生 337ha

 **3** 田中 320ha

 4 大房 102ha

 **5** 長生早生 40ha

歷史悠久的優良品種名列前茅，新品種「夏便」也在排行榜之列。

2013 年

 1 茂木 641ha

 2 長崎早生 208ha

 3 田中 193ha

 4 大房 97ha

 5 夏便 58ha

 6 長生早生 23ha

 7 瑞穗 15ha

 8 涼風 8ha

 9 富房 8ha

 10 山川 4ha

（日本農林水產省 果樹生產出貨統計／特產果樹生產動態等調查 2013）

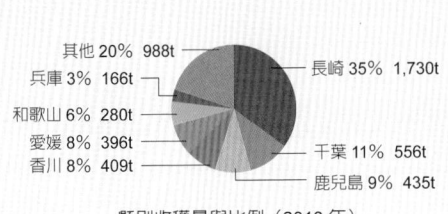

- 其他 20%　988t
- 兵庫 3%　166t
- 和歌山 6%　280t
- 愛媛 8%　396t
- 香川 8%　409t
- 長崎 35%　1,730t
- 千葉 11%　556t
- 鹿兒島 9%　435t

縣別收穫量與比例（2013 年）

茂木

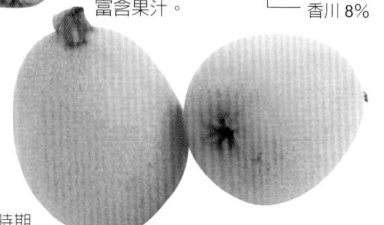

由來：唐枇杷的實生
糖度：11～12%
主要產地：長崎縣

其他 21%
和歌山 7%
長崎 55%
鹿兒島 9%
香川 8%

屬於果實較小的枇杷品種，果皮細緻，富含果汁。

上市時期
1 2 3 4 5 6 7 8 9 10 11 12 月

江戶時代三浦 SHIO 從中文翻譯官拿到唐枇杷的種子，將種子帶回老家，也就是長崎縣茂木種植，結出的果實即為現在的茂木。如今茂木是日本枇杷栽種量最多的。口味甘甜，富含果汁，果皮很容易剝除。

長崎早生

果皮輕薄，容易剝除。果肉細密柔軟。

照片：長崎縣農林技術開發中心果樹・茶研究部門

由來：茂木 × 本田早生
糖度：12～13%
主要產地：鹿兒島縣、長崎縣

其他 11%
熊本 6%
大分 10%
鹿兒島 40%
長崎 33%

上市時期
1 2 3 4 5 6 7 8 9 10 11 12 月

1953 年於長崎縣雜交育成，是具有代表性的早生品種。大多採溫室栽種。果實比「茂木」略大，甜味較強。富含果汁，帶有獨特的味道與香氣。

田中

照片：千葉縣農林綜合研究中心

果肉的顏色比果皮深，厚度較薄。

由來：唐枇杷的實生
糖度：13～15%
主要產地：愛媛縣、千葉縣

愛媛 20% 千葉 20%
其他 28%
兵庫 17%
香川 15%

上市時期
1 2 3 4 5 6 7 8 9 10 11 12 月

1879（明治 12）年，田中芳男博士從長崎帶回種子，在東京自宅種植成功。比其他品種耐寒，在千葉縣等「茂木」生產量不穩定的地區成為主流。果實較大，富含果汁。

大房

果肉厚實細密，味道偏淡。

由來：田中 × 楠
糖度：11%
主要產地：千葉縣

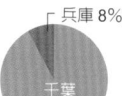

兵庫 8%
千葉 92%

上市時期
1 2 3 4 5 6 7 8 9 10 11 12 月

具有高度禦寒性，千葉縣南房總市富浦町是日本枇杷產地最北邊，比「田中」早上市的品種大多栽種於此。果實較大，果肉偏硬。甜度適中，酸味較不明顯，吃起來味道均衡。

夏便 *

果肉入口即化，柔軟多汁。

照片：長崎縣農林技術開發中心果樹・茶研究部門

由來：長崎早生 × 福原早生
糖度：12 ～ 13%
主要產地：長崎縣

熊本 2%
千葉 2%
長崎 96%

上市時期
1 2 3 4 5 6 7 8 9 10 11 12 月

果實較大且柔軟，甜味鮮明，是其特色所在。每年 5 月的下半月上市。在長崎縣雜交育成，2009 年完成品種登錄。出貨量愈來愈多，備受注目。

瑞穗

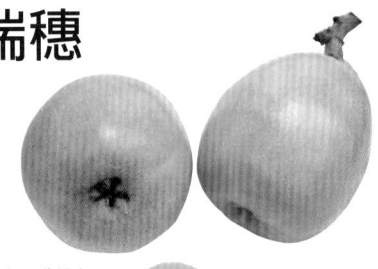

果皮呈淺橘色，有時會長出綠色斑點。

由來：楠 × 田中
糖度：──
主要產地：千葉縣

千葉 100%

上市時期
1 2 3 4 5 6 7 8 9 10 11 12 月

日本農林水產省育成，1936 年發表的品種。果實很大，重達 80g 左右。帶有適度甜味，與清淡酸味的搭配恰到好處。在千葉縣採用溫室與露地栽培。

富房

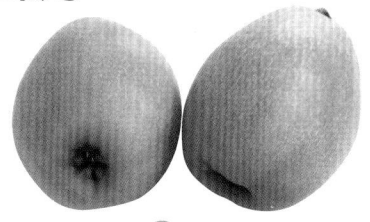

果實較圓，斑點較少，外觀漂亮。

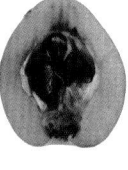

由來：津雲 × 瑞穗
糖度：12%
主要產地：千葉縣

千葉 100%

上市時期
1 2 3 4 5 6 7 8 9 10 11 12 月

千葉縣育成的品種，主要採溫室栽培。「房州枇杷」從 4 月上旬開始出貨，富房是第一批上市的品種。果實較大，甜味鮮明，酸味較弱，口感均衡。

福原早生
甘香、長崎甘香

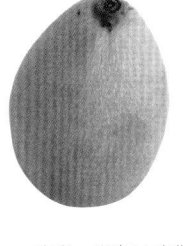

十分多汁，水分多到溢出滴落的程度。

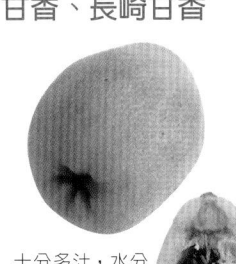

由來：瑞穗 × 白枇杷
糖度：12 ～ 13%
主要產地：長崎縣

長崎 100%

上市時期
1 2 3 4 5 6 7 8 9 10 11 12 月

這是白枇杷與體型較大的瑞穗品種交配出來的後代，大多採溫室栽培，以高級長崎枇杷的名義販售時，使用「甘香」之名。清爽的甜味頗受歡迎。

涼風

果肉柔軟多汁。

照片：長崎縣農林技術開發中心果樹・茶研究部門

由來：楠 × 茂木
糖度：13%
主要產地：長崎縣

長崎
100%

上市時期
1 2 3 4 5 6 7 8 9 10 11 12 月

1999 年品種登錄，主要栽種於長崎縣長崎市。果實較大，酸味較弱，甜味溫和。

涼峰

由來：楠 × 茂木
糖度：12 ～ 14%
主要產地：長崎縣

帶有適度的酸味與甜味，口感柔軟，富含果汁。

仁果／枇杷

長崎
100%

上市時期
1 2 3 4 5 6 7 8 9 10 11 12 月

2007 年完成品種登錄的新品種。果實較大，口感佳，可惜產量較少，是眾所周知的高級枇杷。

房姬

果皮容易剝除，富含果汁，口感水嫩。

由來：楠 × 津雲
糖度：12 ～ 13%
主要產地：千葉縣

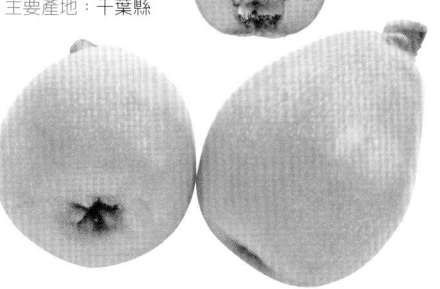

上市時期
1 2 3 4 5 6 7 8 9 10 11 12 月

在千葉縣育成的品種，果實略大，果肉柔軟，口感很好。酸味較弱，甜度適中。

麗月 *

由來：森尾早生 × 廣東
糖度：14%
主要產地：長崎縣

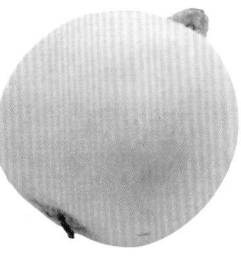

果皮較厚，呈黃白色。果肉也是黃白色。

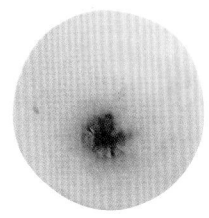

上市時期
1 2 3 4 5 6 7 8 9 10 11 12 月

長崎縣育成，適合溫室栽培的品種。果實較大，外型宛如美麗的滿月，是其最大特色。口感柔軟，甜味鮮明，是備受注目的新品種。

白茂木

果肉柔軟，富含果汁。　　照片：長崎縣農林技術開發中
心果樹‧茶研究部門

由來：以茂木為基礎改良
糖度：13～14%
主要產地：長崎縣
上市時期
1 2 3 4 5 6 7 8 9 10 11 12 月

在長崎縣以「茂木」品種為基礎進行改良。顧名思義，果皮偏白，果肉為黃色。形狀為蛋形，果實比「茂木」大，口味甘甜。

土肥

由來：不明
糖度：——
主要產地：靜岡縣

由於是白枇杷，因此果肉顏色偏白。

靜岡
100%

上市時期
1 2 3 4 5 6 7 8 9 10 11 12 月

主要栽種於靜岡縣伊豆市土肥町，是知名的「土肥白枇杷」。雖然果實不大，但種子很多，果肉偏少，吃起來十分香甜美味。

希房 *

上市時期
1 2 3 4 5 6 7 8 9 10 11 12 月

由來：田中實生的四倍體 × 長崎早生
糖度：11.5%
主要產地：千葉縣

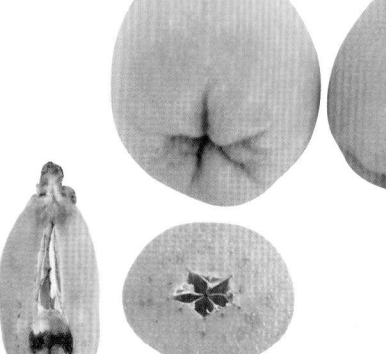

實現無籽枇杷的夢想，為全世界第一個無籽枇杷品種。適合溫室栽培，在千葉縣育成。由於是無籽枇杷，原本長著大種子的內部空間變成空洞。果肉柔軟，富含果汁，甜味適中。

果實內部稍有空隙，沒有種子，果肉偏厚。

其他枇杷品種

長生早生	在高知縣育成，1981 年品種登錄。果實較大，果肉柔軟。 由來：室戶早生 × 田中　主要產地：大分縣、愛媛縣
天草早生	誕生於熊本縣的極早生品種。2 月中旬～ 4 月上旬為盛產期。果實呈較長的蛋形，體積較大。 由來：不明　主要產地：熊本縣
森尾早生	長崎縣誕生的品種。成熟期比茂木早，果肉柔軟，酸甜滋味恰到好處。 由來：茂木的枝變　主要產地：長崎縣
室戶早生	果肉為橘色，果實比茂木大。酸味較強，甜味也鮮明。 由來：楠 × 田中　主要產地：高知縣
小野早生	愛媛縣誕生的早生品種。酸味略強，但十分耐寒，屬於容易栽種的品種。 由來：不明　主要產地：──
本田早生	極早生品種，是長崎早生的親本。現在幾乎無人栽種。 由來：不明　主要產地：──
房光	在千葉縣育成，1982 年完成品種登錄。 口感黏稠順滑，滋味濃郁。果皮帶有光澤，完熟後顏色偏桃色。 由來：瑞穗 × 田中　主要產地：千葉縣　照片：千葉縣農林綜合研究中心
陽玉	在長崎縣育成，1999 年完成品種登錄。外觀優美，酸甜滋味恰到好處。 由來：楠 × 茂木　主要產地：香川縣
春便 *	2014 年登錄的新品種。果實較大，果肉柔軟，甜味鮮明。最大特色是耐病性強。 由來：長崎早生 ×（津雲 × 香檳）　主要產地：長崎縣
楠	高知市的楠正興撒下唐枇杷種子，種出的實生品種。不耐寒，現在幾乎沒有栽種。 果實較小，可食部位也較少，但很好吃。 由來：唐枇杷的實生　主要產地：千葉縣　照片：千葉縣農林綜合研究中心
山川	在千葉縣栽種的品種。 由來：不明　主要產地：千葉縣
香檳	誕生於美國的品種。果實呈圓筒狀，果肉為黃白色。耐病性強，常用來當成苗木的砧木使用。 由來：不明　主要產地：──
里見	果實較大，顏色偏橙黃色，表面散發光澤，外觀美麗。 酸味較強，富含果汁，口感清爽。 由來：楠的自然交配實生　主要產地：千葉縣　照片：千葉縣農林綜合研究中心

仁果 ／ 枇杷

75

水果內含的主要營養素

水果含有許多維他命、礦物質等，
日常生活中較難攝取的營養素。

許多水果含有許多可調整身體狀況的維
他命，調整腸道環境的食物纖維，以及有助
於消除疲勞的有機酸等物質。近年來的研究
發現，水果含有的營養成分也能預防各種生
活習慣病。

遺憾的是，日本人每天平均攝取的水果
量只有 140g 左右，比起攝取量最多的國家
少了將近 300g，也是先進國家中攝取量最
低的。

日本正在推動「每日水果 200g 運動」，
鼓勵日本國民平時應積極攝取水果。

此外，許多專家認為攝取過量水果「反
而容易發胖，引發高脂血症」，其實這是很
嚴重的誤解。水果熱量低，一顆橘子只有
46kcal。與一塊草莓蛋糕相較，必須吃七顆
橘子才能達到一塊草莓蛋糕的熱量。此外，
世界衛生組織也公開發表「水果含有的果
糖和蔗糖等醣類，與生活習慣病沒有直接關
係」的言論。

鉀

可促進排出鹽分（鈉），具
有抑制血壓上升的作用。富
含於香蕉和洋香瓜等水果之
中。

有機酸

檸檬酸、蘋果酸、酒石酸
等。有助於消除疲勞，提
升鐵質吸收率。檸檬等柑
橘類的含量最高。

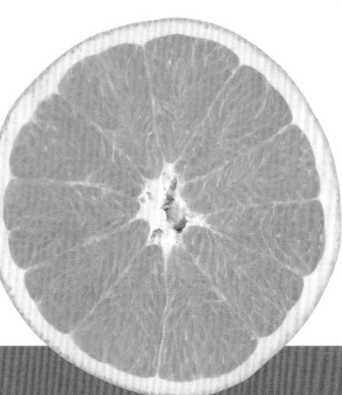

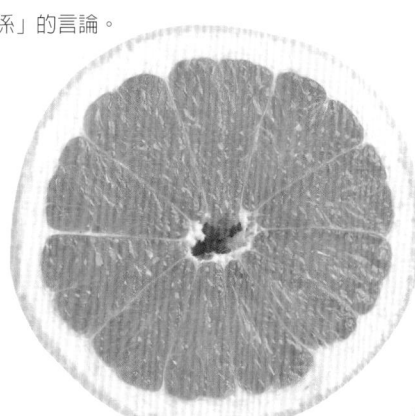

維他命A

可維持皮膚與黏膜的正常狀態，與成長有關的營養素。富含於橘子、西瓜、枇杷、柿子等水果。

維他命E

具有抗氧化作用，可維護細胞健康，亦稱為「返老還童維生素」。奇異果、桃子、李子的含量最高。

維他命C

具有高度抗氧化作用，也是生成膠原蛋白不可或缺的成分。可預防感冒與癌症。富含於柿子、奇異果、草莓、柑橘類等水果。

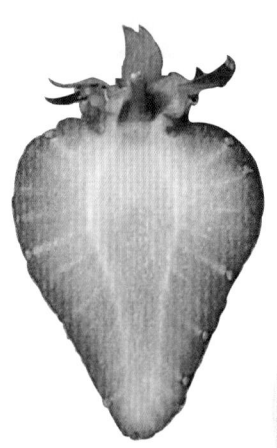

食物纖維

可預防便祕，抑制脂肪吸收，協助排出致癌性物質。酪梨、奇異果等水果含量最高。

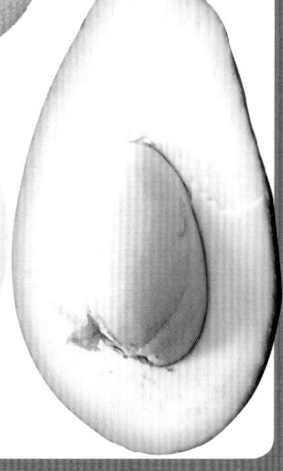

PART 2　水果圖鑑

橘子·柑橘

芸香科常綠樹長出的水果
帶有清爽香氣，多汁的果實
分成好幾個小房成長，是其特色所在。
近年來陸續推出
外皮容易剝除，糖度較高的新品種。

生產量演進

（單位：萬噸）

Peak
366.5
Old
103.4
Now
87.5
1960 1975 2014

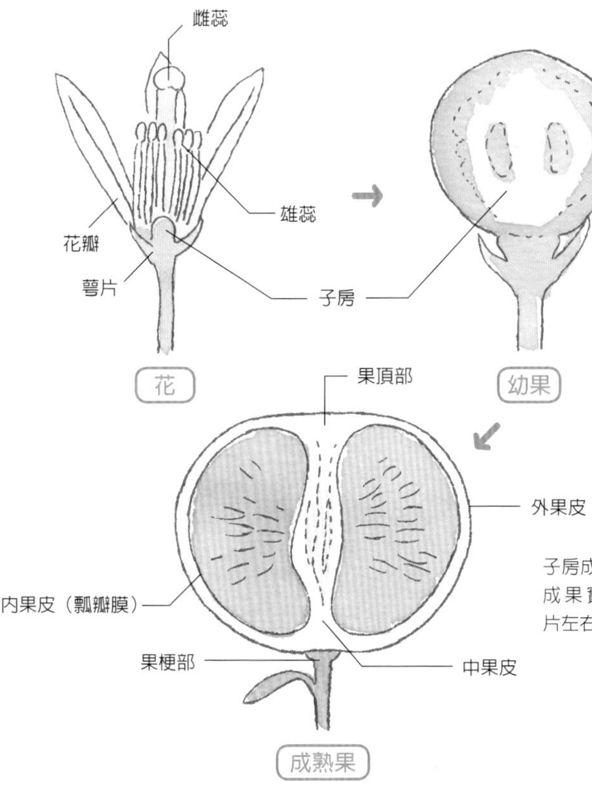

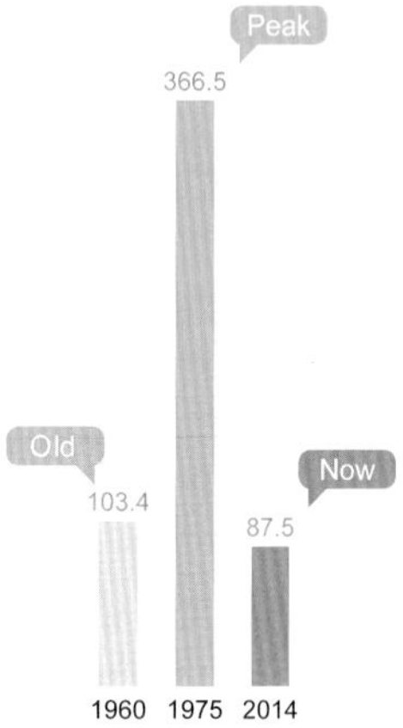

（日本農林水產省　糧食需給表　國內生產量明細）

● 橘子 · 柑橘的花與果實結構及名稱

雌蕊
雄蕊
花瓣
萼片
子房
花
幼果
果頂部
外果皮
內果皮（瓢瓣膜）
果梗部
中果皮
成熟果

子房成長變大，結成果實。形成 10 片左右的瓢瓣膜。

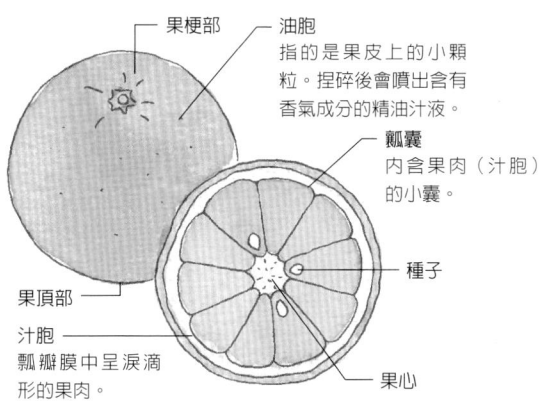

果梗部
油胞
指的是果皮上的小顆粒。捏碎後會噴出含有香氣成分的精油汁液。
瓤囊
內含果肉（汁胞）的小囊。
種子
果頂部
汁胞
瓢瓣膜中呈淚滴形的果肉。
果心

持續改良出更美味的品種，日本冬季最常見的水果

I | 橘子
Mandarin
蜜柑

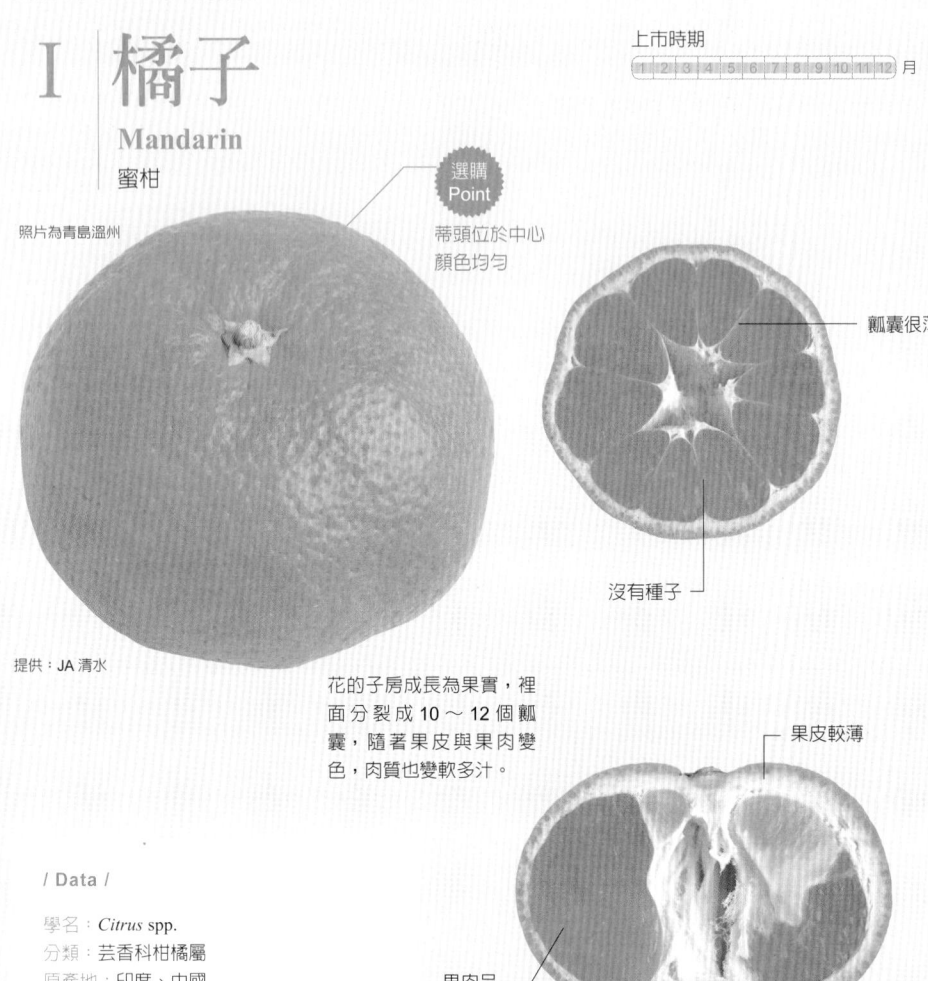

照片為青島溫州

提供：JA 清水

選購 Point
蒂頭位於中心
顏色均勻

瓤囊很薄

沒有種子

果皮較薄

果肉呈
深橘色

花的子房成長為果實，裡面分裂成 10 ～ 12 個瓤囊，隨著果皮與果肉變色，肉質也變軟多汁。

/ Data /

學名：*Citrus* spp.
分類：芸香科柑橘屬
原產地：印度、中國
主要成分（瓤囊、一般、新鮮）：熱量 46kcal、水分 86.9g、維他命 C 32mg、食物纖維 1.0g、鉀 150mg

橘子第一次出現在日本歷史的舞台上，可回溯至大約 1200 年前。《古事記》與《日本書紀》介紹的橘，就是橘子樹的原型。

現在日本人提到的橘子，通常指的是「溫州蜜柑」。這是江戶時代初期發現的日本原生品種，特色在於沒有種子，外皮很好剝除。受惠於日本政府推動的果樹農業振興政策，溫州蜜柑的生產量從 1950 年代後期暴增，1975 年達到最高值 366 萬 5000t。橘子成為日本冬季不可或缺的水果。

儘管比起全盛時期，近幾年的生產量已不到四分之一。但農民積極改良品種與用心栽培，開發出許多又甜又方便食用的橘子。品牌也百花齊放（→ P85）。香氣宜人的「椪柑」、誕生於美國的「金州柑」也是橘子的一種。

	1月	2月	3月	4月	5月	6月	7月	8月	9月	10月	11月	12月
溫州蜜柑	■										■	■
早香	■										■	■
櫻島小蜜柑												■
椪柑	■											
金州柑				■								
南津海				■	■							

主要產地、栽種面積與收穫量

和歌山縣、愛媛縣與靜岡縣是主
要三大產地。生產量自古以「溫
州蜜柑」傲視群倫，但近幾年「金
州柑」、「南津海」、「早香」
等產量逐年增加，愈來愈常見。

愛媛縣
- 溫州蜜柑（日南 1 號）537ha
- 溫州蜜柑（南柑 20 號）1,097ha
- 金州柑 1,731t
- 南津海 401t
- 椪柑 8,924t

神奈川縣
- 溫州蜜柑（大津 4 號）250ha

靜岡縣
- 溫州蜜柑（青島溫州）2,581ha

和歌山縣
- 溫州蜜柑（宮川早生）2,238ha
- 溫州蜜柑（向山溫州）1,039ha

鹿兒島縣
- 櫻島小蜜柑

宮崎縣
- 早香 49t

愛媛縣的「溫州蜜柑」園。蜜柑樹密布日照強烈的斜坡上，一望
無際。

品種別收穫量排行榜

1980 年

① 溫州蜜柑
2,892,000t

② 椪柑
20,860t

③ 金州柑
47t

大多栽種於氣候溫暖，
面海的土地上。海風與
海面反射的陽光培育出
美味蜜柑。

2013 年

① 溫州蜜柑
895,900t

② 椪柑
25,440t

③ 金州柑
2,666t

④ 南津海
996t

⑤ 早香
106t

品種別收穫量演進

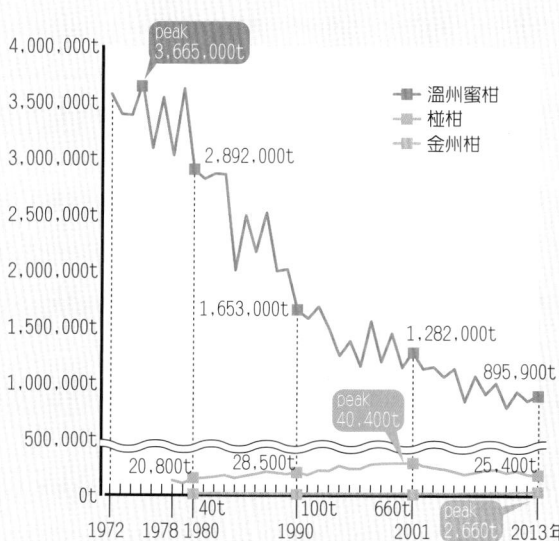

1972 年發生「溫州蜜
柑」產量暴跌現象，加
上消費者喜好改變，不
斷進行品種改良，品種
也愈來愈多。

（日本農林水產省　果樹生
產出貨統計／日本財務省貿
易統計）

memo 「南津海」是 1977 年由山口縣周防大島的山本弘三育成的品種。「早香」則由果樹研究所育成，於
1990 年完成品種登錄。

I 橘子的種類

包括歷史悠久的溫州蜜柑在內，近幾年糖度較高的新品種也陸續普及。

溫州蜜柑

上市時期

| 1 | 2 | 3 | 4 | 5 | 6 | 7 | 8 | 9 | 10 | 11 | 12 | 月

由來：不明
糖度：──
主要產地：和歌山縣、愛媛縣

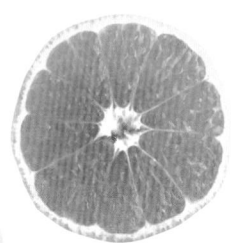

沒有種子，瓤囊柔軟，方便食用。

特色在於形狀扁平與薄果皮，可用手剝皮，食用方便，在國外也深受歡迎。美國與加拿大消費者暱稱它為「餐桌橘子」（Table orange）、「電視橘子」（TV orange），吃飯與看電視時都有它，人氣程度由此可見一斑。近年來出口至亞洲各國的數量愈來愈多。相傳「溫州」之名來自中國的橘子產地。

溫州蜜柑系統

各系統的成熟期不同，從「極早生」到「晚生」都有，可依產季分成 5 大系統。

極早生溫州

9 ～ 10 月是最好吃的時候。果皮帶青，酸味較強。
● 日南 1 號 主要產地：愛媛縣、和歌山縣
● 上野早生 主要產地：佐賀縣
● 岩崎早生 主要產地：長崎縣

中生溫州

11 ～ 12 月是最好吃的季節。酸甜滋味的搭配恰到好處。
● 南柑 20 號 主要產地：愛媛縣
● 向山溫州 主要產地：和歌山縣
● 佐世保溫州 主要產地：長崎縣

9月	10月	11月	12月	1月	2月	3月

早生溫州

10 月下旬～ 11 月是美味期。酸味略強，味道清爽。
● 宮川早生
主要產地：和歌山縣、愛媛縣
● 興津早生
主要產地：熊本縣、和歌山縣
● 原口早生
主要產地：長崎縣

普通溫州的早熟系

產季在 12 月～ 1 月。酸味較弱，具有甜味和濃郁口感。
● 大津 4 號
主要產地：神奈川縣
● 林溫州
主要產地：和歌山縣
● 尾張系溫州
主要產地：和歌山縣

普通溫州的晚熟系

12 月採收儲藏，直到 3 月才上市。甜味高。
● 青島溫州
主要產地：靜岡縣
● 壽太郎溫州
主要產地：靜岡縣
● 十萬溫州
主要產地：德島縣

溫州蜜柑的主要品牌

除了產地名稱外，還要符合糖度等條件。不少溫州蜜柑都是在各個產地打造品牌，在當地出貨。

福岡縣
● 博多 Mild
糖度超過 12%，可品嘗濃郁滋味與甜味。

廣島縣
● 大長 Ace
糖度超過 12%，在梯田種植。

三重縣
● 丸五蜜柑　秀
糖度 11% 以上，在樹上結果完熟。

靜岡縣
● 青島蜜柑
日本全國知名。
● 壽太郎 Premium
糖度 12% 以上，進行嚴格的品質檢驗。
● 天晴樣
糖度 13% 以上，溫和的甜味充滿魅力。
● Mika Ace
糖度 12% 以上，是三日蜜柑中品質最好的品種。
● 青島譽
糖度 12% 以上，儲存在木箱裡熟成。

佐賀縣
● 佐賀美人
每月增加 1% 糖度，10 月的糖度高達 11%。

愛知縣
● Amamikko
糖度超過 12%，果皮為深紅色，味道甘甜。
● 蒲郡溫室蜜柑
瓣囊較薄，入口即化的口感深受喜愛。

愛媛縣
● Sunace
糖度超過 12%，在溫暖的島波海道栽種。
● 中島便「匠與極」
糖度超過 12%，種植於瀨戶內海的島上。
● 道後溫泉
糖度超過 12%，愛媛縣的代表品牌。
● 味 Pika
糖度超過 12.5%，口感入口即化，十分特別。
● 美柑王
糖度超過 12.5%，上市期很長。
● 真穴蜜柑　貴賓
在所有真穴蜜柑中，符合嚴格標準的品種。

和歌山縣
● 藏出蜜柑
糖度超過 11%，採收後儲藏可提升品質。
● 味一
糖度超過 12%，是有田蜜柑中最高級的橘子。
● 美甘娘、特選等
糖度超過 12%，屬於有田蜜柑的一種，品質極好。
● 由良子
糖度超過 12%，在溫暖的山區氣候種植。
● 木熟蜜柑　天
糖度超過 12%，在樹上熟成的早生蜜柑。
● 紀之 Yurara
9 月下旬採收的極早生蜜柑。

長崎縣
● 出島之華
糖度超過 14%，縣下統一品牌之一。
● 味浪漫
糖度超過 12%，方便食用，味道溫醇。
● 味丸
糖度超過 12%，酸甜比例適中。

熊本縣
● 肥之 Akari
糖度超過 10%，綠色果皮是最大特色。
● Delicious 13
糖度超過 13%，濃縮的甜味令人著迷。

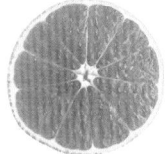

天晴樣

4月	5月	6月	7月	8月

column

4～8 月上市的溫室蜜柑

「溫室蜜柑」是在加溫的塑膠溫室中育成的溫州蜜柑，大多種植於佐賀縣、愛知縣、大分縣與高知縣。露地栽培的溫州蜜柑約 5 月初開花，溫室蜜柑在溫室內保溫，可在秋季開花，春季結果。由於不受天候影響，在絕佳的環境條件中生長，因此果皮柔軟，甘甜濃郁。一般來說，溫室蜜柑比露地栽培的蜜柑昂貴。

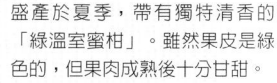

盛產於夏季，帶有獨特清香的「綠溫室蜜柑」。雖然果皮是綠色的，但果肉成熟後十分甘甜。

4 月中旬到 8 月下旬上市的「蒲郡溫室蜜柑」。果皮與瓣囊很薄，水嫩多汁。

椪柑

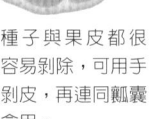

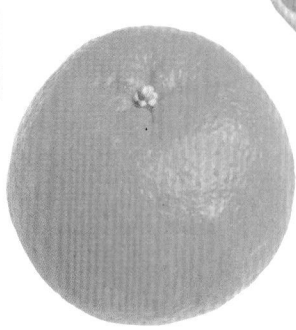

種子與果皮都很容易剝除，可用手剝皮，再連同瓤囊食用。

由來：不明
糖度：12%
主要產地：愛媛縣

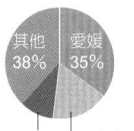

其他 38%
愛媛 35%
高知 10%
鹿兒島 17%

上市時期
1 2 3 4 5 6 7 8 9 10 11 12 月

原產於印度，明治時代從台灣傳入日本。以果實較大、接近球狀的高牆系為主，另有形狀扁平、果實較小的低牆系。12 月採收後儲存一陣子，調整好味道後再出貨。

金州柑

瓤囊較薄，方便食用。

由來：尾張系溫州 × K mandarin
糖度：14%
主要產地：愛媛縣

照片：JA 愛媛中央

和歌山 14%
其他 3%
愛媛 65%
三重 18%

上市時期
1 2 3 4 5 6 7 8 9 10 11 12 月

誕生於美國，1955 年引進日本。收穫期較晚，寒冬也能在樹上吸收養分，儲藏於果實中，提升果實甜味。用手就能剝皮食用。

 column

以紀伊國屋蜜柑船聞名的紀州蜜柑

明治時代以前，一般人口中的橘子指的是「紀州蜜柑」。原產地在中國，自古便在熊本縣栽種。由於一顆只有 20 ～ 60g，果實小巧，又稱為「小蜜柑」。江戶時代傳入紀州地方（和歌山縣），紀伊和歌山藩主德川賴宣十分喜歡其味道，使得紀州成為紀州蜜柑的主要產地之一。紀州蜜柑也成為日本全國家喻戶曉的橘子。當時江戶一帶的蜜柑需求暴增，從紀州藩將蜜柑運送至各地的「蜜柑船」，每年多達 50 ～ 70 艘。相傳木材商人紀伊國屋文左衛門不惜冒著生命危險，在暴風雨中渡海，將蜜柑運送至各地，因此致富。

櫻島小蜜柑

由來：不明
糖度：──
主要產地：鹿兒島縣

直徑 5cm 左右，果皮雖厚，但很好剝除。

上市時期
1 2 3 4 5 6 7 8 9 10 11 12 月

孕育在排水性高的火山土壤裡，凝聚甜味與香氣的蜜柑。鹿兒島縣櫻島的特產。江戶時代已普遍栽培，由薩摩藩進貢給江戶幕府。上市期只有短短的一個月。

早香

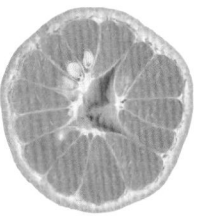

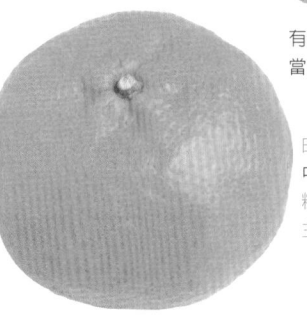

有種子，但果肉相當多汁。

由來：今村溫州 ×
中野 3 號椪柑
糖度：12%
主要產地：宮崎縣

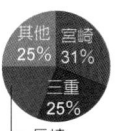

其他 25%
宮崎 31%
三重 25%
長崎 19%

上市時期

1 2 3 4 5 6 7 8 9 10 11 12 月

果實比「溫州蜜柑」大，香氣近似「椪柑」。特色在於酸味較弱，糖度較高。果皮很薄，容易剝除。12 月上旬完熟，果皮偏綠仍很美味。

南津海

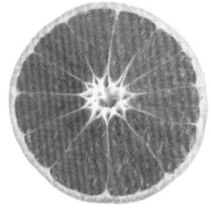

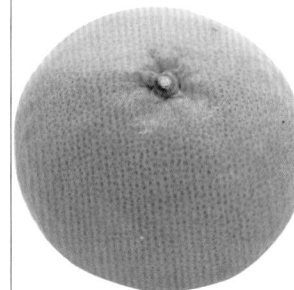

果肉柔軟多汁，種子較少。

由來：金州柑
× 吉浦椪柑
糖度：13 ～ 15%
主要產地：愛媛縣

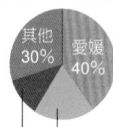

其他 30%
愛媛 40%
廣島 11%
和歌山 19%

上市時期

1 2 3 4 5 6 7 8 9 10 11 12 月

誕生於山口縣，後來普及於其他地區的品種。由於是夏季可以吃到的品種，因此取名為「NATSUMI」（南津海的日文讀音與夏美相同）。在樹上完熟就能去除酸味，培育出高糖度果實。果皮略顯粗糙，但很容易用手剝除。

其他橘子品種

Jelly Orange Sun Celeb

大分果研 4 號 *

2009 年品種登錄，口感宛如果凍，是其最大特色，也是大分縣致力推動的蜜柑品牌。
由來：大津 8 號 × 天草　主要產地：大分縣

夕燒姬 *

2013 年品種登錄，1 月中旬即可採收，是愛知縣備受注目的早生品種。
由來：宮川早生枝變極早生系統 × 佩奇
主要產地：愛知縣

**column　令人懷念的冷凍橘子
如今成為超商人氣商品**

冷凍橘子是為了方便消費者一年四季都能吃到橘子想出來的點子，也是昭和 30 年代到 40 年代，日本學校的營養午餐供應的點心，與火車上販售的人氣商品。近年來冷凍橘子再次受到矚目。隨著急速冷凍技術日新月異，現在的冷凍橘子保留了原本的甜度和水嫩口感。其中包括已剝除外皮和白膜的冷凍商品（如下方照片），由於輕巧方便，在超商與車站小店的銷售量愈來愈高。

無須剝除外皮就能食用的「無皮蜜柑」也是頗受歡迎的伴手禮。

Ⅱ 甜橙
Sweet orange

上市時期
1 2 3 4 5 6 7 8 9 10 11 12 月

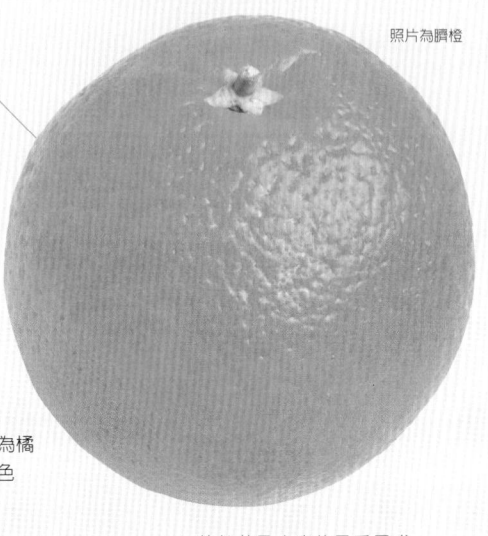

照片為臍橙

選購
Point
散發光澤
有重量感

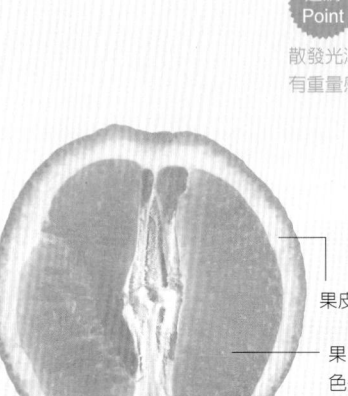

果皮厚實

果肉顏色為橘色～深紅色

位於花朵中心的子房長成果實，瓤囊約有 10 片，果肉呈深橘色。

大多數的瓤囊較薄實

/ Data /

學名：*Citrus sinensis*
分類：芸香科柑橘屬
原產地：印度阿薩姆
主要成分（臍橙、汁胞、新鮮）：熱量 46kcal、水分 86.8g、維他命 C 60mg、食物纖維 1.0g、鉀 180mg

一般認為甜橙起源於印度，明治時代從美國將栽培方式引進日本。最大的特色是香氣鮮明，富含果汁。

甜橙品種繁多，包括以「晚崙夏橙」為代表的普通甜橙；有肚臍的「臍橙」；果肉為紅色的「血橙」等。雖然在日本販售的甜橙多為進口商品，但日本也開發出「臍橙」這類品質優良的品種，其中最知名的是「白柳臍橙」、「森田臍橙」等。

主要進口國

臍橙有許多日本產品種，其他種類大多仰賴進口，尤以來自加州的美國產甜橙居多。

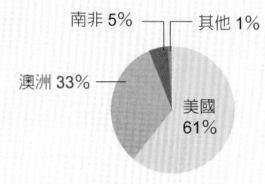

南非 5%　　其他 1%
澳洲 33%
美國 61%

國別進口量比例（2015 年）

挑選方式	選擇果皮帶有光澤，油胞（果皮上的顆粒）較小的品項。拿起來感覺愈重，通常果肉較多且富含果汁。
保存法	甜橙不耐濕氣與高溫，請放在通風良好的陰暗處保存。無法馬上吃完時，請放入塑膠袋，放進冰箱的蔬果保鮮室冷藏。
賞味時期	整顆果實散發清新香氣即代表成熟，請儘早吃完。一般市面上販售的幾乎都是成熟甜橙。
營養	特色是富含有助於預防感冒、消除疲勞和保養肌膚的維他命 C，鉀含量也很高。

開白色花朵，香氣濃郁。結果後要儘早疏果，就能長出大果實。

日本產臍橙收穫量與進口甜橙進口量演進

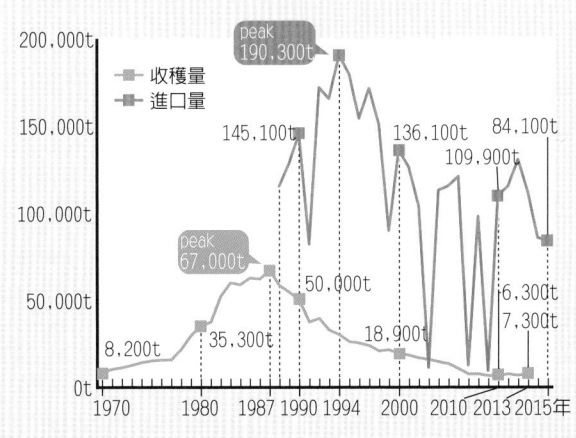

1990 年以後，日本產收穫量與進口量雙雙遞減。2000 年左右，葡萄柚成為市場寵兒。近年則受到橘橙類（Tangor）抬頭影響，風光不再。

（日本農林水產省　果樹生產出貨統計／日本財務省貿易統計）

晚崙夏橙
Valencia Orange

由來：不明
糖度：11 ～ 12%
主要產地：和歌山縣

上市時期
1 2 3 4 5 6 7 8 9 10 11 12 月

果肉為偏黃的橘色，口感柔軟，富含果汁。
照片：水果安全之進口水果圖鑑

神奈川
19%

和歌山
81%

晚崙夏橙是甜橙的代表品種。帶有酸味，口感清爽，但也能享受香氣和甜味。美國佛羅里達州與加州是目前最大的產地，大量出口至日本。

塔羅科血橙
Tarocco

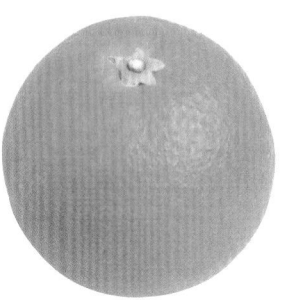

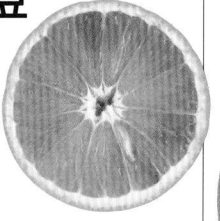

橘色果肉帶有紅紫色調，鮮嫩多汁。

由來：桑吉耐勞莫斯卡托血橙的突變品種
糖度：12%
主要產地：愛媛縣

大分 4%

愛媛
96%

上市時期
1 2 3 4 5 6 7 8 9 10 11 12 月

義大利極受歡迎的血橙品種，在血橙品種中甜味最強，帶有淡淡酸味，味道濃郁。亦有日本產品種，市面上愈來愈常見。

摩洛血橙
Moro

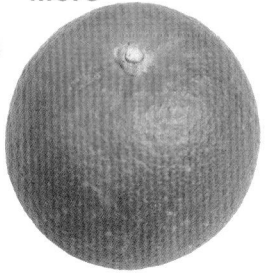

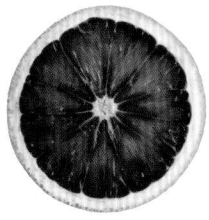

紅黑色果肉多汁柔軟。

由來：桑吉耐勞莫斯卡托血橙的突變品種
糖度：13%
主要產地：愛媛縣

愛媛
100%

上市時期
1 2 3 4 5 6 7 8 9 10 11 12 月

自古種植於義大利西西里島的血橙。果皮偏紅，味道甘甜濃郁。市面上以義大利產為主，亦有少量的日本產品。

臍橙
Navel Orange

果肉呈深橘色，肉質多汁，幾乎沒有種子。

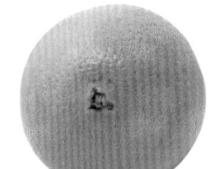

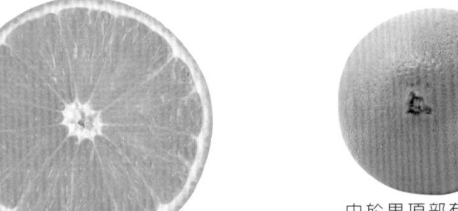

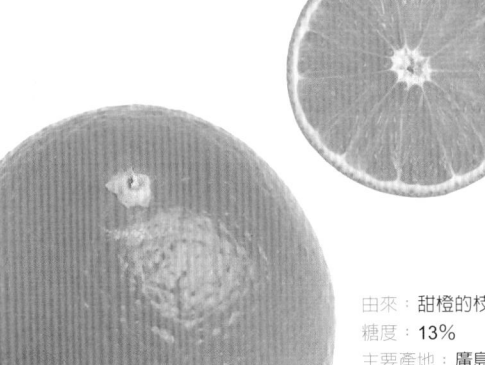

由於果頂部有一處類似肚臍（navel）的凹洞，故以此命名。

由來：甜橙的枝變
糖度：13%
主要產地：廣島縣

其他
19%

廣島
40%

靜岡
28%

和歌山
13%

橘子・柑橘／甜橙

19 世紀美國育成「華盛頓臍橙」，隨後普及世界各國。臍橙也是日本產甜橙的代表品種。以酸味溫和，甜味強烈為特色。如今已可在日本各地買到不同種類的「臍橙」。

白柳臍橙

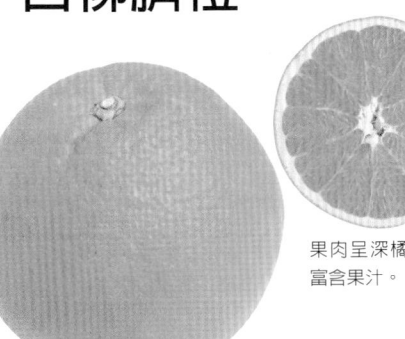

果肉呈深橘色，富含果汁。

由來：華盛頓臍橙的枝變
糖度：12 〜 13%
主要產地：靜岡縣

在臍橙中可說是果實較大的品種。1932 年在靜岡縣舊細江町（縣濱松市）發現，具有濃郁甜味和適度酸味，滋味溫和。富含果汁，可切小片食用。

其他甜橙品種

華盛頓臍橙
此為「臍橙」群的品種來源。
由來：Selector orange 的枝變　　主要產地：美國

大三島臍橙
帶有清爽香氣的愛媛縣極早生品種。
由來：華盛頓臍橙的枝變　　主要產地：愛媛縣

森田臍橙
酸甜比例恰到好處的早生品種。
由來：華盛頓臍橙的枝變　　主要產地：靜岡縣

特羅維塔甜橙
果肉柔軟多汁，酸味較弱，更加突顯甜味。
由來：華盛頓臍橙的枝變　　主要產地：美國

卡拉卡拉臍橙
果肉呈粉紅色，可用手剝皮食用。
由來：華盛頓臍橙的枝變
主要產地：美國、澳洲

橘子與甜橙的結合

Ⅲ 橘橙
與其衍生出的品種
Tangor

上市時期

1	2	3	4	5	6	7	8	9	10	11	12	月

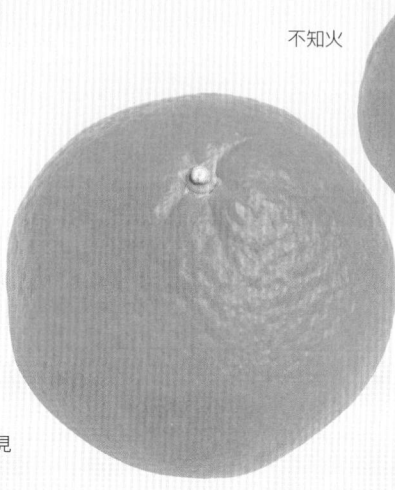

不知火

伊予柑

清見

果肉顏色介於黃色
至深橘色之間。

瓤囊約有 12 瓣，果肉為
橙色，深淺依品種而異。
幾乎沒有種子。有時果心
部會破裂，形成空洞。

果皮好撕，
容易剝除。

大多數品種
的瓤囊較薄

大多數品種
會有籽。

/ Data /

主要成分（清見、汁胞、新鮮）：熱量
41kcal、水分 88.4g、維他命 C 42mg、食
物纖維 0.6g、鉀 170mg

每到春天，橘橙會開出
白色小花，開始結果。
此時應以 80 ～ 120 片葉
子搭配一顆果實為比例，
適度摘果，就能培育出
大型果實。

　　英文 Tangor 是將橘子的英文 tangerine
和 orange 結合在一起，凡是橘子類與甜橙
類交配而成的品種，皆統稱為（Tangor）。
橘橙和橘子一樣，可用手剝皮，果肉分成小
片食用。不僅如此，橘橙帶有媲美甜橙的濃
郁甜香，因此備受消費者喜愛。

　　日本自 1949 年於靜岡縣開發出「清見」
後，以「清見」為親本，育成許多新品種。
如今可在市面上買到各式從橘橙衍生出來的
日本產柑橘，除了「不知火」、「伊予柑」
之外，還有「甘平」、「麗紅」、「瀨戶香」
等糖度較高的品種陸續問世。

橘子・柑橘／橘橙與其衍生出的品種

PART2 水果圖鑑

挑選方式

果皮緊實，蒂頭沒有枯萎跡象，具有重量感的品項為宜。請勿挑選拿在手中，感覺果皮與果肉分開的橘橙。

保存法

數量太多時可分裝成小袋，放入冰箱冷藏。亦可保存在不受到陽光直射，通風良好的地方。

賞味時期

通常市面上賣的都是完熟品項，若不喜歡酸味，可放幾天，待酸味退去，就能突顯甜味。

營養

營養含量依品種不同，但都富含維他命 C，還有大量胡蘿蔔素。

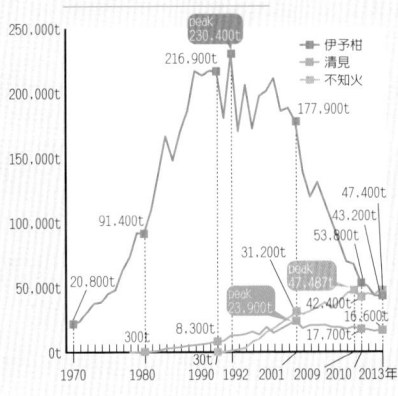

品種別收穫量演進

250.000t
200.000t
150.000t
100.000t
50.000t
0t
peak 230.400t
216.900t
177.900t
91.400t
20.800t
47.400t
43.200t
53.800t
31.200t
peak 47.487t
peak 23.900t
42.400t
16.600t
8.300t
17.700t
300t
30t
伊予柑
清見
不知火
1970
1980
1990
1992
2001
2009
2010
2013年

直到 2000 年左右，「伊予柑」以高出數倍的生產量遙遙領先，但後來逐漸被「不知火」、「清見」等糖度較高的品種瓜分市場。到了 2013 年不得不交出第一名寶座。

（日本農林水產省　果樹生產出貨統計／日本農林水產省　特產果樹生產動態等調查）

主要品種譜系圖

包括從「溫州蜜柑」和「特羅維塔甜橙」育成的「清見」在內，日本開發出許多品種。近年來由縣主導育成的特產品也愈來愈多，「紅瑪丹娜」就是最好的例子。

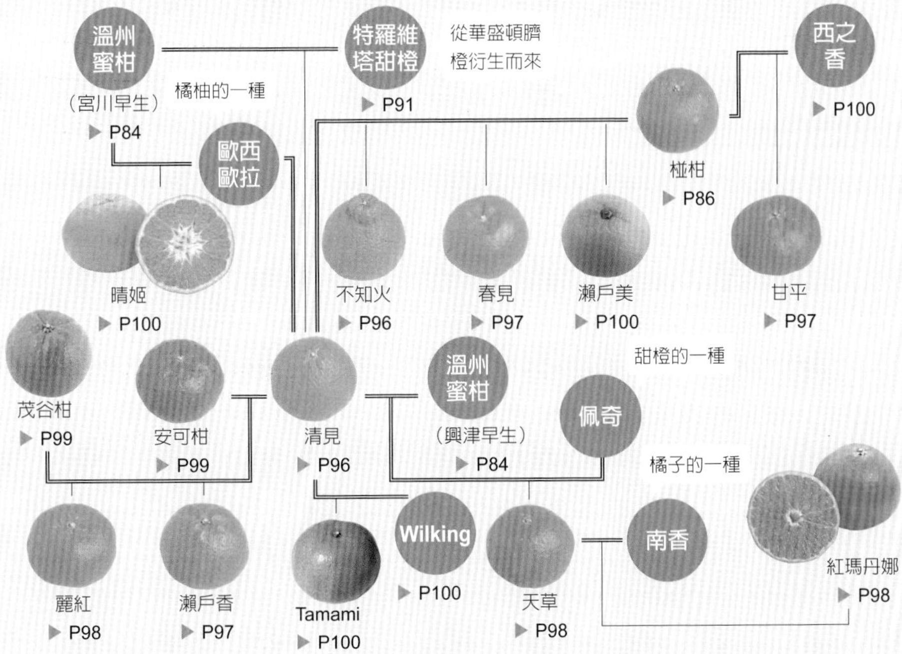

溫州蜜柑
（宮川早生）
橘柚的一種
▶ P84
特羅維塔甜橙
從華盛頓臍橙衍生而來
▶ P91
西之香
▶ P100
歐西歐拉
椪柑
▶ P86
晴姬
▶ P100
不知火
▶ P96
春見
▶ P97
瀨戶美
▶ P100
甘平
▶ P97
茂谷柑
▶ P99
安可柑
▶ P99
清見
▶ P96
溫州蜜柑
（興津早生）
▶ P84
甜橙的一種
佩奇
橘子的一種
麗紅
▶ P98
瀨戶香
▶ P97
Tamami
▶ P100
Wilking
▶ P100
天草
▶ P98
南香
紅瑪丹娜
▶ P98

日本育成品種演進

昭和 24 ～ 30 年，當時日本的農林省園藝實驗場為了培育橘橙與橘柚進行品種交配，花了 30 年才終於成功，完成「清見」的品種登錄。從此之後，日本陸續育成不少糖度更高且方便食用的新品種。

明治
1868
～
1912

大正
1912~1926

昭和
1926
～
1989

平成
1989
～

－明治 20（1887）年
伊予柑（山口縣）
由中村正路發現的品種，起源不詳。發現後不久就在愛媛縣正式生產，成為愛媛縣特產。

－昭和 40（1965）年
茂谷柑（美國）
從美國引進，在日本採用加溫型溫室栽培，因此普及。近年來生產量有逐漸減少的趨勢。

－昭和 44（1969）年
安可柑（美國）
從美國引進，在日本以溫室栽培為主流。近年來生產量有逐漸減少的趨勢。

－昭和 47（1972）年
不知火
交配成功的新品種。由於外觀不佳，果實大小無法統一等原因，並未完成品種登錄。隨著品種不斷改良，現為柑橘收穫量第一的品種。

－昭和 54（1979）年
清見
日本第一個完成命名登錄的橘橙品種。

－昭和 54（1979）年
由於「溫州蜜柑」生產過剩，日本政府開始推動溫州蜜柑轉換促進事業（蜜柑減少政策）。導致「溫州蜜柑」栽種量減少，「伊予柑」產量增加。

－平成 11（1999）年
春見
農研機構育成並完成品種登錄。改良後方便食用，沒有種子，瓤囊變薄。

－平成 17（2005）年
紅瑪丹娜（愛媛縣）
愛媛縣育成並完成品種登錄。由於好吃的緣故，很快就普及日本各地，產量增加。

－平成 19（2007）年
甘平（愛媛縣）
愛媛縣育成並完成品種登錄，是很受歡迎的高級柑橘。

－平成 21（2009）年
津之輝
農研機構育成並完成品種登錄。由於方便食用，近年來生產量愈來愈多。

主要品種上市時期　從年初就能買到橘橙，頗有與「溫州蜜柑」互別苗頭的趨勢。

	1月	2月	3月	4月	5月	6月	7月	8月	9月	10月	11月	12月
紅瑪丹娜												■
天草	■											
麗紅		■										
伊予柑	■■■											
甘平		■■										
瀨戶香		■■■										
不知火		■■■■										
桶柑		■■										
春見		■■■										
清見			■■■■									

主要產地與收穫量

愛媛縣有許多溫暖且面海的土地，最適合栽種柑橘，因此生產了不少橘橙類水果。登錄「凸頂柑」商標的熊本縣是「不知火」產量第一的地區。

廣島縣
● 春見 1,957t

佐賀縣
● 麗紅 311t

和歌山縣
● 清見 6,194t

愛媛縣
● 不知火 10,751t
● 伊予柑 39,258t
● 清見 6,667t
● 瀨戶香 3,767t
● 春見 1,735t
● 紅瑪丹娜 1,257t
● 甘平 928t
● 天草 340t

熊本縣
● 不知火 14,307t

鹿兒島縣
● 桶柑 4,230t

品種別收穫量排行榜

1980 年

1. 伊予柑 91,400t
2. 桶柑 2,446t
3. 清見 303t

平成以後品種愈來愈多，由於這個緣故，橘橙類的整體收穫量也逐年增加。

2013 年

1. 不知火 47,434t
2. 伊予柑 43,251t
3. 清見 16,671t
4. 春見 6,002t
5. 瀨戶香 5,273t
6. 桶柑 4,934t
7. 紅瑪丹娜 1,257t
8. 甘平 928t
9. 天草 738t
10. 麗紅 437t

（日本農林水產省　果樹生產出貨統計／日本農林水產省　特產果樹生產動態等調查 2013）

III 橘橙與其衍生出的品種

高糖度且多汁的品種陸續登場，品牌也愈來愈多，選擇多樣。

不知火
凸頂柑

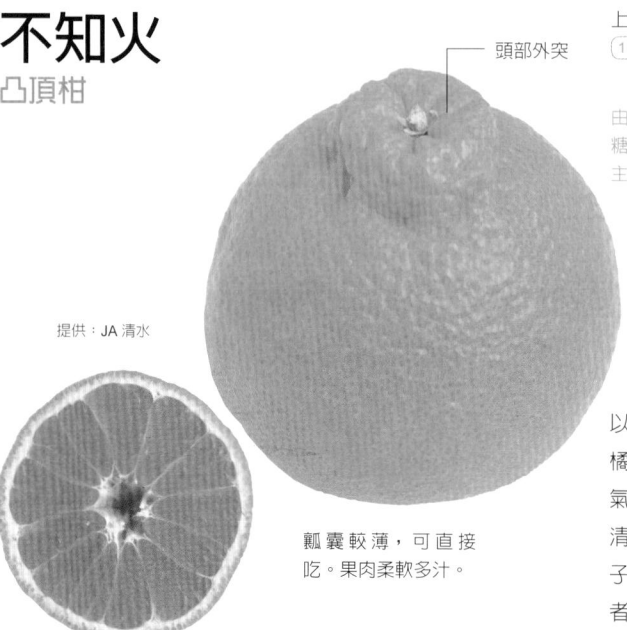

頭部外突

提供：JA 清水

瓢囊較薄，可直接吃。果肉柔軟多汁。

上市時期

1 2 3 4 5 6 7 8 9 10 11 12 月

由來：清見 × 中野 3 號椪柑
糖度：13 ～ 16%
主要產地：熊本縣

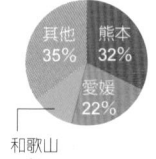

其他 35%　熊本 32%　愛媛 22%　和歌山 11%

以登錄商標「凸頂柑」聞名的橘橙。帶有媲美「椪柑」的香氣，與多汁甘甜的果肉，後味清爽。果皮容易剝除，可像橘子一樣直接吃，因此備受消費者歡迎。

伊予柑

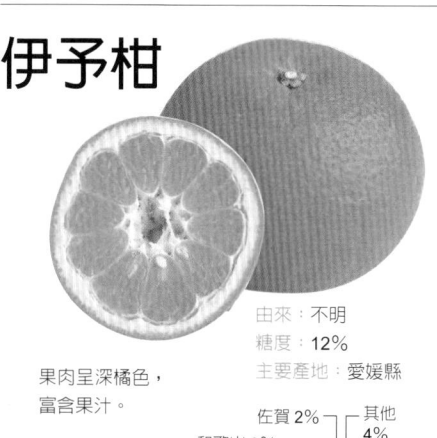

果肉呈深橘色，富含果汁。

由來：不明
糖度：12%
主要產地：愛媛縣

佐賀 2%　其他 4%
和歌山 3%
愛媛 91%

上市時期
1 2 3 4 5 6 7 8 9 10 11 12 月

明治時代在山口縣發現，在愛媛縣大量種植。最初稱為「伊予蜜柑」。果皮雖厚卻很柔軟，可輕易用手剝除。具有強烈甜味與溫和的酸味。

清見
清見橘橙

瓢囊較薄，可輕鬆食用。果肉多汁，富含風味。

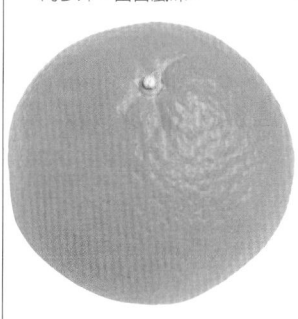

由來：宮川早生 × 特羅維塔甜橙
糖度：11 ～ 13%
主要產地：愛媛縣、和歌山縣

廣島 6%　其他 17%
愛媛 40%
和歌山 37%

上市時期
1 2 3 4 5 6 7 8 9 10 11 12 月

日本第一個開發出的橘橙品種。果皮呈偏黃的橘色，可像橘子一樣用手剝皮食用。帶有甜橙般的濃郁香味與水嫩果肉，令人難忘。

memo 「凸頂柑」是 JA 熊本果實連登錄的商標，符合糖度超過 13%，檸檬酸低於 1.0%標準的不知火才能使用此商標。

春見 *

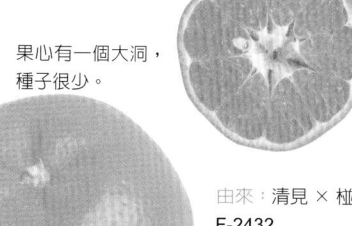

果心有一個大洞，
種子很少。

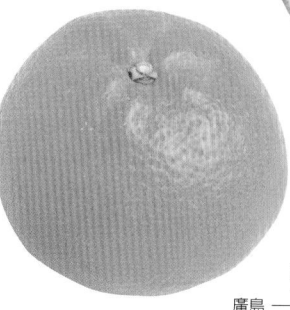

由來：清見 × 椪柑
F-2432
糖度：13%
主要產地：廣島縣、
愛媛縣

提供：JA 清水

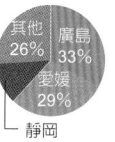

其他 26%　廣島 33%
愛媛 29%
靜岡 12%

上市時期
1 2 3 4 5 6 7 8 9 10 11 12 月

外觀看起來近似「椪柑」。果皮摸起來順滑，
可輕鬆用手剝皮，一片片享用果肉。糖度較
高，相較之下酸味並不明顯。

瀨戶香 *

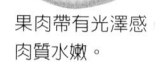

果肉帶有光澤感，
肉質水嫩。

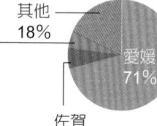

由來：（清見 × 安可
柑）× 茂谷柑
糖度：13%
主要產地：愛媛縣

其他 18%
廣島 5%
愛媛 71%
佐賀 6%

上市時期
1 2 3 4 5 6 7 8 9 10 11 12 月

由三種具有絕佳香味和滋味的品種育成，集
親本優點於一身的柑橘。帶有異國風味，香
氣濃郁，酸味較弱，甜味優雅，入口即化。
果皮很薄，容易剝除。

桶柑

屋久島桶柑
南薩摩桶柑
玉黃金桶柑

果皮很薄，容易剝除，
果肉濃密多汁。

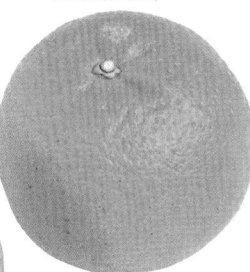

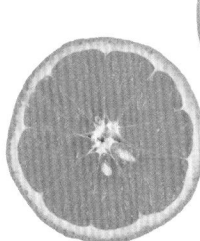

由來：椪柑 × 甜橙
糖度：13%
主要產地：鹿兒島縣

宮崎 1%
沖繩 13%
鹿兒島 86%

上市時期
1 2 3 4 5 6 7 8 9 10 11 12 月

原產於中國廣東省，大約 50 年前從中國傳入
日本。帶有濃郁甜味和適度酸味，近年來販
售通路愈來愈多。

甘平 *

愛媛 Queen
Splash

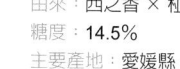

照片：愛媛縣

由來：西之香 × 椪柑
糖度：14.5%
主要產地：愛媛縣

果肉呈深橘色，
柔軟多汁。

愛媛 100%

上市時期
1 2 3 4 5 6 7 8 9 10 11 12 月

愛媛縣的原創品牌。果實重約 250 ～ 350g，
頗具分量。外型呈略顯扁平的球狀。果皮很
薄，可輕鬆剝皮，連同瓤囊一起享用果肉。
酸味較不明顯，帶有高雅濃郁的甜味。

---

memo 「清見」是 1979 年 6 月 29 日，由日本農林水產省命名的新品種，登錄名稱是「橘橙農林 1 號」。

紅瑪丹娜
愛媛果試第 28 號 *

由來：南香 × 天草
糖度：12%
主要產地：愛媛縣

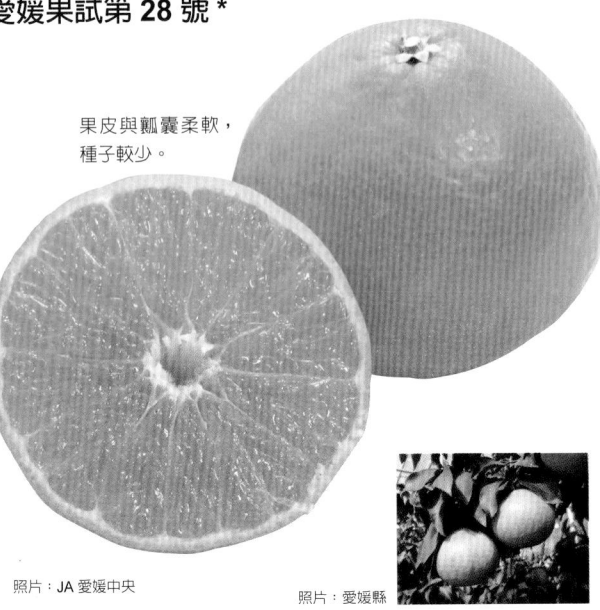

果皮與瓢囊柔軟，
種子較少。

愛媛
100%

照片：JA 愛媛中央

照片：愛媛縣

偏紅的美麗果實宛如貴婦，因此暱稱為「紅瑪丹娜」，深受消費者喜愛。果皮輕薄柔軟，容易剝除。果肉也很柔軟，富含果汁。酸味溫和，可充分享受甜味與香氣。

天草
美娘

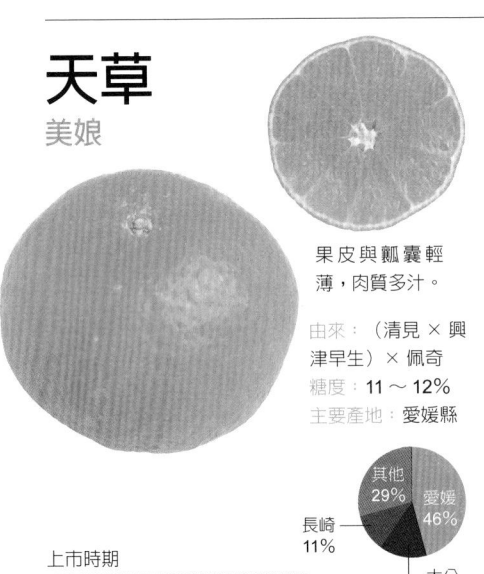

果皮與瓢囊輕薄，肉質多汁。

由來：（清見 × 興津早生）× 佩奇
糖：11 ～ 12%
主要產地：愛媛縣

其他
29%
愛媛
46%
長崎
11%
大分
14%

上市時期
1 2 3 4 5 6 7 8 9 10 11 12 月

1995 年完成品種登錄。入口即化的果肉酸味較弱，苦味較少，帶有芳醇的甜味。可像橘子一樣用手剝皮，但由於果汁較多，建議用水果刀切開來吃。

麗紅 *
濱崎

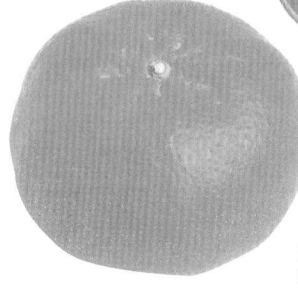

瓢囊較薄，方便食用。

由來：（清見 × 安可）× 茂谷柑
糖度：12%
主要產地：佐賀縣

廣島
8%
其他 12%
長崎
9%
佐賀
71%

上市時期
1 2 3 4 5 6 7 8 9 10 11 12 月

2004 年品種登錄。偏紅的橘色果皮可像橘子一樣，輕鬆用手剝除。裡面是飽含果汁的果肉，香氣濃郁，糖度較高，也是不可錯過的特點。

茂谷柑
Murcott

肉質柔軟多汁。

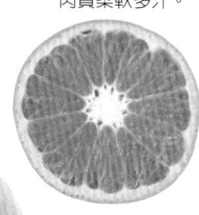

由來：不明
糖度：14%
主要產地：美國

澳洲 47% | 美國 53%
國別進口比例

上市時期
| 1 | 2 | 3 | 4 | 5 | 6 | 7 | 8 | 9 | 10 | 11 | 12 | 月

20世紀初在美國佛羅里達州開始栽種，1965年引進日本。外表看似橘子，但果皮不易剝除，建議切開食用。可盡情品嘗清爽甘甜。

少核茂谷柑
W-Murcott

由來：茂谷柑的枝變
糖度：15%
主要產地：美國

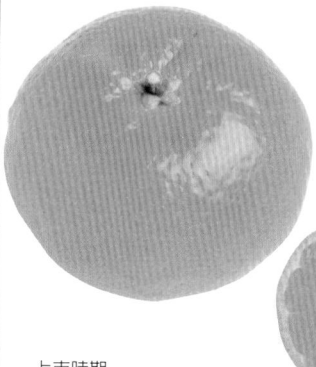

外表呈深橘色，果肉多汁。大多沒有種子。

上市時期
| 1 | 2 | 3 | 4 | 5 | 6 | 7 | 8 | 9 | 10 | 11 | 12 | 月

外觀極似「茂谷柑」，但直徑只有6cm，果實較小。果皮較薄，可用手輕鬆剝除，像橘子一樣一片片享用。主要產於美國加州與佛州。

安可柑
Encore

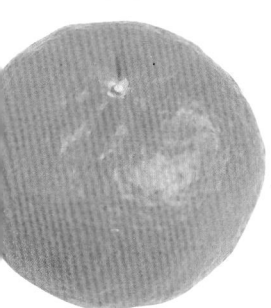

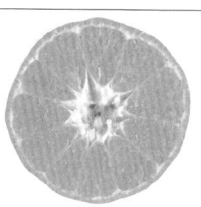

果肉顏色很深，富含果汁。

由來：King tangor × Willowleaf mandarin
糖度：13 ～ 15%
主要產地：愛媛縣

福岡 6% | 其他 4%
大分 20%
愛媛 70%

上市時期
| 1 | 2 | 3 | 4 | 5 | 6 | 7 | 8 | 9 | 10 | 11 | 12 | 月

美麗的橘色果皮與濃郁甘甜是最大特色。儘管出貨量不是很大，卻是採用溫室栽培的知名高級柑橘。可輕鬆用手剝皮，一片片享用果肉。

津之輝 *

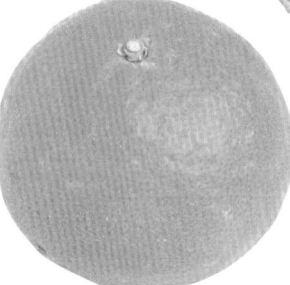

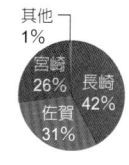

果肉顏色鮮豔，富含果汁。沒有種子。

由來：(清見 × 興津) × 安可柑
糖度：13%
主要產地：長崎縣、佐賀縣

其他 1%
宮崎 26% | 長崎 42%
佐賀 31%

上市時期
| 1 | 2 | 3 | 4 | 5 | 6 | 7 | 8 | 9 | 10 | 11 | 12 | 月

2007年登錄的品種，生產量逐年升高。帶有濃郁甜味，採用少加溫型溫室栽培的津之輝又大又甜。果皮易於剝除，瓣囊柔軟好吃。

肥之豐 *
肥後椪

果肉柔軟，富含果汁。

由來：不知火 × 茂谷柑
糖度：13%
主要產地：熊本縣

熊本
100%

上市時期
1 2 3 **4** 5 6 7 8 9 10 11 12 月

將香氣宜人，果皮易剝，種子少的「不知火」進一步改良而成的品種。酸味溫和，十分甘甜。有些產品以「肥後椪」之名販售。

瀨戶美 *
Yumehoppe

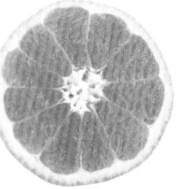

瓤囊較薄，方便食用，沒有種子。

由來：清見 × 吉浦椪
糖度：13.5%
主要產地：山口縣

山口
100%

上市時期
1 2 **3 4** 5 6 7 8 9 10 11 12 月

山口縣育成的原創品種。糖度 13.5% 以上、酸度 1.35 以下的瀨戶美，冠上「Yumehoppe」的品牌名稱販售。可輕鬆用手剝皮，果肉有顆粒感。

其他橘橙類品種

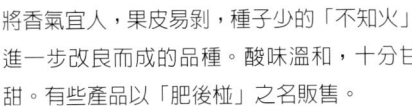

Tamami*	果皮為橙色，皮薄好剝。瓤囊如橘子柔軟，方便食用。 由來：清見 ×Wilking　主要產地：愛媛縣	Tamami 照片：JA 全農愛媛
毬姬 *	可用手剝皮，輕鬆享用。帶有甜橙般的清爽香氣，但味道濃郁。 由來：克里邁丁紅橘 × 南柑 20 號　主要產地：愛媛縣	照片：JA 愛媛中央
晴姬 *	外觀近似椪柑，果皮略厚，帶有橘子和甜橙的綜合風味。 由來：（清見 × 歐西歐拉）× 宮川早生　主要產地：愛媛縣	晴姬 照片：JA 愛媛中央
西之香 *	瓤囊較薄，方便食用。因散發甜橙香氣而得名。 由來：清見 × 特羅維塔甜橙　主要產地：廣島縣、愛媛縣	照片：愛媛縣
大將季 *	果皮與果肉顏色比不知火深。糖度較高，味道濃郁。鹿兒島誕生的品種。 由來：不知火的枝變　主要產地：鹿兒島縣	
安藝之輝 *	外型很像不知火，特色在於很快成熟。目前只在廣島縣種植。 由來：不知火的枝變　主要產地：廣島縣	
金元寶橘	果皮略厚，可用手輕鬆剝除。酸甜滋味適中，味道清爽。 由來：Wilking×Kincy　主要產地：美國	
Wilking	果皮為橙色，輕薄好剝。釋放獨特香氣，酸甜比例適中。 由來：King tangor×Willowleaf mandarin　主要產地：美國	
Summer 清見	亦稱為「光輝」。生產量少，屬於珍稀品種。糖度高，富含果汁。 由來：清見的枝變　主要產地：愛媛縣	Summer 清見
天香 *	1999 年品種登錄。最初是以「種植後今年內可採收的柑橘」為理念育成，從 12 月下旬即可採收。 由來：清見 × 安可柑　主要產地：愛媛縣	
Mihaya*	因富含具有抗癌等多重功效的隱黃素，備受注目的品種。2014 年完成品種登錄。 由來：清津之望 ×No.1408　主要產地：——	

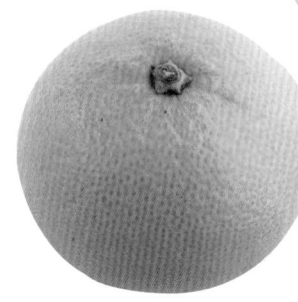

IV｜文旦
Pummelo

上市時期
| 1 | 2 | 3 | 4 | 5 | 6 | 7 | 8 | 9 | 10 | 11 | 12 | 月

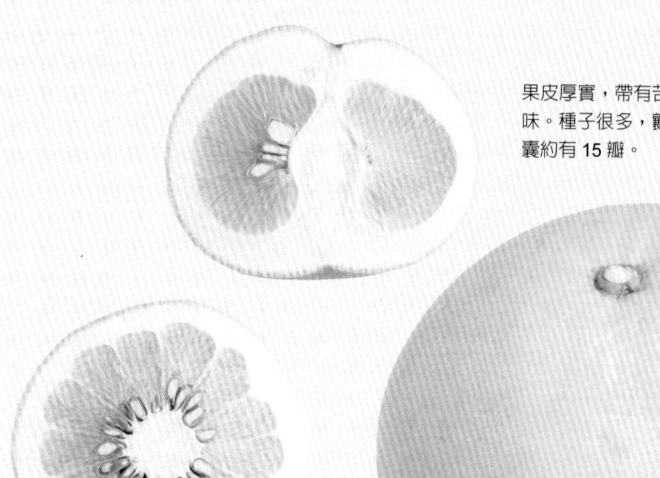

果皮厚實，帶有苦味。種子很多，瓤囊約有 15 瓣。

照片為土佐文旦

/ Data /

學名：*Cirus maxima*
分類：芸香科柑橘屬
原產地：馬來半島、印尼
主要成分（汁胞、新鮮）：熱量 38kcal、水分 89.0g、維他命 C 45mg、食物纖維 0.9g、鉀 180mg

　　文旦又稱「朱欒」、「柚子」。Pummelo 的語源來自葡萄牙文。在柑橘類中屬於果實較大的種類，厚實果皮帶有清爽風味和苦味，可用糖醃漬。日本各地開發出許多品種，包括香氣高雅的「土佐文旦」、果實大顆的「晚白柚」等。

挑選方式
外皮閃亮潤澤，蒂頭完整且無枯萎跡象者為宜。外觀呈「中廣型」球狀更好。拿起來感覺沉重，代表富含果肉與果汁。

保存法
避免陽光直射，放在通風良好的陰暗處。外皮接觸冷空氣容易變皺，若要冷藏保存，請先裝進塑膠袋裡。

賞味時期
在店面販售的文旦都是最好吃的時候。若不喜歡文旦的酸味，可先放在溫暖處幾天。熟透後酸味消失，甜味更上一層樓。

橘子・柑橘／文旦

土佐文旦

上市時期

| 1 | 2 | 3 | 4 | 5 | 6 | 7 | 8 | 9 | 10 | 11 | 12 | 月 |

果汁較少，口感清脆。種子較多。

由來：不明
糖度：——
主要產地：高知縣

高知縣從 1930 年左右開始栽培。每顆重達 400g 以上，屬於大型柑橘。果肉呈淺黃色，口感略硬，但香氣清爽，具有高雅甜味。可享受果粒的口感。鹿兒島縣稱為「法元文旦」。

晚白柚

上市時期

| 1 | 2 | 3 | 4 | 5 | 6 | 7 | 8 | 9 | 10 | 11 | 12 | 月 |

由來：不明
糖度：11.5%
主要產地：熊本縣

果肉為帶綠色的淺黃色，柔軟多汁，種子較多。

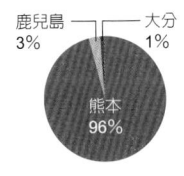

鹿兒島 3%　大分 1%
熊本 96%

1920 年從越南西貢植物園引進台灣，之後再傳入日本的鹿兒島縣和熊本縣。大小與人類頭部相仿，重達 2kg 左右。果肉多汁，甜味強烈，厚實果皮與白膜都能吃。

大橘
Sawa Pomelo
珍珠柑

果肉緊實，有顆粒
感。種子較多。

由來：不明
糖度：12 ～ 13%
主要產地：熊本縣

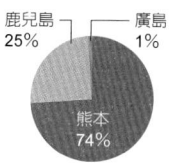

鹿兒島
25%　　廣島
　　　　1%

熊本
74%

由於果皮較厚，請先用刀子切開，
再用手剝皮。果肉甘甜，口感清脆。
鹿兒島縣產稱為「sawa pomelo」、
熊本縣產稱為「珍珠柑」。

水晶文旦

由來：晚王柑 × 土佐文旦
糖度：11 ～ 13%
主要產地：高知縣

果肉具有口感，水
嫩多汁。

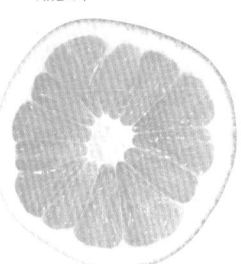

上市時期
1 2 3 4 5 6 7 8 9 10 11 12 月

採用溫室栽培，知名的高級文旦。產季初期
多為黃綠色，之後陸續出現黃色外皮的品項。
特色在於果皮順滑，果肉如水晶般透明，糖
度也高。

安政柑

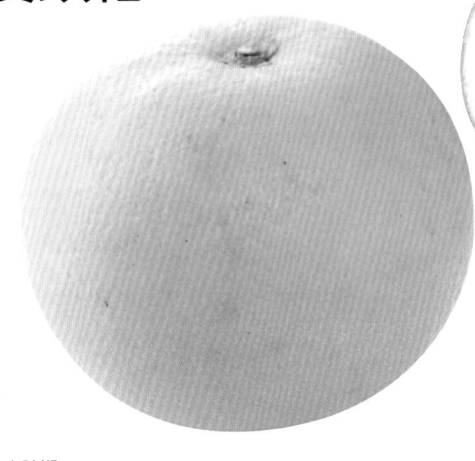

果肉為山吹色（金黃色），肉質較硬，果汁較少。

由來：不明
糖度：10%
主要產地：廣島縣

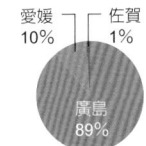

愛媛 10%　佐賀 1%
廣島 89%

上市時期
1 2 3 4 5 6 7 8 9 10 11 12 月

江戶時代末期的安政年間，在廣島縣舊因島市偶然發現的珍貴柑橘。相傳是「八朔」的原型。果實宛如人頭一樣大，甜味與酸味的結合十分清爽。

紅 Madoka

果肉為黃白色或黃色偏紅。

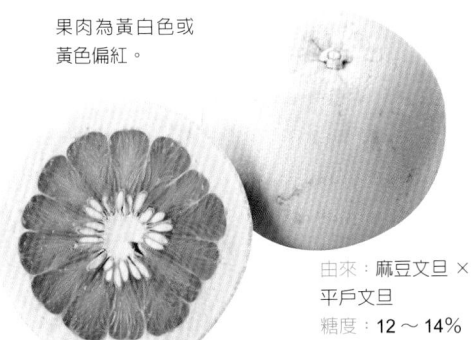

由來：麻豆文旦 × 平戶文旦
糖度：12～14%
主要產地：長崎縣

照片：農研機構

長崎 100%

上市時期
1 2 3 4 5 6 7 8 9 10 11 12 月

帶有檸檬色果皮的大型果實，每顆重約700g～1kg。果皮較厚，白膜部分也能吃。文旦特有的苦味不明顯，吃起來清爽甘甜，是其特色所在。

其他文旦品種

本田文旦（阿久根文旦）
可長至 1kg 的大型文旦，強烈酸味是其特色。常用來加工，做成糖果。
由來：不明　主要產地：鹿兒島縣

江上文旦
果肉帶有些微紅色，屬於紅肉文旦的一種。從江戶時代就有的品種，數量稀少。
由來：不明　主要產地：靜岡縣

晚王柑
產量不多，十分少見的晚生品種。口味清爽，甜味鮮明，果肉多汁。
由來：不明　主要產地：高知縣

果實呈房狀生長，原產於亞熱帶的水果

V | 葡萄柚
Grapefruit

上市時期

選購
Point

外觀呈正圓形
果皮緊實

大多沒有種子

果皮較厚

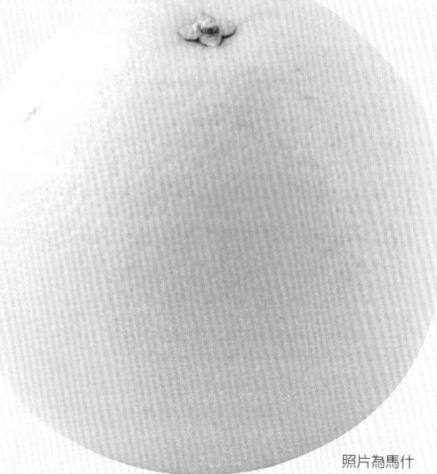

照片為馬什

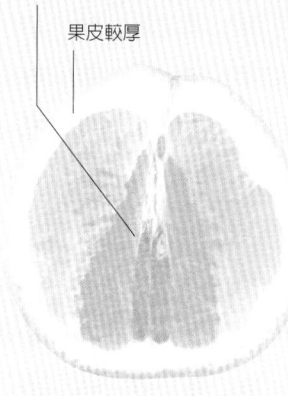

依品種不同，果肉分為黃
白色、粉紅色與紅色。基
本上中心附近有種子，但
數量因品種而異。瓣囊為
15～16 瓣。

大多數品種的
瓣囊較硬

果肉顏色為淺
黃～深紅

/ Data /

學名：*Citrus paradisi Macfad*
分類：芸香科柑橘屬
原產地：西印度群島（巴貝多）
主要成分（白肉種、汁胞、新鮮）：熱量
38kcal、水分 89.0g、維他命 C 36mg、食
物纖維 0.6g、鉀 140mg

　　一般認為葡萄柚是文旦與甜橙自然交配
的結果，18 世紀在西印度群島發現。名稱
的由來是因為果實如葡萄，呈房狀生長。其
特色是果實較大，帶有酸味和苦味。
　　常見的葡萄柚帶有黃白色與粉紅色果
肉，但也有甜味鮮明的「蜜羅金柚」與「白
金柚（sweetie）」等品種陸續上市。

白色花朵形成大花序，結出 4 ～
6 顆如葡萄般的房狀果實。樹高
可長至 15m。

105

| 挑選方式 | 形狀完美的正圓形，表皮光滑，緊實且具有光澤，感覺沉重的葡萄柚代表果肉紮實。 |

| 保存法 | 購買後可保存 1～2 週。裝入塑膠袋，放在通風良好的陰暗處保存。若要冷藏保存，過度低溫會影響風味，請務必放在蔬果保鮮室。 |

| 賞味時期 | 購入時就是最好吃的時候。若不喜歡葡萄柚的酸味，可洗去表面的蠟，追熟 2～3 天，酸味就會變弱，倍增甜味。 |

| 營養 | 富含維他命 C。維他命 C 具有預防感冒、消除疲勞、美容肌膚的功效。 |

主要進口國

美國產與南非產占極大比例，美國的主要產地是佛羅里達州。

以色列 2%　其他 1%
土耳其 2%
南非 43%
美國 52%

國別進口量比例（2015 年）

進口量與進口額的變化

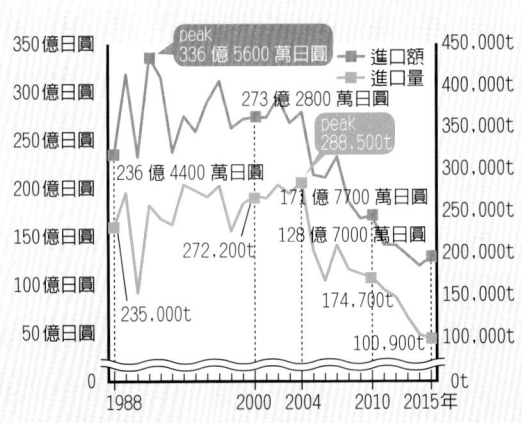

peak 336 億 5600 萬日圓
進口額
進口量
273 億 2800 萬日圓
peak 288,500t
236 億 4400 萬日圓
171 億 7700 萬日圓
128 億 7000 萬日圓
272,200t
235,000t
174,700t
100,900t

350 億日圓／300 億日圓／250 億日圓／200 億日圓／150 億日圓／100 億日圓／50 億日圓／0
450,000t／400,000t／350,000t／300,000t／250,000t／200,000t／150,000t／100,000t／0t
1988　2000　2004　2010　2015年

2004 年以後呈現下滑趨勢。或許是因為可以省略去酸的追熟過程，糖度較高的橘橙類和雜柑品種愈來愈多，葡萄柚的進口量就變少了。

（日本財務省貿易統計）

葡萄柚的種類

馬什（Marsh）
馬什白葡萄柚
馬什無籽葡萄柚

上市時期

1 2 3 4 5 6 7 8 9 10 11 12 月

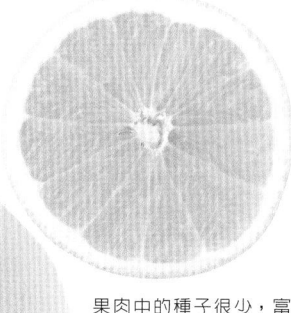

由來：鄧肯的突然變異
糖度：——
主要產地：美國、南非

果肉中的種子很少，富含味道清爽的果汁。

照片：水果安全之進口水果圖鑑

這是消費者最常在店面看到的基本品種，果肉為偏白的黃色。亦稱為「馬什白葡萄柚」。酸味強烈，可品嘗淡淡苦味。以佛州產和南非產為中心。

紅寶石
Ruby Red
Pink Grapefruit
Redblush

由來：湯普森的枝變
糖度：——
主要產地：美國、南非

果肉為帶紅的粉紅色，口感水嫩。沒有種子。

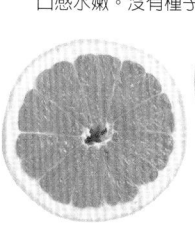
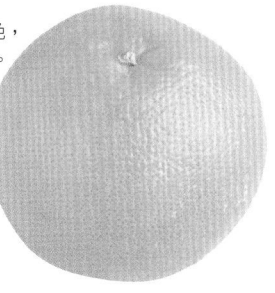

上市時期

1 2 3 4 5 6 7 8 9 10 11 12 月

亦稱為「粉紅葡萄柚」，果皮與果肉都偏紅。甜味比「馬什」鮮明，日本市面上的紅寶石以加州產和佛州產為主。

星光紅寶石（Star Ruby）

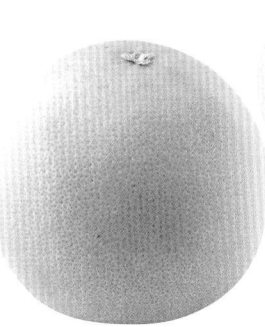
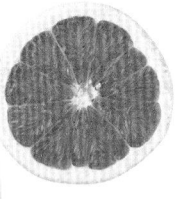

果肉顏色偏紅，口感水嫩，果汁較少。

由來：哈德森的突然變異
糖度：——
主要產地：美國

照片提供：水果安全之進口水果圖鑑

上市時期

1 2 3 4 5 6 7 8 9 10 11 12 月

誕生於美國德州的品種。果皮為偏紅的黃色，果肉比「紅寶石」的顏色更深。此品種的酸味和苦味較少，可品嘗到較鮮明的甜味。

白金柚
Oroblanco
Sweetie

橘子・柑橘／葡萄柚

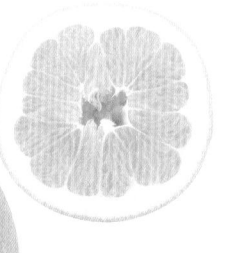

果皮較厚,果肉柔軟多汁,沒有種子。

由來:文旦 × 葡萄柚
糖度:11 ~ 12%
主要產地:以色列、美國

甘甜香氣十分獨特,果皮為綠色,果肉為淡黃色。酸味比一般葡萄柚弱,糖度較高。有加州產與以色列產,後者稱為「Sweetie」。

蜜羅金柚
Melogold

由來:文旦 × 葡萄柚
糖度:11 ~ 12%
主要產地:美國

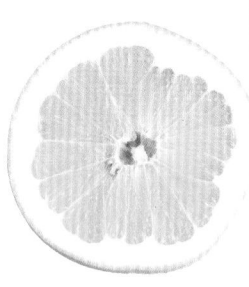
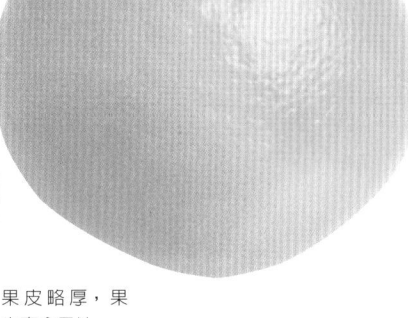

果皮略厚,果肉富含果汁。

美國加州誕生的新品種。果實體型較大,果皮為帶綠的黃色。蜜羅金柚在葡萄柚中糖度偏高,酸味不明顯。由於果皮較厚,先用刀切開再剝。

其他葡萄柚品種

里約紅	大多用來加工成果汁,果皮為帶紅的黃色,果肉為紅色。 由來:紅寶石的枝變　主要產地:美國
火焰	主要產自佛羅里達州,葡萄柚特有的苦味與較弱的酸味是其特色所在。 由來:紅寶石的枝變　主要產地:美國

VI 橘柚
Tangelos

果皮柔軟，瓤囊有 10～12
瓣。瓤瓣膜很薄，容易入口。
果肉為深橙色，有小種子。

照片為塞米諾爾

/ Data /

主要成分（塞米諾爾、汁胞、新鮮）：熱
量 49kcal、水分 86.0g、維他命 C 41mg、
食物纖維 0.8g、鉀 200mg

由橘子與葡萄柚，或橘子與文旦交配出
的品種稱為橘柚。橘柚的果皮較軟，可輕鬆
用手剝除。

市面上多為美國產，代表品種包括甜味
與酸味都很鮮明的「塞米諾爾」，還有其姊
妹品種，上方突出的「明尼」等。另有日本
產橘柚「甜春」，雖然流通量較少，但也頗
具代表性。

挑選方式 果皮顏色濃郁鮮豔，表皮緊緻有光
澤。拿起來感覺沉重，通常代表果
肉與果汁都很豐富。

保存法 保存在照不到陽光，通風良好的地
方。氣溫高的時候可裝進塑膠袋避
免乾燥，再放入冰箱冷藏。

賞味時期 陳列在貨架上的橘柚都處於最好吃
的時期。愈新鮮的橘柚，果肉愈多
汁，購買後應儘早吃完。

VI 橘柚的種類

橘子‧柑橘／橘柚

塞米諾爾
Seminole
Sun Queen
紅小夏

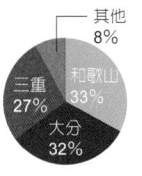

果肉為深橘色，富含水分。約有 30 顆小種子。

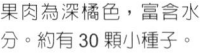
1 2 3 4 5 6 7 8 9 10 11 12 月

由來：鄧肯葡萄柚 × 丹西紅橘
糖度：——
主要產地：和歌山縣、大分縣

其他 8%
三重 27%
和歌山 33%
大分 32%

1910 年代於美國農業部實驗場誕生的品種。日本從 1955 年左右於各地栽培。特色在於果皮呈深橘色，甜味與酸味都很鮮明，散發強烈香氣。可輕鬆用手剝皮，但果汁較多，建議用刀切小塊較容易食用。

明尼
Minneola

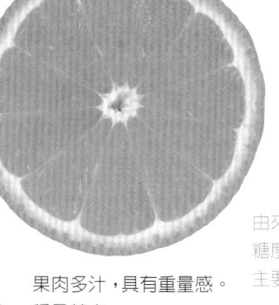

果肉多汁，具有重量感。種子較少。

由來：鄧肯葡萄柚 × 丹西紅橘
糖度：——
主要產地：美國

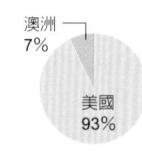

澳洲 7%
美國 93%

國別進口比例

上市時期
1 2 3 4 5 6 7 8 9 10 11 12 月

明尼是「塞米諾爾」的姊妹品種，果梗部往外突出，是其特色所在。具有甜味與酸味，香氣也很強烈。果皮雖厚，但可用手剝除食用，十分方便。市面上販售的多為加州產。

甜春

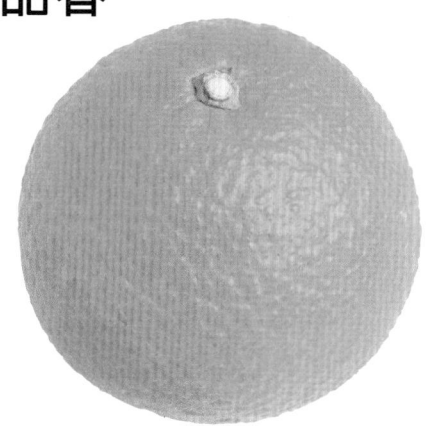

上市時期
1 2 3 4 5 6 7 8 9 10 11 12 月

由來：上田溫州 × 八朔
糖度：12 ～ 13%
主要產地：熊本縣

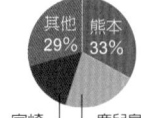

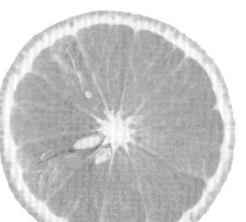

其他 29%
熊本 33%
鹿兒島 22%
宮崎 16%

果實顏色依時期從黃綠色轉變為橘色，表皮為綠色時，果肉其實已經成熟，可以食用。由於果皮較厚，不容易用手剝開。酸味較弱，可充分品嘗甜味。

肉質略硬，但充滿水分。

雞尾酒水果
Cocktail Fruit
Cocktail Grapefruit

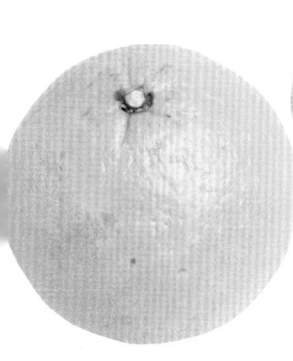

果肉帶有顆粒感，飽含水分。果心部有種子。

由來：文旦 × 橘子
糖度：──
主要產地：美國

上市時期
1 2 3 4 5 6 7 8 9 10 11 12 月

外型近似葡萄柚，但酸味較弱，帶有甜橙般的甜味，散發清爽香氣。果皮柔軟，可用手剝開。市面上以加州產為主。

Southern Yellow

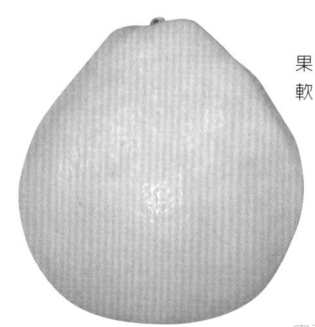

果肉為橘色，肉質柔軟，沒有種子。

照片：岩城物產中心股份有限公司

由來：谷川文旦 × 無核紀州
糖度，12%
主要產地：愛媛縣

上市時期
1 2 3 4 5 6 7 8 9 10 11 12 月

外型如西洋梨，具有獨特香氣。可用手剝除果皮，整片瓤囊一起入口。果肉多汁，帶有爽脆口感與清新甜味。市面上販售的產品主要為產地直送。

清爽滋味備受喜愛，多為日本原產

VII | 雜柑

上市時期

| 1 | 2 | 3 | 4 | 5 | 6 | 7 | 8 | 9 | 10 | 11 | 12 | 月 |

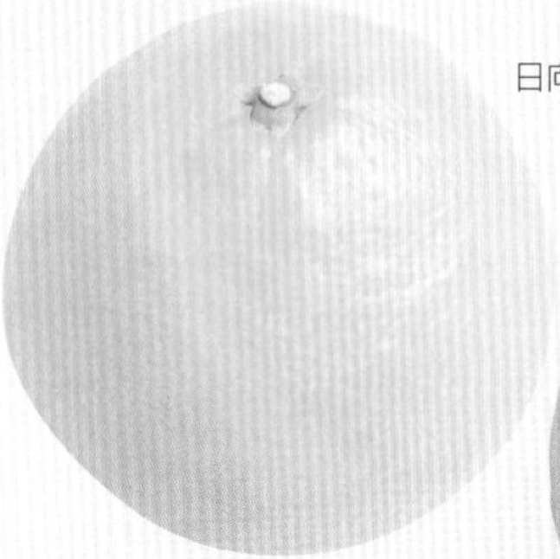

日向夏

選購
Point

顏色鮮豔
蒂頭無枯萎跡象

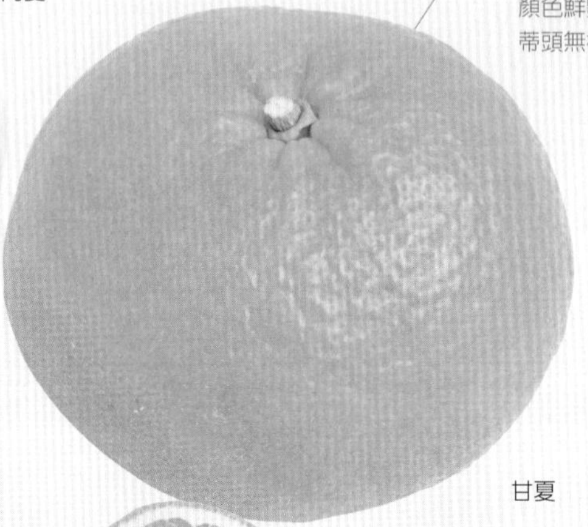

通常果皮較厚

甘夏

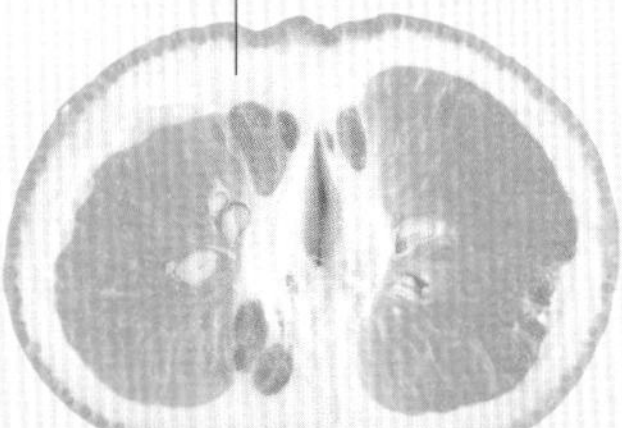

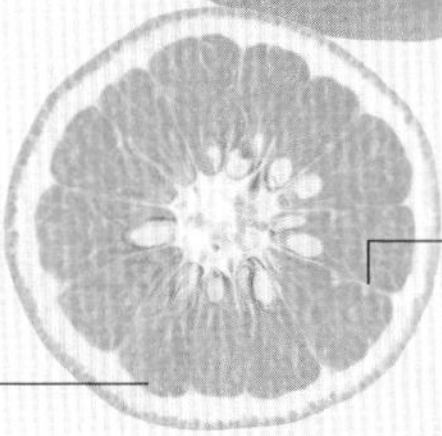

通常瓤囊較硬

果肉為黃
到深黃色

果肉有黃色系與
淡橙色兩種。瓤
囊有 10～14 瓣，
種子數量依品種
而異，有的很多；
有的很少。

/ Data /

主要成分（夏蜜柑、汁胞、新鮮）：熱量
40kcal、水分 88.6g、維他命 C 38mg、食
物纖維 1.2g、鉀 190mg

八朔的花

　　在柑橘類中，凡是起源不明者皆稱為雜
柑。一般認為雜柑是在果園或民宅庭院，經
由自然交配或基因突變偶然誕生。本書彙整
的雜柑也包括在此情形下誕生的品種。

　　雜柑無論在外觀或味道上都很豐富，有
些果皮很厚，果肉清脆；有些品種果肉多汁；
有些則是散發清爽香氣。

　　日本原產的雜柑為數眾多，大家最熟悉
的包括「夏蜜柑」、「八朔」、「甘夏」、
「河內晚柑」等。與其他柑橘一樣，雜柑也
有許多高糖度新品種陸續上市。

<table>
<tr><td>挑選
方式</td><td>果皮顏色鮮豔，蒂頭沒有枯萎跡象。具有重量感，湊近聞可聞到清甜香氣的產品最好。</td></tr>
<tr><td>保存法</td><td>放在不會直射陽光，風通良好的陰暗處保存。溫度最好保持在 3～5 度。氣溫較高的季節，請用塑膠袋裝著，放入冰箱冷藏。</td></tr>
<tr><td>賞味
時期</td><td>通常在市面上販售的都是熟成的產品。若不喜歡雜柑的酸味，可擺放幾天，待酸味退去，甜味就會變強。</td></tr>
<tr><td>營養</td><td>因品種而異，基本上都富含維他命 C。也有高含量檸檬酸，有助於消除疲勞。</td></tr>
</table>

品種別收穫量演進

「夏蜜柑」是歷史悠久的日本原產雜柑，但酸味太強，不受歡迎。隨著高糖度品種問世，「夏蜜柑」收穫量逐年下滑。

日本栽種的雜柑品種演進

夏蜜柑與八朔是從江戶時代傳承下來的品種，昭和之後糖度略高的甘夏登場。進入平成時代，又栽培出糖度更高的品種。

江戶 1603 ～ 1867	－ **1700 年** 夏蜜柑（山口縣） 最初是由一位名為西本於長的女性偶然發現種子，種植在庭院裡。後來傳至山口縣萩市，明治維新後大量栽種。 － **1860 年** 八朔（廣島縣） 在廣島縣因島偶然發現。生產量曾經名列柑橘類第三名，可惜因為不方便食用，近年來生產量下滑。
明治 1868~1912	
大正 1912~1926	
昭和 1926 ～ 1989	－ **1950 年** 甘夏（大分縣） 大約在 1700 年發現，但直到 1950 年才登錄苗種名稱。 － **1971 年** 夏蜜柑 甘夏 柑橘的代表種，受到葡萄柚進口自由化影響，產量愈來愈少。

平成
1989
~

－ 1996 年
春香（福岡縣）
偶然發現，已完成品種登錄。前所未有的甜味備受消費者青睞，收穫量愈來愈多。

－ 2000 年
湘南 Gold（神奈川縣）
在神奈川縣育成且完成品種登錄。適合種植於沿海地區。

橘子・柑橘／雜柑

主要產地與收穫量

愛媛縣與熊本縣的生產量最多，八朔是和歌山縣產量第一的品種；夏蜜柑大多種在鹿兒島縣。

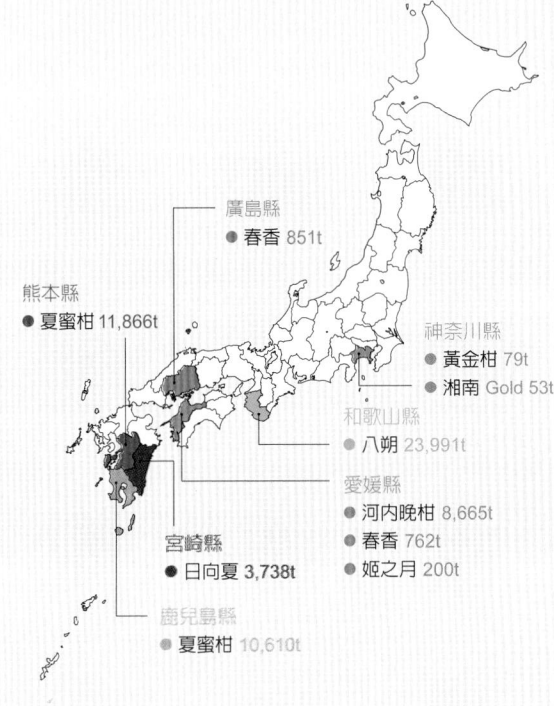

廣島縣
● 春香 851t

熊本縣
● 夏蜜柑 11,866t

神奈川縣
■ 黃金柑 79t
● 湘南 Gold 53t

和歌山縣
● 八朔 23,991t

愛媛縣
● 河內晚柑 8,665t
● 春香 762t
● 姬之月 200t

宮崎縣
● 日向夏 3,738t

鹿兒島縣
● 夏蜜柑 10,610t

品種別收穫量排行榜

1970 年

1　夏蜜柑
（含甘夏）
253,600t

2　八朔
76,300t

3　日向夏
1,463t

4　河內晚柑
3t

2013 年

1　夏蜜柑
（含甘夏）
40,018t

2　八朔
35,520t

3　河內晚柑
12,036t

4　日向夏
6,377t

5　春香
2,034t

6　姬之月
200t

7　黃金柑
124t

8　湘南 Gold
53t

即使到了平成以後，歷史悠久的品種仍然名列前茅，但個性化新品種的生產狀況也不容小覷。

（日本農林水產省　果樹生產出貨統計／日本農林水產省　特產果樹生產動態等調查 2013）

VII 雜柑的種類

以下有許多家喻戶曉的品種，包括無法納入其他種類的新品種，令人注目。

夏蜜柑

上市時期
1 2 3 4 5 6 7 8 9 10 11 12 月

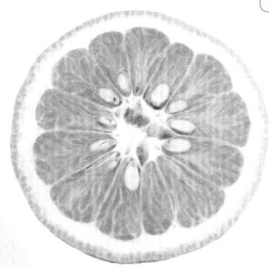

果肉呈麥芽糖色，果粒略粗，種子較多，約 20 ～ 30 顆。

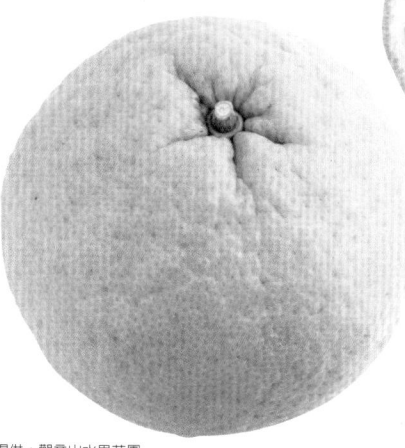

提供：觀音山水果花園

由來：不明
糖度：10 ～ 11%
主要產地：熊本縣、鹿兒島縣

其他 26%
熊本 30%
鹿兒島 27%
愛媛 17%

正式名稱為「夏橙」，亦稱為「夏柑」。1800 年左右傳入山口縣萩市，明治維新期間，新政府推動救濟政策，鼓勵失業士族栽種夏蜜柑。夏蜜柑富含果汁，甜味較弱，可品嘗到酸味和些微苦味。由於果皮較硬，應先用刀子切開再剝皮。

甘夏

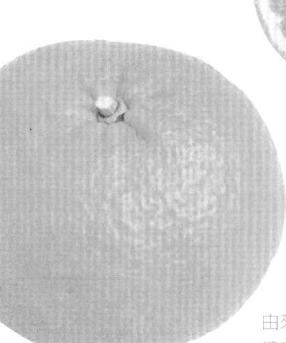

果皮與瓤囊都很厚，果肉帶有顆粒感。

由來：夏蜜柑的枝變
糖度：10 ～ 13%
主要產地：──

上市時期
1 2 3 4 5 6 7 8 9 10 11 12 月

正式名稱為「川野夏橙」。1935 年於大分縣津久見市發現。外觀近似「夏蜜柑」，酸味中帶有淡淡甜味，方便食用。請剝開瓤囊，取出果肉食用。

紅甘夏

由來：甘夏的枝變
糖度：──
主要產地：──

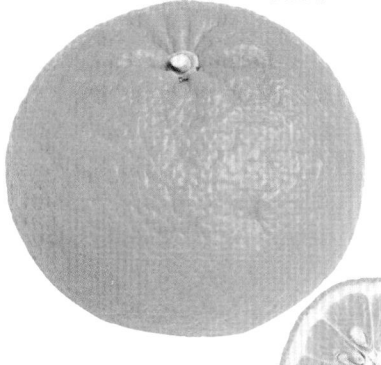

果肉比甘夏略紅。

上市時期
1 2 3 4 5 6 7 8 9 10 11 12 月

在熊本縣有明町（現天草市）發現的品種，外觀幾乎與「甘夏」一樣，但果皮與果肉比「甘夏」紅一些，甜味也較強。先用刀子切開，較容易剝皮。

八朔

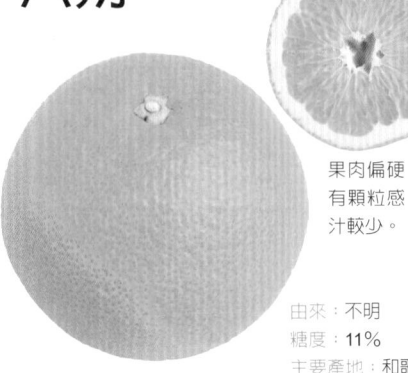
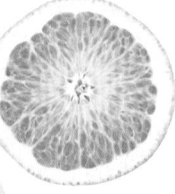

果肉偏硬,帶有顆粒感,果汁較少。

由來:不明
糖度:11%
主要產地:和歌山縣

愛媛 7%
廣島 20%
和歌山 68%

上市時期
1 2 3 4 5 6 7 8 9 10 11 12 月

一般將八朔歸類在文旦系統。1860 年左右,於現在的廣島縣因島發現。帶有清新香氣,適度的甜味與酸味,還有淡淡苦味。放在陰暗處可保存 2 ～ 3 週。

紅八朔

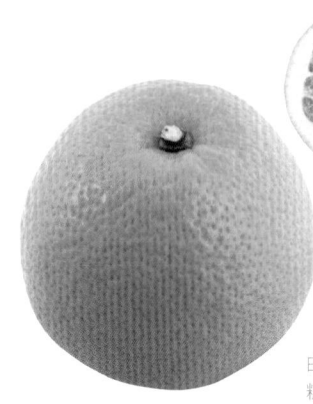

果肉為偏紅的橘色,肉質多汁。

由來:八朔的枝變
糖度:——
主要產地:廣島縣

上市時期
1 2 3 4 5 6 7 8 9 10 11 12 月

由於果皮偏紅,因此取名。甜味比「八朔」強烈,酸味和苦味較弱,即使是不喜歡酸味的人也能輕鬆入口。果肉柔軟多汁,十分特別。

河內晚柑

美聲柑、Juicy Orange、Juicy Gold、愛南 Gold（愛媛縣）、宇和 Gold（愛媛縣）、Nada Orange、夏文旦等

上市時期
1 2 3 4 5 6 7 8 9 10 11 12 月

由來:不明
糖度:——
主要產地:愛媛縣

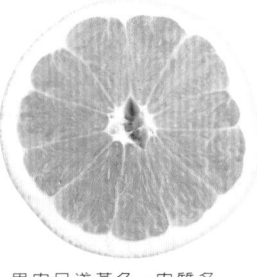

果肉呈淺黃色,肉質多汁,帶有淡淡苦味。通常沒有種子。

高知 2%
其他 1%
熊本 25%
愛媛 72%

1920 年左右在熊本市河內町發現的品種。味道依收穫期變化,3 ～ 4 月甜味與酸味強烈;愈接近夏季,味道愈清爽。果皮柔軟,十分好剝。販售名稱依產地不同。

日向夏

土佐小夏（高知縣）
新夏橙（愛媛縣）等

由來：不明
糖度：10%
主要產地：宮崎縣

上市時期
1 2 3 4 5 6 7 8 9 10 11 12 月

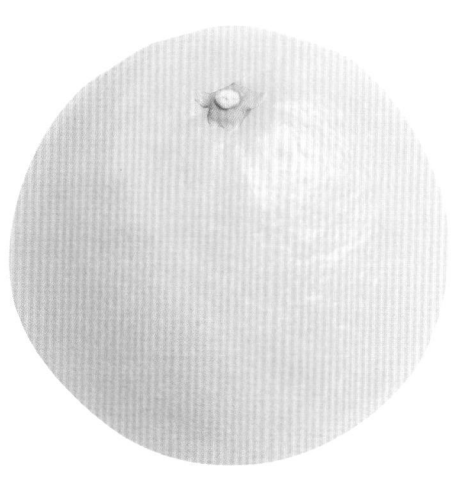

白膜部分較厚，帶有淡淡甜味。果肉呈淺黃色，肉質多汁。

江戶時代末期在宮崎市發現的品種。先削掉表皮的黃色部分，連同白膜一起切開，與果肉搭配享用。帶有適度甜味與酸味。販售名稱依產地不同。

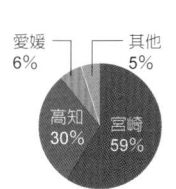

愛媛 6%　其他 5%
高知 30%　宮崎 59%

春香

沙拉蜜柑

通常果頂部有環狀凹陷。

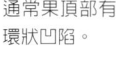

由來：日向夏的自然雜交實生
糖度：12%
主要產地：廣島縣

其他 7%
長崎 13%　廣島 42%
愛媛 38%

上市時期
1 2 3 4 5 6 7 8 9 10 11 12 月

1980 年於福岡縣發現的品種。果實呈現漂亮的檸檬色，表皮略顯粗糙。由於果皮和果肉不易剝開，建議用刀切片食用。幾乎沒有酸味，帶有清爽甜味。

姬之月 *

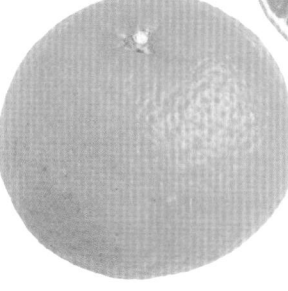

果肉為帶黃的橘色，富含果汁。

由來：安可柑 ×
日向夏
糖度：——
主要產地：愛媛縣

愛媛 100%

上市時期
1 2 3 4 5 6 7 8 9 10 11 12 月

2006 年完成品種登錄。果皮可輕鬆用手剝開，連同瓢囊食用。繼承了「安可柑」的甘甜和「日向夏」的清涼感，味道十分溫和。生產量少，屬於珍稀品種。

黃金柑
Golden Orange
黃蜜柑

由來：不明
糖度：——
主要產地：神奈川縣

靜岡 10% — ┌ 其他 4%

愛媛 23% / 神奈川 63%

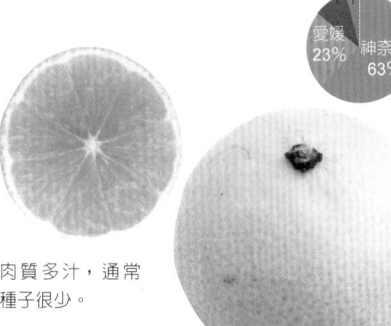

肉質多汁，通常
種子很少。

上市時期
1 2 3 4 5 6 7 8 9 10 11 12 月

明治時代鹿兒島縣開始栽種「黃蜜柑」。果皮為漂亮的金黃色，可用手輕鬆剝皮。帶有酸味的清爽甜味令人難忘。神奈川縣生產的黃金柑稱為「Golden Orange」。

湘南 Gold*

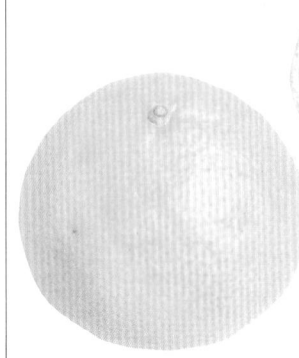

金黃色果肉富含
果汁，種子較少。

由來：黃金柑 × 今村溫州
糖度：11 ～ 12%
主要產地：神奈川縣

神奈川 100%

上市時期
1 2 3 4 5 6 7 8 9 10 11 12 月

花了 12 年進行改良，開發出這款比「黃金柑」大一圈又好剝皮的品種。帶有水嫩甘甜與芳醇香氣。近年來開始溫室栽培，生產量將愈來愈多。

三寶柑

由來：不明
糖度：15%
主要產地：和歌山縣

果肉呈淺黃色，甜味
與酸味都不明顯。

提供：觀音山水果花園

上市時期
1 2 3 4 5 6 7 8 9 10 11 12 月

和歌山縣的特產品。江戶時代，和歌山城內只有一株原木，城主將果實放在三寶（日本神道用的方形木器）上獻給將軍，因此得名。三寶柑的果皮較厚，卻能用手剝除，果肉帶有清爽甜味。

媛小春 *

瓤囊柔軟，果肉
多汁。

照片：愛媛縣

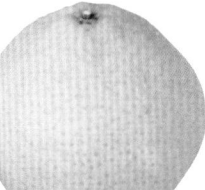

照片：JA 全農愛媛

由來：清見 × 黃金柑
糖度：12%
主要產地：愛媛縣

上市時期
1 2 3 4 5 6 7 8 9 10 11 12 月

2008 年完成品種登錄的新品種，只在愛媛縣生產。果皮呈鮮黃色，可像橘子一樣用手剝皮。甜味鮮明，帶有適度酸味，後味清爽。

橘子・柑橘／雜柑

春峰

由來：清見 × 水晶文旦
糖度：12 〜 13%
主要產地：和歌山縣

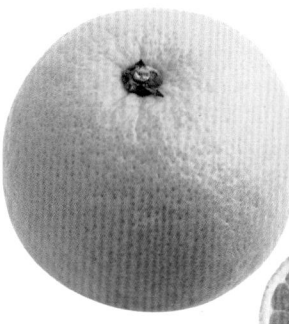

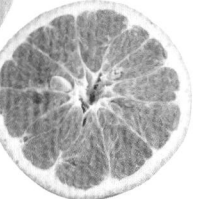

可用手剝皮，瓤囊比較薄。

提供：觀音山水果花園

上市時期
（1 2 3 4 5 6 7 8 9 10 11 12）月

1994 年完成品種登錄，由和歌山縣有田郡生產者育成的品種。目前生產量不多，但未來將會積極推廣，成為家喻戶曉的「春蜜柑」。

Suruga Elegant

外觀近似甘夏，但酸味較弱。

由來：谷川文旦 × 甘夏
糖度：10 〜 11%
主要產地：靜岡縣

上市時期
（1 2 3 4 5 6 7 8 9 10 11 12）月

1981 年 JA 靜岡市完成商標登錄的早生品種。帶有溫和甜味，酸味較弱，整體味道十分高雅。可直接吃，亦可做成柑橘醬或橘皮乾，口味絕佳。

弓削瓢柑

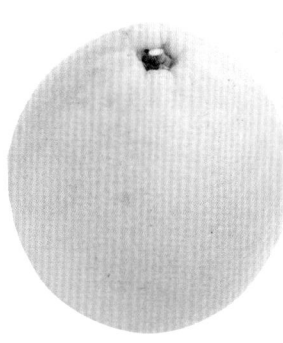

果肉為黃色，水嫩多汁，種子很少。

提供：（有）輝屋

由來：不明
糖度：——
主要產地：愛媛縣、廣島縣

上市時期
（1 2 3 4 5 6 7 8 9 10 11 12）

外觀看似表面粗糙的檸檬。帶有清爽酸味和淡淡苦味，不過仍能吃到鮮明的甜味。果皮較厚，可用手剝開。果肉緊實，口感很好。

其他雜柑品種

Sun Fruit
亦稱為「新甘夏」、「田浦柑」。不會太甜，適度酸味感覺清爽。
由來：甘夏的枝變　主要產地：和歌山縣、愛媛縣

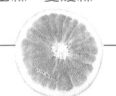

Marine Topaz
廣島縣只有一家生產的珍貴柑橘，文旦特有的苦味相當淡，肉質多汁。
由來：——　主要產地：廣島縣

提供：（有）輝屋

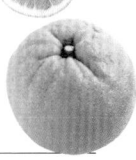

獅子柚
果皮較厚，果肉較少，因此主要作為觀賞用。亦有直徑 20cm 的大型果實。
由來：不明　主要產地：高知縣

Ⅷ 檸檬
Lemon

上市時期

| 1 | 2 | 3 | 4 | 5 | 6 | 7 | 8 | 9 | 10 | 11 | 12 | 月 |

選購
Point

果皮緊實有光澤
顏色均勻

照片為里斯本

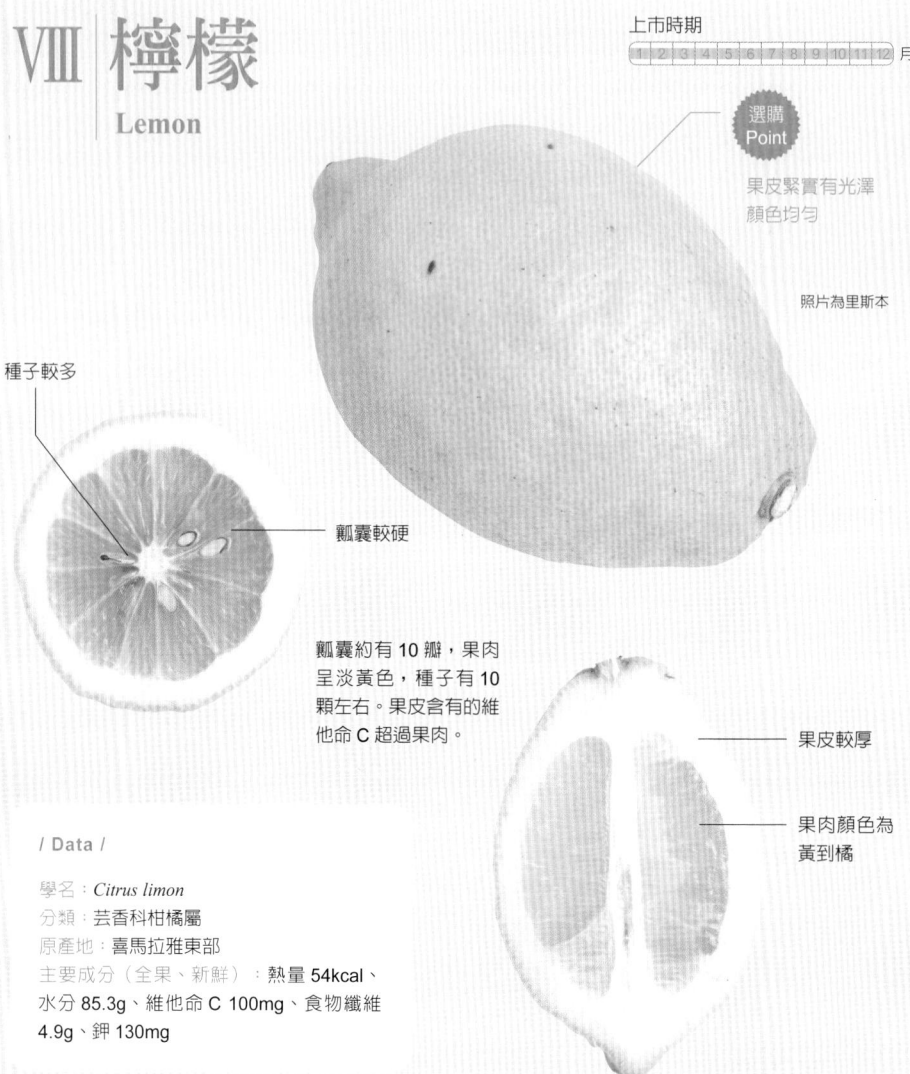

種子較多

瓢囊較硬

瓢囊約有 10 瓣，果肉
呈淡黃色，種子有 10
顆左右。果皮含有的維
他命 C 超過果肉。

果皮較厚

果肉顏色為
黃到橘

/ Data /

學名：*Citrus limon*
分類：芸香科柑橘屬
原產地：喜馬拉雅東部
主要成分（全果、新鮮）：熱量 54kcal、
水分 85.3g、維他命 C 100mg、食物纖維
4.9g、鉀 130mg

　　檸檬發祥於喜馬拉雅東部。義大利與西班牙從 15 世紀左右開始大量種植檸檬，哥倫布帶進美洲大陸。日本多為進口檸檬，其中以加州產為大宗。

　　近年來日本產檸檬逐漸受到消費者注目，雖然受到季節影響，仍持續進貨到超市，消費者隨時都能買到。初秋時期可買到外表為綠色的綠檸檬，冬至初夏則是黃檸檬登場。酸味較強、香氣清爽的「里斯本」是最具代表性的品種，無論進口或日本產皆以此品種居多。雖然數量不多，但日本消費者仍可在市場上看到富含果汁的「中國檸檬」。

挑選
方式 外型漂亮，果皮緊實有光澤，顏色均勻，沒皺紋。輕壓會回彈，感覺有重量感。

保存法 裝進塑膠袋，放入冰箱的蔬果保鮮室冷藏。常溫保存約 1 週，冷藏可保存 1 個月左右。亦可擠出果汁，冷凍保存。

賞味
時期 通常的做法是趁著果皮還是綠的時候採收，儲存一段時間成熟後再上市。因此，消費者買到的檸檬都是最好吃的時候。

營養 富含維他命 C 的代表水果。含有大量檸檬酸，有助於消除疲勞。

主要產地

瀨戶內一帶的生產量很高，廣島縣、愛媛縣占整體產量八成以上。

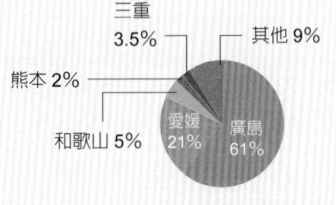

三重 3.5%
熊本 2%
和歌山 5%
其他 9%
愛媛 21%
廣島 61%

縣別收穫量比例（2013 年）

花苞呈淡紫色，開花後變白色。屬於四季開花，因此 5 月、7 月、10 月左右開花。開花後 6 個月，果實就會成熟。

國產檸檬收穫量與進口檸檬進口量演進

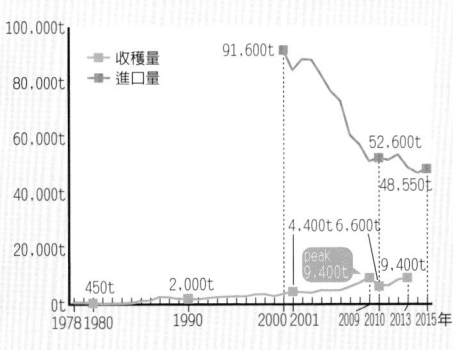

100,000t
80,000t
60,000t
40,000t
20,000t
0t

— 收穫量
— 進口量

91,600t
52,600t
48,550t
4,400t 6,600t
peak 9,400t
9,400t
450t
2,000t

1978 1980　　1990　　2000 2001　2009 2010 2013 2015年

直到幾年前，進口檸檬的數量仍居高不下。受惠於連皮一起使用的料理型態興起，日本產檸檬的需求量大增，使得日本產檸檬的產量愈來愈高。

（日本農林水產省　果樹生產出貨統計／日本財務省貿易統計 2013）

橘子・柑橘／檸檬

VIII 檸檬的種類

橘子・柑橘／檸檬

里斯本（Lisbon）

由來：不明
主要產地：美國、廣島

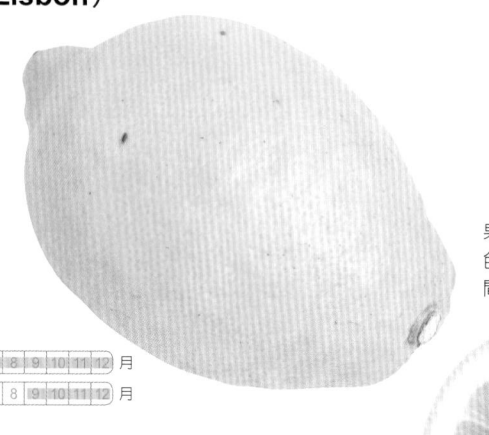

果肉為鮮豔的黃色，肉質多汁。中間有種子。

上市時期

| 進口 | 1 | 2 | 3 | 4 | 5 | 6 | 7 | 8 | 9 | 10 | 11 | 12 | 月 |
| 日本產 | 1 | 2 | 3 | 4 | 5 | 6 | 7 | 8 | 9 | 10 | 11 | 12 | 月 |

主要種植於加州內陸。在日本以「香吉士」品牌聞名，消費者可在水果行或賣場看到。果皮為鮮豔的黃色，香氣強烈，色澤漂亮。

中國檸檬（Meyer）

由來：在中國發現，與甜橙自然交配的品種
主要產地：紐西蘭

上市時期

| 1 | 2 | 3 | 4 | 5 | 6 | 7 | 8 | 9 | 10 | 11 | 12 | 月 |

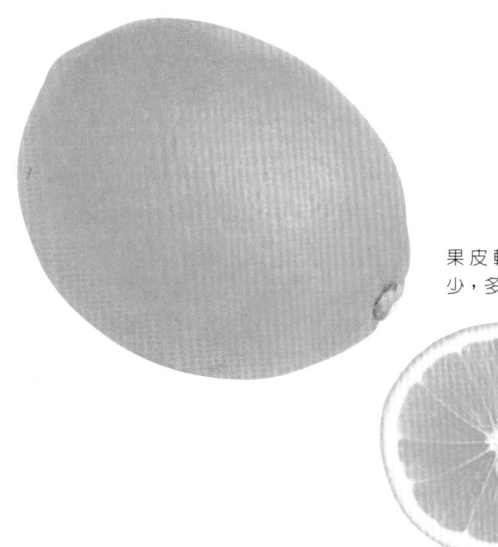

果皮較薄，苦味少，多汁。

外觀呈圓形，完熟後果皮接近橘色。充滿水果的味道，感覺甘甜，酸味溫和。大多為進口產品，但亦能買到日本產。

菊池檸檬

八丈島水果檸檬
小笠原檸檬

由來：不明
主要產地：東京都

上市時期
| 1 | 2 | 3 | 4 | 5 | 6 | 7 | 8 | 9 | 10 | 11 | 12 | 月

果皮柔軟，苦味與
酸味溫和。

1930 年，第一次有人將苗帶入八丈島。在果皮還是綠色的時候採收的檸檬稱為「小笠原檸檬」；在樹上完熟的黃色檸檬稱為「八丈島水果檸檬」。

照片：JA 東京島嶼
小笠原父島支店

姬檸檬

赤檸檬
紅檸檬

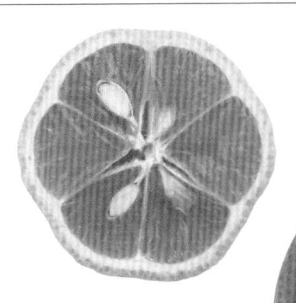

小巧多汁，酸
味強烈。

由來：不明
主要產地：愛媛縣、廣島縣

上市時期
| 1 | 2 | 3 | 4 | 5 | 6 | 7 | 8 | 9 | 10 | 11 | 12 | 月

原本分布在中國與印度，大小只有檸檬的一半。深橘色果皮和山椒般的香氣是其特色所在。整顆果實都能吃，果皮可切碎加入料理中。

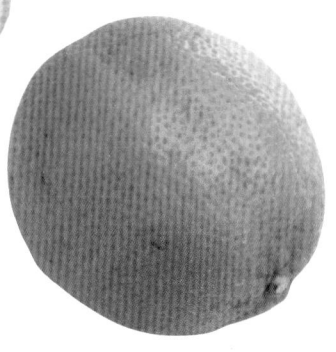

提供：岩城物產中心
股份有限公司

其他檸檬品種

優利加（Eureka）	原產於西西里島。尺寸略小，果皮為黃色。日本的進口檸檬多為此品種。 由來：不明　主要產地：美國
熱那亞	來自智利的熱那亞檸檬愈來愈多，香氣宜人，種子較少，富含果汁。 由來：不明　主要產地：智利
維拉法蘭卡（Villafranca）	原產於西西里島。戰前引進廣島縣，現在以廣島縣為主要種植區。 由來：不明　主要產地：義大利、廣島

memo　里斯本與日向夏雜交的「璃之香」糖度高達 9%，果汁含量高，是備受注目的新品種。2015 年完成品種登錄。

IX | 香酸柑橘

上市時期

| 1 | 2 | 3 | 4 | 5 | 6 | 7 | 8 | 9 | 10 | 11 | 12 | 月 |

橘子・柑橘／香酸柑橘

酢橘

選購 Point

香氣宜人
果皮感覺
與果肉緊密結合

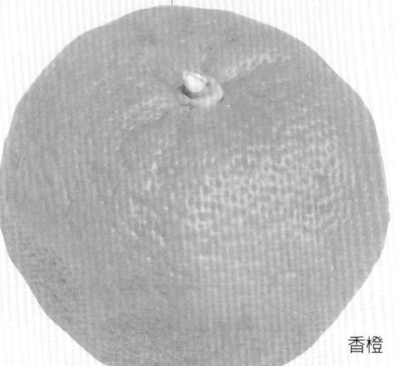

香橙

通常果皮較厚

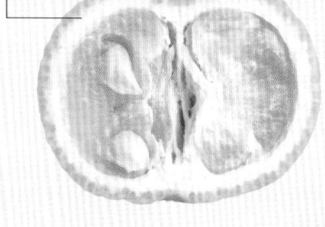

果肉顏色為黃到綠

瓤囊較硬

種子多

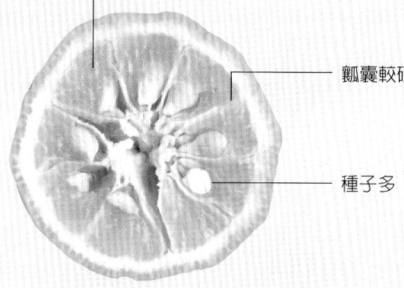

/ Data /

學名：*Citrus spp.*
分類：芸香科柑橘屬
原產地：喜馬拉雅、中國
主要成分（果汁、新鮮）：熱量 21kcal、
水分 92.0g、維他命 C 40mg、食物纖維
0.4g、鉀 210mg

果皮較薄且硬，瓤囊約有 10
瓣，果肉呈淡黃色或綠色。
種子約有 10～20 顆。

　　香酸柑橘指的是沒有甜味，無法直接食用，但富含酸味和香氣的柑橘類水果。日本在地的香酸柑橘約有 40 種，自古即在各地栽種。由於這個緣故，香酸柑橘與各地飲食文化息息相關，通常當調味料使用，為料理增香或提味。

　　日本最具代表性的香酸柑橘是「香橙」。從奈良時代栽培至今，以獨有的清爽香氣為特徵。此外，散發清新香氣的「酢橘」；酸味強烈的「臭橙」也很受歡迎。這些水果皆出自「香橙」系統。

挑選方式	果皮緊實，沒有起皺或浮起現象。蒂頭不枯萎即代表新鮮。建議將鼻子湊近，確認香氣。
保存法	為避免乾燥，用保鮮膜包起，放入蔬果保鮮室冷藏。若買回家不立刻使用，請將外皮洗淨，擦乾水分，冷凍保存。
賞味時期	若要削皮增添料理風味，亦可使用未成熟的產品。若要擠果汁喝，請選擇果皮顏色均勻的成熟水果。
營養	各品種的營養素不同，不過都富含有助於消除疲勞的檸檬酸與維他命 C。

「香橙」在 5 月開白色花朵，6 ～ 7 月結果。枝條向旁邊生長，結許多果實。

香橙、酢橘收穫量演進

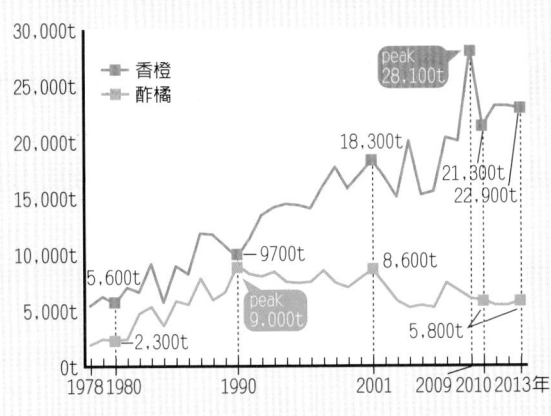

可能受到柚子胡椒與酸桔醋等加工品日益增加的影響，「香橙」的收穫量逐年增加。

（日本農林水產省　特產果樹生產動態等調查）

125

IX 香酸柑橘的種類

雖然在產地外並不出名，但大多是自古就在產地家喻戶曉的品種。

香橙

果肉為黃色，肉質多汁。也有無籽品種。

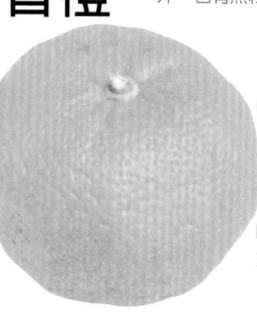
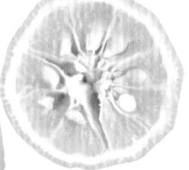

提供：JA 土佐安藝

由來：不明
主要產地：高知縣

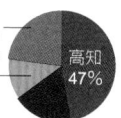

其他 23%
愛媛 12%
高知 47%
德島 18%

上市時期
1 2 3 4 5 6 7 8 9 10 11 12 月

原產地為中國，經由朝鮮半島傳入日本。果皮具有清爽香氣，果汁酸度較高，整顆香橙都能運用在料理之中。初夏上市的產品稱為「青柚」，秋季以後稱為「黃柚」。

臭橙

鮮黃色果肉富含果汁，可連皮榨汁。

由來：不明（香橙系統）
主要產地：大分縣

愛媛 3%
宮崎 1%
大分 96%

上市時期
1 2 3 4 5 6 7 8 9 10 11 12 月

大分縣特產品，亦稱為「香母酢油」。外觀很像酢橘，但體型較大，約重 100g。完熟果實為黃色，綠色時期酸味較強，散發獨特香氣。

酢橘

由來：不明（香橙系統）
主要產地：德島縣

佐賀 2%
高知 1%
德島 97%

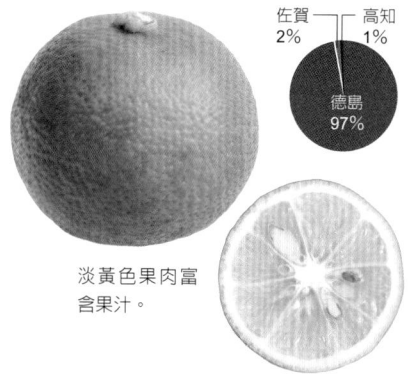

淡黃色果肉富含果汁。

上市時期
1 2 3 4 5 6 7 8 9 10 11 12 月

德島縣特產品，亦稱為「阿波蜜柑」、「Sudachi」。一顆只有 30～40g，體型小巧，採收成熟前的綠色果實。帶有清爽香氣與酸味，果皮柔軟，可以食用。

賈巴拉柑橘

橘色果肉富含水分，種子少。

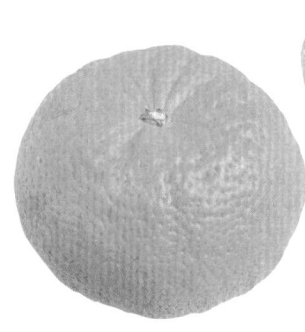

由來：不明
主要產地：和歌山縣

三重 19%
愛媛 15%
和歌山 66%

上市時期
1 2 3 4 5 6 7 8 9 10 11 12 月

賈巴拉柑橘起源於自然生長在和歌山縣北山村的一株原木。與其他香酸柑橘相較，酸甜滋味搭配得宜，帶有些許苦味，是其最大特色。可在陰暗處保存 3 個月。

memo 德島縣利用「酢橘」和「香橙」交配出新品種「阿波鈴香」，預計 2020 年問世。

餅柚
佛手柑
土佐柚

由來：不明
主要產地：高知縣

富含酸味十足的果汁，果皮不帶苦味，可以切碎提味用。

照片：高知縣農業技術中心果樹實驗場

上市時期
(1) 2 3 4 5 6 7 8 9 10 11 12 月

餅柚是四國與九州自古就有的柑橘，現為高知縣土佐市、安藝市與四萬十市的特產品。由於果皮就像剛搗好的麻糬（日文漢字為餅膚），因此取名為餅柚。口味清爽的果汁最常當調味料使用。

平兵衛酢

果皮較薄，富含果汁，種子較少。

由來：不明
主要產地：宮崎縣

照片：JA 宮崎經濟連

上市時期
(1) 2 3 4 5 6 7 8 9 10 11 12 月

宮崎縣日向市的特產品。發現於江戶時代末期，以發現者的名字命名。香味優雅，酸味溫和，味道順口。露地栽培的平兵衛酢每年 8 ～ 10 月採收。

橙

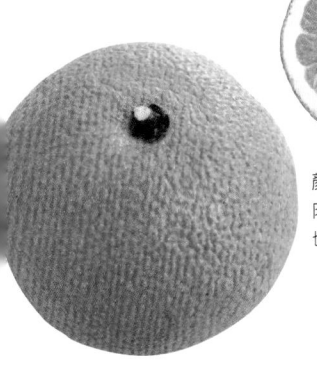

顏色鮮豔的黃色果肉富含果汁，種子也很多。

由來：不明
主要產地：愛媛縣

上市時期
(1) 2 3 4 5 6 7 8 9 10 11 12 月

原產於印度喜馬拉雅地區，從中國傳入日本。酸味強烈，具有獨特香氣。另有「回青橙」品種，此品種的果實若在樹上過冬，果皮會再變回綠色。

 column
鹿兒島的珍稀品種
川畑蜜柑

「川畑蜜柑」是發祥於鹿兒島縣南薩摩市川畑地區的柑橘，即使是現在，在產地仍為珍稀品種。直到戰前，在川畑地區提到橘子，指的一定是川畑蜜柑，普及程度由此可見一斑。名字雖是蜜柑，外觀顏色卻像「日向夏」，香氣近似「香橙」。酸味略強，果皮較硬，應先以刀子切開再剝皮。

 column
在義大利為加工用柑橘
日本則為鑑賞用的佛手柑

「佛手柑」原產於印度，裡面幾乎都是白膜，無法直接食用。但由於香氣宜人，日本人拿來當成過年時的裝飾品；義大利人則是做成柑橘醬或糖漬水果。

照片：愛媛縣

酸食

由來：不明
主要產地：沖繩縣

果皮較薄，果肉多汁，中心有種子。

鹿兒島 1%

沖繩 99%

上市時期

| 1 | 2 | 3 | 4 | 5 | 6 | 7 | 8 | 9 | 10 | 11 | 12 | 月 |

原生於沖繩與台灣的柑橘，亦稱為「扁實檸檬」。通常市面上販售的都是稱為「青切」，尚未成熟的青澀果實，味道如檸檬一樣酸。成熟後酸味會變溫和。

萊姆

由來：不明
主要產地：墨西哥、愛媛縣

愛媛 100%

果皮較薄，果肉為帶綠的淡黃色。果肉多汁，幾乎沒有種子。

上市時期

| 進口 | 1 | 2 | 3 | 4 | 5 | 6 | 7 | 8 | 9 | 10 | 11 | 12 | 月 |
| 日本產 | 1 | 2 | 3 | 4 | 5 | 6 | 7 | 8 | 9 | 10 | 11 | 12 | 月 |

消費者最熟知的是「大溪地萊姆」與「墨西哥萊姆」。日本販售的萊姆以墨西哥萊姆為主。味道如檸檬一樣酸，帶有獨特的苦味和香氣。

---

column 地球暖化的產物——日本產香檸檬登場

「香檸檬」是種植於南義大利、摩洛哥等溫暖地區的柑橘。由於苦味強烈，一般人不會吃果肉或喝果汁，但其含有的精油香氣成分，經常用來為伯爵茶增添香氣，或當成香水原料使用。日本於 2014 年成功在高知縣以溫室栽種，經過 5 年的努力，終於開始生產。

高知縣原本就是蜜柑與柑橘類的主要產地，不過，隨著地球暖化日益嚴重，若平均氣溫上升 1.5 度，高知縣就不適合種植溫州蜜柑。為了避免這個問題，未雨綢繆的生產者開始改種適應溫暖氣候的「香檸檬」。高知縣也是日本屈指可數的紅茶產地，因此正在研發具有日本產香檸檬味道的日本產伯爵茶。

日本產香檸檬香氣馥郁，未成熟的青果與成熟果實皆可利用。用來為紅茶增添香氣的，通常是青澀果實。

從果皮萃取的精油通常用來增添香氣。

不只是果實，枝條和葉片也散發清新香氣。

無須剝皮，可整顆吃

X 金桔
Kumquat

上市時期

1	2	3	4	5	6	7	8	9	10	11	12	月

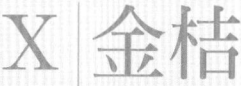

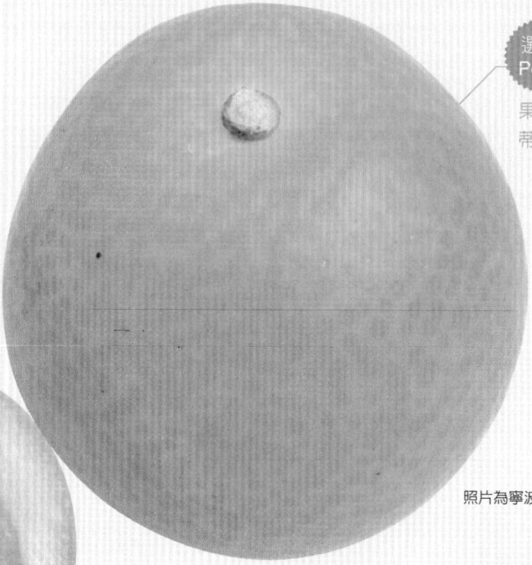
選購
Point
果皮亮澤
蒂頭沒有枯萎跡象

照片為寧波金桔

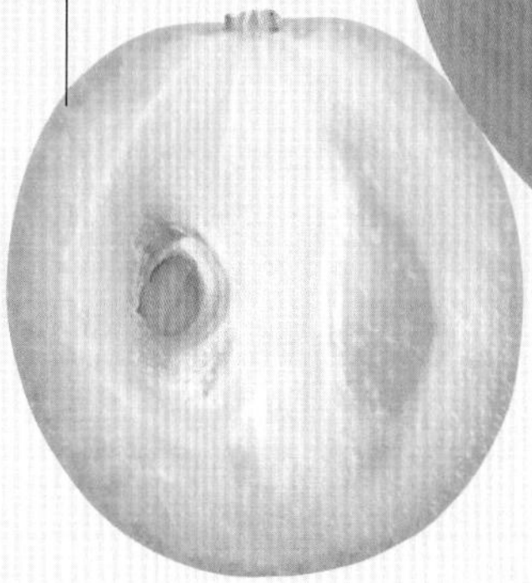
果皮較厚

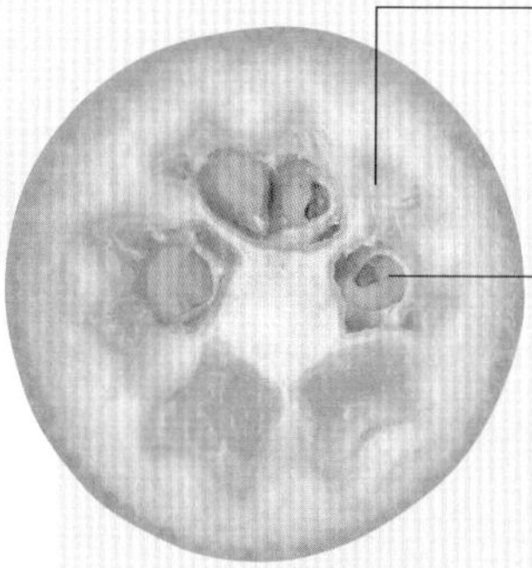
果肉顏色為橘色
種子較多
（亦有無籽品種）

果皮較厚，瓤囊約有 5 瓣，
種子有 5 顆左右。果肉較少，
果皮部分富含營養和甜味。

/ Data /

學名：*Fortunella*
分類：芸香科金桔屬
原產地：中國
主要成分（全果、新鮮）：熱量 71kcal、水分 80.8g、維他命 C 49mg、食物纖維 4.6g、鉀 180mg

金桔原產於中國，特徵是外皮部分帶有獨特甘甜與淡淡苦味。近年採用溫室栽培的品種可以整顆生吃，陸續推出許多糖度較高的產品。宮崎縣的品牌「玉玉」（Tamatama）最受歡迎。亦有無籽的「小丸」等品種。

此外，金桔自古就是家庭常備的止咳藥物。

挑選方式	果皮為帶紅的深橘色，帶光澤者為佳。蒂頭不可乾枯或蔫萎，拿在手上要有沉重感。
保存法	購買後可常溫保存1週。若無法立刻吃完，請裝進塑膠袋，放入冰箱的蔬果保鮮室冷藏，可保存2週。
賞味時期	由於是完熟後採收，消費者買到的都是最當令的金桔。
營養	富含可預防感冒、美容肌膚的維他命C，食物纖維也很豐富。

6～8月開花。花謝後會結直徑2cm左右的果實，冬季成熟，外皮轉為黃色。

主要產地

宮崎縣約占整體的七成，生產量遙遙領先。

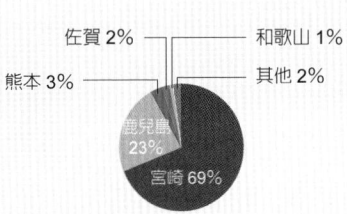

和歌山 1%
佐賀 2%
其他 2%
熊本 3%
鹿兒島 23%
宮崎 69%

縣別收穫量比例（2013年）

收穫量演進

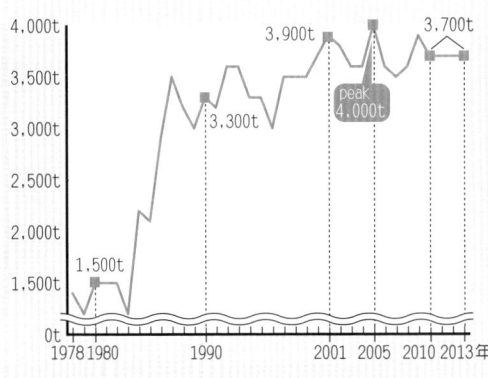

4,000t
3,900t
3,700t
3,500t
3,300t
3,000t
2,500t
2,000t
1,500t
peak 4,000t
0t
1978 1980　1990　2001 2005 2010 2013年

與其他柑橘一樣，1980年以後收穫量愈來愈高。

（日本農林水產省 特產果樹生產動態等調查）

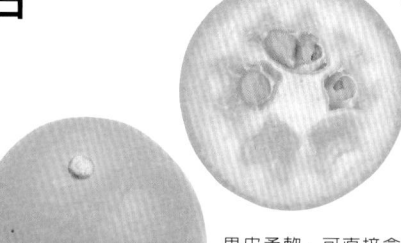

寧波金桔
Neihakinkan
玉玉
頂級玉玉

由來：不明
糖度：16%
主要產地：宮崎縣

果皮柔軟，可直接食用。果肉與果汁較少。

上市時期
1 2 3 4 5 6 7 8 9 10 11 12 月

寧波金桔是日本大量栽種的品種，特色在於果實較大。「玉玉」是宮崎縣的地區品牌名，直徑超過28mm，糖度超過16％。「頂級玉玉」的直徑為32mm、糖度18%以上。

近太 *

由來：寧波金桔的枝變
糖度：20%
主要產地：靜岡縣

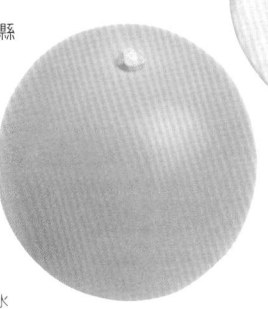

果皮部分較厚，甜味十足。果肉與果汁較少。

提供：JA清水

上市時期
1 2 3 4 5 6 7 8 9 10 11 12 月

只在靜岡縣栽培的稀有金桔。直徑約3cm，呈球形。幾乎沒有酸味，可說是柑橘類中最甜的品種，平均糖度超過20％。果皮厚實柔軟，頗具口感。

---

 column　金桔的無籽品種「小丸」、「宮崎夢丸」

「寧波金桔」是日本自古廣泛栽種的食用金桔，由於種子較多，吃起來不太方便。於是生產者積極育成無籽品種，於2002年開發出「小丸」。2010年誕生了收種期較早，糖度超過20％的品種「宮崎夢丸」。無籽品種的優點在於美味又好加工，生食之外的商業需求也頗令市場期待。

照片為「宮崎夢丸」。此為新品種，生產量較少，未來會陸續上市。

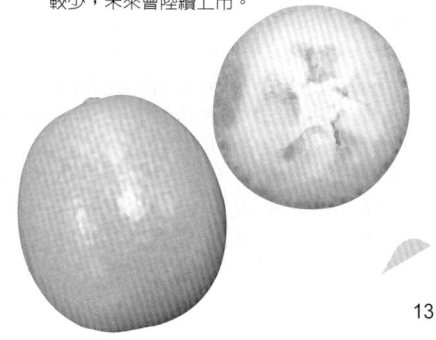

主要柑橘大小比較圖

citrus

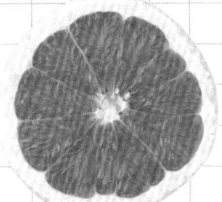

星光紅寶石
P107（12cm）

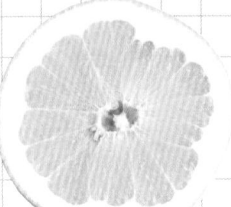

蜜羅金柚
P108（13cm）

晚白柚
P102（16cm）

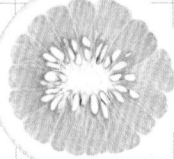

大橘
P103（11cm）

土佐文旦
P102（11cm）

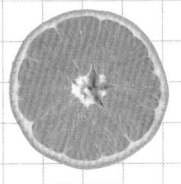

瀨戶香
P97（9cm）

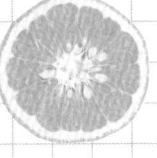

甘夏
P115（8.5cm）

春香
P117（8cm）

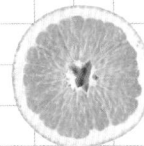

八朔
P116（8cm）

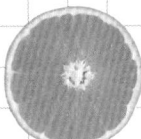

清見
P96（8cm）

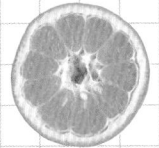

伊予柑
P96（8cm）

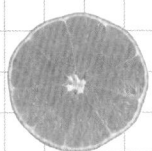

天草
P98（8cm）

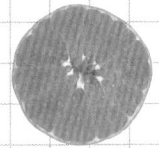

甘平
P97（8cm）

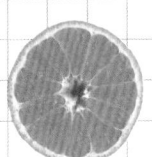

不知火
P96
（7.5cm）

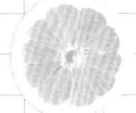

日向夏
P117（7cm）

河內晚柑
P116（7cm）

里斯本
P122（7cm）

明尼
P110（7cm）

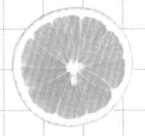

中國檸檬
P122（6.5cm）

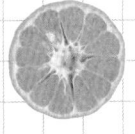

椪柑
P86（6.5cm）

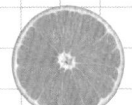

臍橙
P91（6cm）

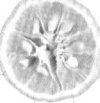

香橙
P126（6cm）

溫州蜜柑
P84（6cm）

臭橙
P126（5cm）

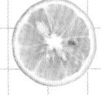

酢橘
P126（4cm）

酸食
P128（3.5cm）

寧波金桔
P131（3cm）

※ 數值為直徑。此為平均大小的概略比較，水果個體差異甚大，此圖僅供參考。

橘子・柑橘

從「等級」看出水果的「格」

等級是水果的評選標準之一。
了解等級排行，就能提升挑選水果的眼光！

　　日本農家採收的水果會在出貨前加上「等級」，等級的先後順序是販售價格的標價基準。

　　等級種類因水果種類、產地和市場規定稍有差異。一般來說，最高級的品質稱為「特秀、特選」，最低等級為「良良」，中間細分好幾個等級。主要從外型、果皮顏色等外觀遴選，決定級別。此外，蘋果、梨、柿子、桃子、洋香瓜等水果，也會使用糖度計（光感應式）決定等級。

　　另一方面，水果大小以「階級」分類。從 L 到 S。

　　通常上述資訊會標註在紙箱側面，各位如果遇到整箱販售的水果，不妨仔細確認。

等級 〈外型、果皮顏色〉
特秀、特選
秀
赤秀
青秀
優
良
良良

階級〈大小〉
3L
2L
L 大
L
特 M
M
S
2S

依「階級」遴選大小，再於各個尺寸挑選出優劣「等級」。舉例來說，「3L／良」代表「雖然果實很大顆，但表面輕微受損」；「L／特秀」代表「大小適中，外表漂亮，最適合送禮」。可從上述資訊做出判斷。

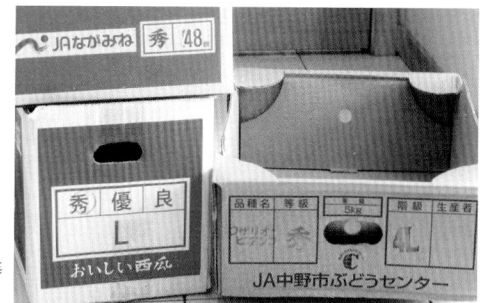

箱子側面有標註等級與階級的欄位。

靜岡縣產皇冠洋香瓜擁有獨特的評斷標準

　　「靜岡皇冠洋香瓜」（→ P202）是高級洋香瓜代名詞，擁有獨特的分類等級，由上至下分別為富士、山、白、雪。從重量、姿態、外型優劣、網目粗細、生產者排名等項目嚴格挑選。通常1000 顆皇冠洋香瓜中，只會選出 1 顆等級最高的「富士」，可說是極為珍貴少見的頂級精品。

等級
富士
山
白
雪

核果

桃子、梅子、櫻桃等
中間有一顆大種子（核）的果實稱爲核果。
正確來說，核是內果皮，裡面包覆一顆種子。
鮮豔的黃色桃子、具有健康功能的梅子等
新品種備受消費者注目。

I 桃子

▶ P136

● **桃子的果實結構及名稱**

核果 DATA

生產量演進

（單位：萬噸）

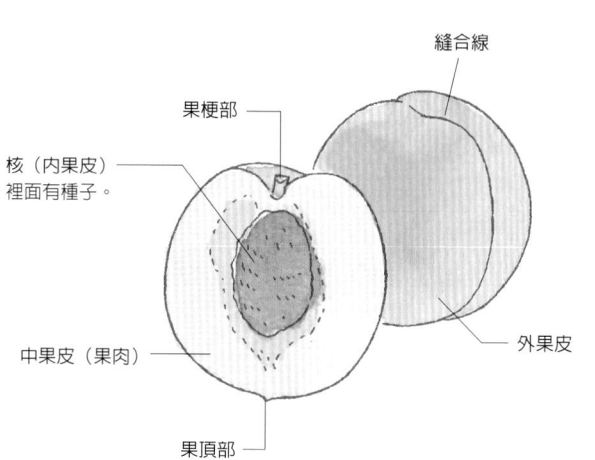

縫合線

果梗部

核（內果皮）
裡面有種子。

中果皮（果肉）

外果皮

果頂部

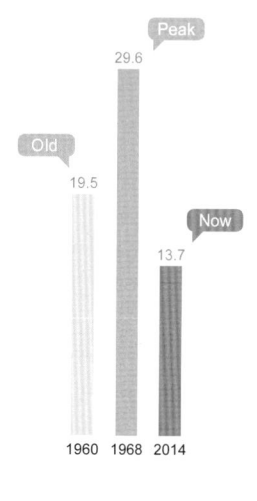

Peak

29.6

Old

19.5

Now

13.7

1960　1968　2014

VII 櫻桃

▶ P167

● **櫻桃的果實結構及名稱**

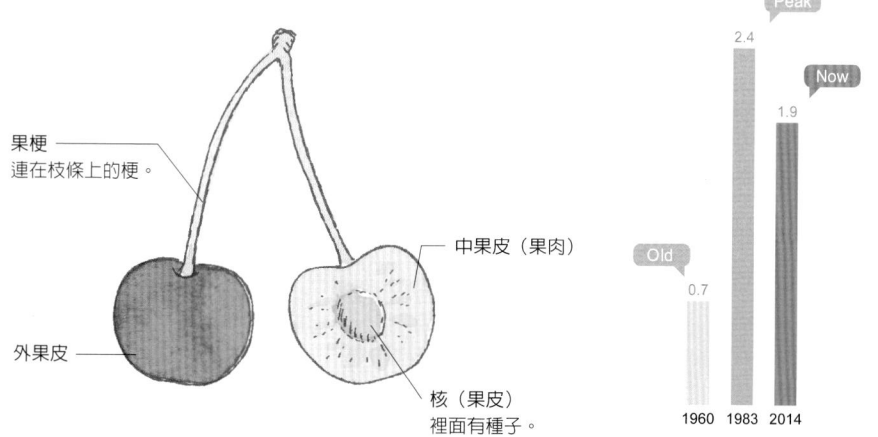

果梗
連在枝條上的梗。

中果皮（果肉）

外果皮

核（果皮）
裡面有種子。

Peak

2.4

Now

1.9

Old

0.7

1960　1983　2014

（日本農林水產省　糧食需給表　國內生產量明細）

盡情品嘗豐富果汁和柔軟果肉

I｜桃子
Peach
桃

選購
Point

輕輕觸摸
感覺柔軟
不可用力按壓

照片為白鳳

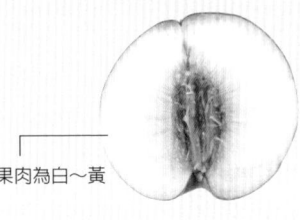

果肉為白～黃

4 月初開粉紅色花朵，開花型態分成開出大花瓣的正常開花，與開出小花瓣的雌蕊裸出。果實結在前一年生長的枝條上。

通常為扁平形～圓形

分為果皮有毛與無毛品種

花朵子房發達，形成果肉。果肉為白色或黃色，肉質有柔軟與硬脆兩種。中間的核裡有一顆種子。

中間有一條直向延伸的縫合線，此處甜味最低，與其相對的部位最甜。此外，甜度從連結枝條的果梗部到果頂部愈來愈高。

/ Data /

學名：*Prunus persica* seib.
分類：薔薇科李屬
原產地：中國
主要成分（日本產、新鮮）：熱量 40kcal、水分 88.7g、維他命 C 8mg、食物纖維 1.3g、鉀 180mg

　　桃子自古就是日本常見的鑑賞用果實，明治時代從中國與歐美引進食用品種。如今經過品種改良，已開發出 100 個以上的品種。日本產的桃子大多是富含果汁，口味甘甜的品種，水蜜桃就是最經典的例子，因此備受海外消費者青睞。

　　包括山梨縣與福島縣在內的東日本以種植「曉」、「白鳳」為主；岡山縣等西日本地區是「清水白桃」這類果肉柔軟多汁品種最大的產區。與白桃相較，黃桃的果肉較緊實，不易散開，因此過去大多用來做成罐頭等加工食品。如今也推出適合生吃、糖度較高的黃桃品種，深受歡迎。此外，最近也有愈來愈多經過品牌化的桃子，出貨前會檢查糖度等產品品質，維持一定水準。

核果／桃子

挑選方式	外型飽滿圓潤，輕輕觸摸感覺柔軟者佳。整顆果皮均勻覆蓋一層絨毛。桃子不耐按壓，按壓處容易受損，請務必輕輕觸摸。
保存法	過度冷藏容易減損甜味，建議在吃之前的 2～3 小時冷藏即可。用報紙一顆顆分別包覆未熟果實，放在常溫下追熟，待果實變軟至自己喜歡的口感即可。
賞味時期	即使摸起來較硬，成熟後依舊不會減損甜度。果皮與果軸四周的果皮不再偏綠，即代表果實成熟。果皮只要輕輕拉起就能順利剝除。
營養	雖沒有含量特高的營養成分，但營養比例相當均衡。雖然口感甘甜，熱量卻不高，加上含有檸檬酸，是最適合消除疲勞，提振食慾的水果。

主要品種譜系圖

明治時期發現的白桃具有重要歷史地位，誕生出「白鳳」、「曉」等優秀的後代品種。

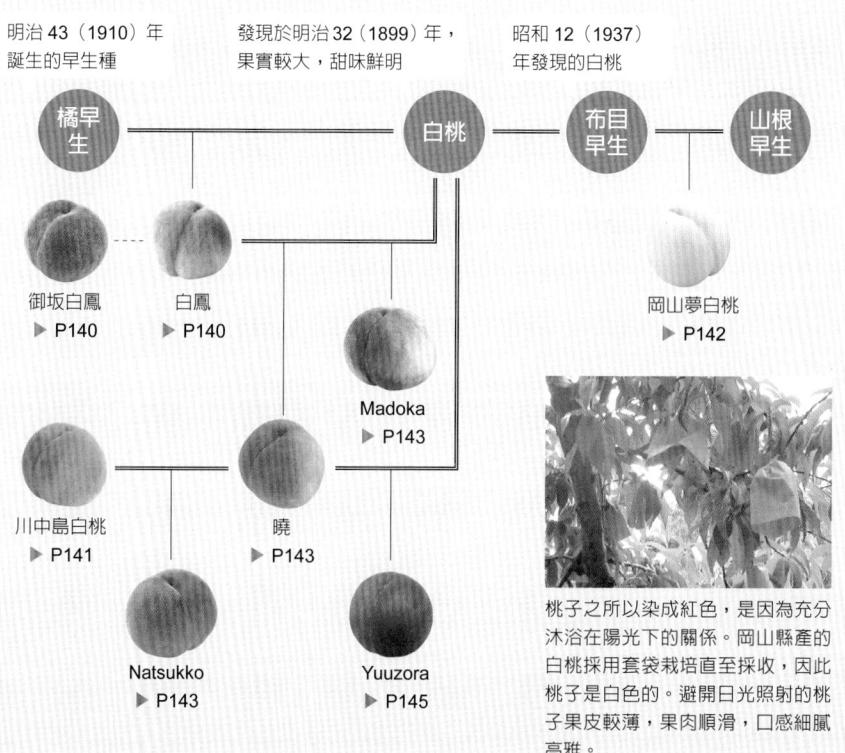

明治 43（1910）年誕生的早生種

發現於明治 32（1899）年，果實較大，甜味鮮明

昭和 12（1937）年發現的白桃

橘早生

白桃

布目早生

山根早生

御坂白鳳
▶ P140

白鳳
▶ P140

岡山夢白桃
▶ P142

Madoka
▶ P143

川中島白桃
▶ P141

曉
▶ P143

Natsukko
▶ P143

Yuuzora
▶ P145

桃子之所以染成紅色，是因為充分沐浴在陽光下的關係。岡山縣產的白桃採用套袋栽培直至採收，因此桃子是白色的。避開日光照射的桃子果皮較薄，果肉順滑，口感細膩高雅。

主要品種上市時期　　盛產季初可買到高甜度的溫室桃子，7～9月也是許多品種的產季。

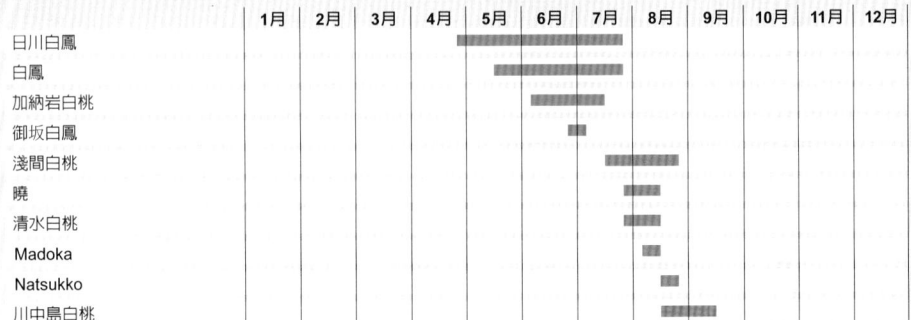

	1月	2月	3月	4月	5月	6月	7月	8月	9月	10月	11月	12月
日川白鳳					▓▓▓	▓▓▓						
白鳳					▓▓▓	▓▓▓						
加納岩白桃					▓▓	▓▓						
御坂白鳳						▓						
淺間白桃							▓▓▓					
曉							▓▓					
清水白桃							▓▓					
Madoka							▓					
Natsukko								▓▓				
川中島白桃								▓▓				

日本育成品種演進　　明治時期從中國引進的上海水蜜桃日漸普及，從中選拔適合日本栽種的品種。昭和之後各縣實驗場積極改良品種，不斷進行雜交育成。

明治
1868
〜
1912

－明治 32（1899）年
白桃（岡山縣）
在大久保重五郎的果園內發現，從上海水蜜桃品系衍生的品種。過去受到氣候影響，日本不容易種出桃子，從中選拔適合日本氣候的品種。

大正
1912~1926

昭和
1926
〜
1989

－昭和 7（1932）年
清水白桃（岡山縣）
由西岡仲一交配出的品種。肉質比「白桃」柔軟，很容易受損，當時費了很大的工夫才順利問世。

－昭和 7（1932）年
白鳳（神奈川縣）
在神奈川縣雜交命名。肉質比「白桃」柔軟，培育出栽種面積第一名的「曉」，現為栽種面積第二名的桃子。

－昭和 52（1977）年
川中島白桃（長野縣）
在長野縣農園發現偶發實生苗，成功培育的品種。不僅好吃，又耐保存，備受消費者好評，現為栽種面積第三名的人氣桃子。

平成
1989
〜

－平成 12（2000）年
Natsukko（長野縣）
在長野縣果樹實驗場育成登錄的品種。糖度較高，品質優良，備受消費者注目。

－平成 17（2005）年
岡山夢白桃（岡山縣）
岡山縣農業綜合中心育成登錄的品種。果實較大，糖度高且容易栽培，成為岡山縣深受期待的次世代白桃品種。

核果／桃子

收穫量演進

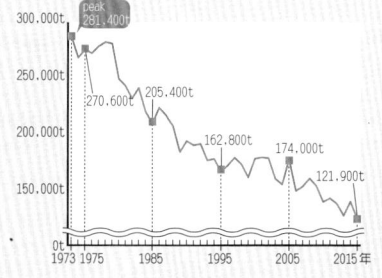

收穫量比 40 年前衰退一半以上。

（日本農林水產省　果樹生產出貨統計）

主要產地與栽種面積

山梨縣與福島縣為兩大產地。從收穫量比例來看，岡山縣雖然比其他縣少，卻是知名的套袋栽培白桃產地。

福島縣
- 曉 906ha
- 川中島白桃 251ha
- Madoka 129ha

長野縣
- 川中島白桃 267ha

岡山縣
- 清水白桃 243ha

山梨縣
- 白鳳 631ha
- 日川白鳳 541ha
- Natsukko 132ha
- 御坂白鳳 150ha
- 加納岩白鳳 126ha

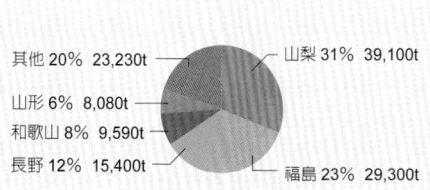

縣別收穫量與比例（2013 年）

其他 20%　23,230t
山形 6%　8,080t
和歌山 8%　9,590t
長野 12%　15,400t
山梨 31%　39,100t
福島 23%　29,300t

品種別栽種面積排行榜

2001 年

 1　白鳳　1,682ha

 2　曉　1,433ha

 3　川中島白桃　1,261ha

4　日川白鳳　804ha

 5　清水白桃　445ha

 6　淺間白桃　428ha

 7　長澤白鳳　294ha

 8　一宮白桃　263ha

 9　山根白桃　196ha

 10　八幡白桃　187ha

2013 年

 1　曉　1,738ha

 2　白鳳　1,438ha

3　川中島白桃　1,265ha

 4　日川白鳳　1,001ha

 5　淺間白桃　378ha

 6　清水白桃　373ha

 7　Natsukko　249ha

 8　御坂白鳳　180ha

 9　加納岩白鳳　176ha

 10　Madoka　166ha

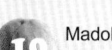

2007 年栽種面積第一的「曉」，占整體栽種面積的 18% 多。綜觀第二名以後的排名，人氣品種「白鳳」品系與「白桃」品系依舊名列前茅。

（日本農林水產省　果樹生產出貨統計／特產果樹生產動態等調查／果樹品種別生產動向調查 2013）

I 桃子的種類

不只是白鳳、白桃等人氣品種，以加工成罐頭食品為主的黃桃品種也陸續增加。

白鳳

上市時期
(1 | 2 | 3 | 4 | 5 | 6 | 7 | 8 | 9 | 10 | 11 | 12)

由來：白桃 × 橘早生
糖度：12 ～ 13%
主要產地：山梨縣

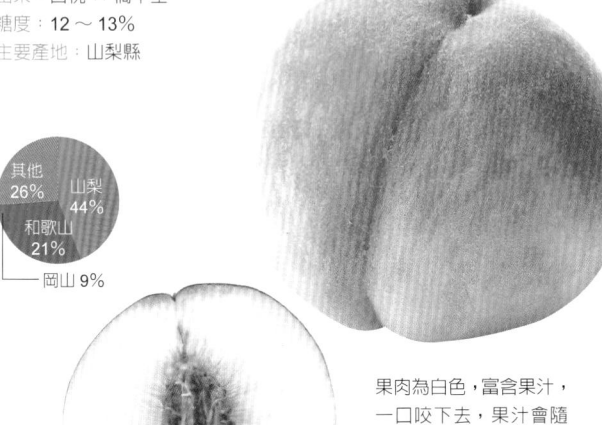

其他 26%
山梨 44%
和歌山 21%
岡山 9%

果肉為白色，富含果汁，一口咬下去，果汁會隨之滴落。

桃子的代表品種之一。果肉細緻，口感順滑，入口即化，深受消費者青睞。由於酸味較弱，苦味清淡，因此吃起來特別甜。最近還有果實較大的品種。果皮為白底染上鮮豔的紅色。

日川白鳳

果實呈漂亮的圓形，白色果肉帶著些微紅色。

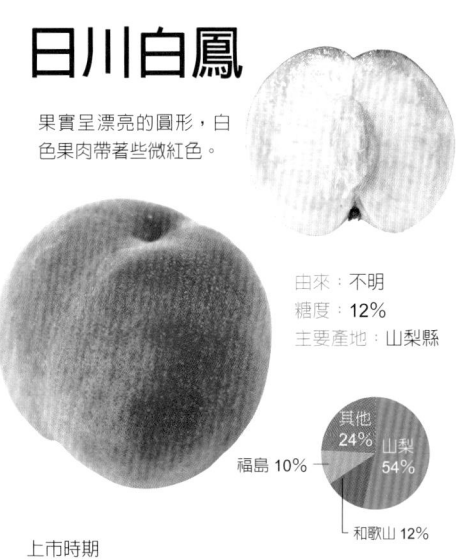

由來：不明
糖度：12%
主要產地：山梨縣

其他 24%
山梨 54%
福島 10%
和歌山 12%

上市時期
(1 | 2 | 3 | 4 | 5 | 6 | 7 | 8 | 9 | 10 | 11 | 12) 月

1981 年完成品種登錄時，以為是「白鳳」枝變，但 2002 年農研機構進行基因鑑定，確認並非如此。日川白鳳是早生的代表品種，酸味較少，帶有清爽甜味。

御坂白鳳

果肉為美麗的白色。

由來：白鳳的枝變
糖度：12 ～ 14%
主要產地：山梨縣

其他 17%
山梨 83%

上市時期
(1 | 2 | 3 | 4 | 5 | 6 | 7 | 8 | 9 | 10 | 11 | 12) 月

「白鳳」枝變，也是山梨縣的原創品種。外型近似「白鳳」，果肉柔軟多汁。酸味較弱，在早生品種中果實較大。

川中島白桃

果實大顆，果肉為白色，
核周邊為紅色。

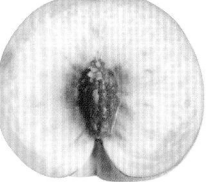

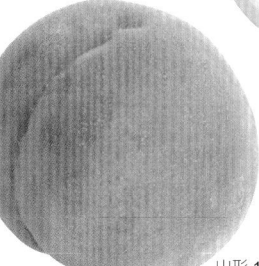

由來：在長野市川中
島町發現
糖度：13～14%
主要產地：
長野縣、福島縣

山形 16%

其他 25%　長野 21%
福島 20%
山梨 18%

上市時期
(1 2 3 4 5 6 7 8 9 10 11 12) 月

長野縣誕生的品種，1977 年命名。果肉略硬，
口感清脆。不過，吃起來完全不青澀，反而
十分甘甜。耐存放。

淺間白桃

果肉為白中帶紅。

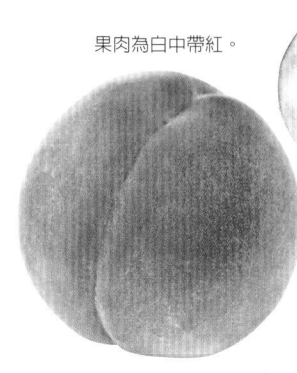

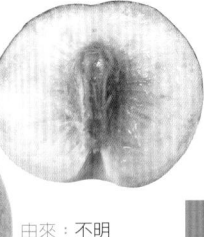

核果／桃子

由來：不明
糖度：13～15%
主要產地：山梨縣

其他 9%

山梨 91%

上市時期
(1 2 3 4 5 6 7 8 9 10 11 12) 月

在山梨縣發現後，便在縣內大量種植。以中
生品種而言，淺間白桃的果實偏大，香氣宜
人。果肉細密，柔軟多汁，但可吃到些許纖
維的感覺。

清水白桃

因套袋種植，果
皮為白色。

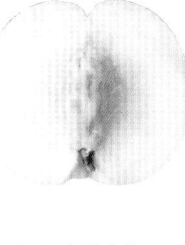

由來：偶發實生
糖度：11～13%
主要產地：岡山縣

其他 11%
和歌山 24%

岡山 65%

上市時期
(1 2 3 4 5 6 7 8 9 10 11 12) 月

岡山縣桃子的代表品種。果肉幾乎沒有纖維，
肉質順滑。淡淡酸味突顯高雅甜味。由於不
耐久放，購買後請儘早吃完。

加納岩白桃

果皮為白色，搭配漂亮的紅
色。果肉為白色。

照片：JA 愛知豐田

由來：淺間白桃的
枝變
糖度：13～14%
主要產地：山梨縣

其他 19%
岡山 9%

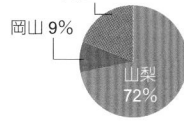

山梨 72%

上市時期
(1 2 3 4 5 6 7 8 9 10 11 12) 月

在山梨縣發現，1983 年完成品種登錄。由於
纖維較少，吃起來入口即化，口感軟嫩。多
汁甘甜，在早生品種中，果實偏大。

一宮白桃

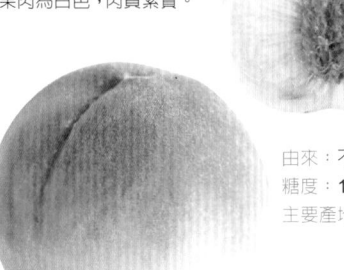

果肉為白色，肉質緊實。

由來：不明
糖度：13%
主要產地：山梨縣

上市時期
(1 2 3 4 5 6 7 8 9 10 11 12) 月

山梨 99%
和歌山 1%

誕生於山梨縣一宮町（現在的笛吹市）的桃子品種，因此取名。品質優良，收穫量少的珍貴品種。富含甜度很高的果汁。

白麗 *

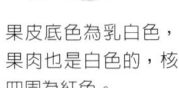

果皮底色為乳白色，果肉也是白色的，核四周為紅色。

由來：大久保 × 肥城桃
糖度：14 ～ 15%
主要產地：岡山縣

上市時期
(1 2 3 4 5 6 7 8 9 10 11 12) 月

岡山 100%

誕生於岡山縣，1999 完成品種登錄。果實較大，每顆重約 300g。吃進嘴裡可感受到少許纖維，帶有十足甜味與淡淡酸味。

岡山夢白桃 *

果皮偏白，果肉也是白色，富含水分。

由來：（白桃 × 布目早生）× 山根白桃
糖度：14 ～ 16%
主要產地：岡山縣

照片：JA 全農岡山

岡山 100%

上市時期
(1 2 3 4 5 6 7 8 9 10 11 12) 月

由岡山縣育成的「清水白桃」後繼品種，2005 年完成品種登錄。糖度較高，酸味清淡。果皮易剝，口感順滑。果實較大，每顆重達400g。

column

可品嘗濃郁甜味的「產地品牌桃子」備受注目！

山梨縣笛吹市是全日本桃子出貨量第一的縣市，也是知名的高品質品牌桃子產地。市內由 JA 笛吹八代支所轄區採收的桃子，除了從形狀與顏色選拔之外，還使用以光線穿透測量甜度的糖度計進行檢查。凡是糖度超過12％的早生品種，與 13％以上的中生品種高品質桃子，才能冠上「一桃匠」之名，以品牌桃子的名義販售。此外，笛吹市各地區都有自己的產地品牌，例如御坂町是「大糖領」；春日居町是「春日居之桃」等。

包括「白鳳」在內約有 8 個品種，從6 月下旬到 8 月依序問世。糖度超過13.5％的超特選品「一桃匠之夢」是最高級的禮品。

memo 在福島縣農園育成的品種，包括中生的「池田」、晚生的「伊達白桃」等。

曉

白色果肉帶有淡淡的紅色。

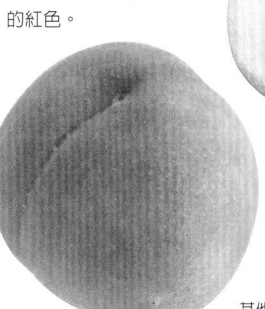

由來：白桃 × 白鳳
糖度：13%
主要產地：福島縣

其他 20%
山梨 15%
福島 52%
長野 13%

上市時期
（1 2 3 4 5 6 7 8 9 10 11 12）月

由桃子的代表品種「白桃」與「白鳳」雜交而成，在福島縣確立培育出大型果實的方法。後來普及日本全國，栽種面積躍居第一。果肉略硬，具有嚼勁，甘甜多汁。

Natsukko*

果皮底色偏白，成熟時染成紅色。果肉為白色。

由來：川中島白桃 × 曉
糖度：14 ～ 17%
主要產地：山梨縣

新潟 6%　其他 6%
長野 35%　山梨 53%

照片：長野縣農政部

上市時期
（1 2 3 4 5 6 7 8 9 10 11 12）月

長野縣育成的品種，2000 年完成登錄。果實又大又重，甜味強烈，酸味較弱。略硬的果肉水分適中，帶有清爽口感。

核果 / 桃子

Madoka

果皮全是紅色，果肉為白色帶紅。

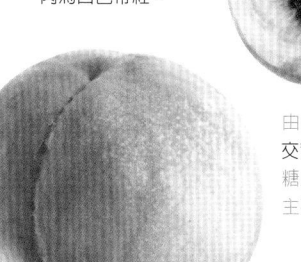

由來：曉的自然雜交實生
糖度：12 ～ 13%
主要產地：福島縣

秋田 2%　青森 2%
山形 18%
福島 78%

上市時期
（1 2 3 4 5 6 7 8 9 10 11 12）月

福島縣大量栽種的晚生桃子，大型果實摸起來較硬，是其特色所在。果肉略硬，肉質細密，口感絕佳。具有嚼勁且甘甜多汁。耐存放。

千代姬

外型略微扁平，果皮為紅白相間。

由來：高陽白桃 × 早乙女
糖度：11 ～ 12%
主要產地：山梨縣

其他 20%
愛知 7%　山梨 62%
熊本 11%

照片：JA 愛知豐田

上市時期
（1 2 3 4 5 6 7 8 9 10 11 12）月

1988 年完成品種登錄的早生桃子。果實大小為中等，白色果肉透著淡淡的粉紅色，口感十足，富含果汁。甜度較低。

黃金桃

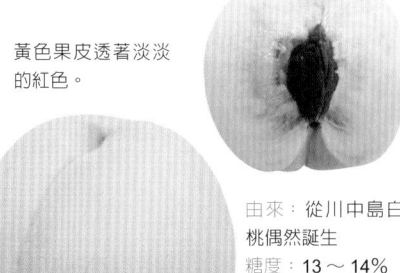

黃色果皮透著淡淡
的紅色。

由來：從川中島白
桃偶然誕生
糖度：13 ～ 14%
主要產地：長野縣

山梨 13%　其他 7%
福島 14%　長野 50%
山形 16%

上市時期
① 1 2 3 4 5 6 7 8 9 10 11 12 月

長野縣偶然發現的黃肉桃代表品種。深黃色
果肉飽含水分，帶有強烈甜味與適度酸味，
交織出濃郁的滋味。緊實的肉質接近白桃。

黃美娘

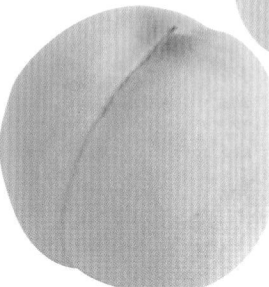

果皮為黃色，隨處透出
淡淡的紅色。果肉也是
黃色。

由來：不明
糖度：──
主要產地：山梨縣

愛知 39%　山梨 61%

上市時期
① 1 2 3 4 5 6 7 8 9 10 11 12 月

在山梨縣川井遊覽農園發現的黃桃品種。雖
是黃桃，卻不用來加工，適合生吃。甜味強
烈，酸味清淡。黏稠口感令人想起芒果。

Masahime

照片：農研機構

果皮為白中帶綠，
再染上紅色。

由來：（中津白桃
× 布目早生）× 曉
糖度：13 ～ 14%
主要產地：新潟縣

大阪 9%　山形 7%
新潟 84%

上市時期

① 1 2 3 4 5 6 7 8 9 10 11 12 月

1993 年完成登錄的中生種。果肉緊實適中，
糖度較高，水嫩多汁，可享受清爽口感。保
存期限較長。

龍門早生

果皮為淡奶油色，頂部
為紅色。

照片：和歌山縣那賀振興局

由來：不明
糖度：──
主要產地：和歌山縣

和歌山 100%

上市時期
① 1 2 3 4 5 6 7 8 9 10 11 12 月

在露地栽培的桃子中，龍門早生是消費者每
年最早吃到的品種。採收於和歌山縣數一數
二的桃子產地紀之川市，主要在關西地區銷
售。甜度較不明顯，果肉多汁。

 memo　近年來逐漸受到歡迎的黃桃。除了品種名之外，有時也會使用黃桃統稱「黃
金桃」之名。

核果／桃子

櫻

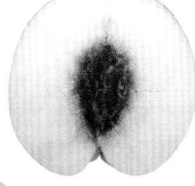

果皮底色為白色，染成紅色。果肉為白色。

由來：川中島白桃 × 千曲
糖度：12 ～ 14%
主要產地：山形縣

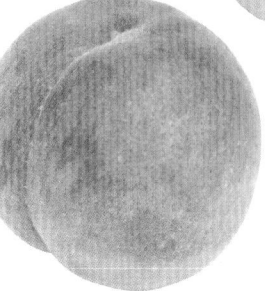

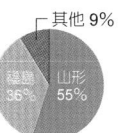

其他 9%
種島 36%
山形 55%

上市時期
1 2 3 4 5 6 7 8 9 10 11 12 月

果實較大，重量約 400g 的晚生種。剛收成的果實口感相當清脆，是其特徵所在。成熟後果肉會變軟。

御坂娘

果皮為偏綠的白色，染上一層淡淡的紅色。

由來：淺間白桃的枝變
糖度：──
主要產地：山梨縣

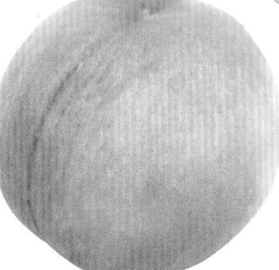

福島 40%
山梨 60%

核果／桃子

上市時期
1 2 3 4 5 6 7 8 9 10 11 12 月

在山梨縣御坂町發現，1997 年登場的晚生種。纖維較少，肉質細密緊實。果肉為乳白色，核周邊是深紅色。

幸茜 *

果肉為白色，核周邊是深紅色。

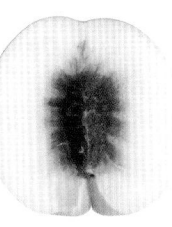

由來：山一白桃的枝變
糖度：12 ～ 14%
主要產地：山梨縣

長野 10%
福島 16%
山梨 74%

上市時期
1 2 3 4 5 6 7 8 9 10 11 12 月

在山梨縣果園發現的晚生種。特徵在於果實又大又圓，香氣宜人，酸味較少，富含果汁。可用手輕鬆剝皮。

Yuuzora

圓形果實的外皮為白色底色，成熟時轉紅。果肉為白色。

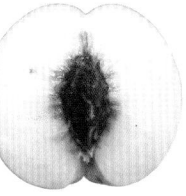

由來：白桃 × 曉
糖度：13 ～ 14%
主要產地：福島縣

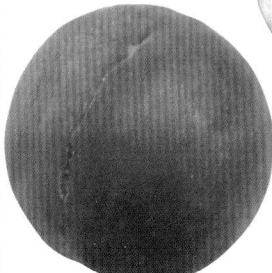

其他 4%
山形 20%
山梨 22%
福島 54%

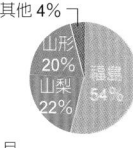

上市時期
1 2 3 4 5 6 7 8 9 10 11 12 月

1983 年完成品種登錄，果實較大的晚生種。果肉細密緊實，媲美「曉」品系，甜味十足。果皮不易剝除。

西王母 *

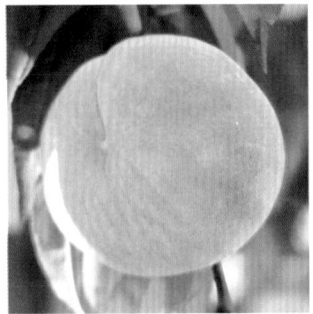

照片：觀音山水果花園

由來：川中島白桃 × Yuuzora
糖度：——
主要產地：山形縣

上市時期
| 1 | 2 | 3 | 4 | 5 | 6 | 7 | 8 | 9 | 10 | 11 | 12 | 月 |

2004 年品種登錄的晚生種。帶有濃郁甜味與溫和酸味，果實較大。果肉為白色，核周邊為紅色。

---

column 從桃子與桃駁李誕生的品種

最有名的品種是由山梨縣反田喜雄育成，白桃與桃駁李自然雜交實生的「反田桃駁李」，以及在長野縣白桃與桃駁李混植園發現的「Wassar」。左下方的照片是結合「反田桃駁李」與桃子「曉」的桃子品種「Peachnec」。

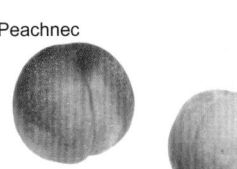
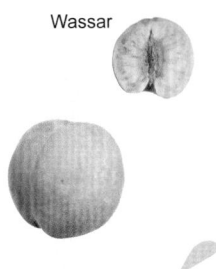

Wassar

Peachnec

冬桃 Gatari 高級

果皮與果肉都是美麗的白色。

照片：岡山縣

由來：不明
糖度：15 ～ 16%
主要產地：岡山縣

上市時期
| 1 | 2 | 3 | 4 | 5 | 6 | 7 | 8 | 9 | 10 | 11 | 12 | 月 |

初冬進入採收期的極晚生桃子。在岡山縣種植的珍貴桃子，是最受注目的高級贈禮。果實小巧，香味宜人，糖度也很高。果肉細密順滑。

蟠桃 高級

果核較小，可食部分較多。

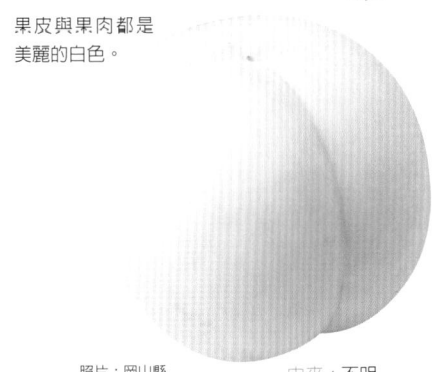

由來：不明
糖度：——
主要產地：福島縣

上市時期
| 1 | 2 | 3 | 4 | 5 | 6 | 7 | 8 | 9 | 10 | 11 | 12 | 月 |

曾在《西遊記》登場，原產於中國的桃子，在中國有許多品種。特徵在於外表扁平。在中國的傳說故事裡，蟠桃是「長生不老的水果」。口味極甜，味道稠密濃郁，口感極佳。

其他桃子品種

大久保	果肉為白色，核周邊染著淡淡的顏色。過去頗受歡迎，但市面上很難買到可以生吃的產品。 由來：偶發實生　主要產地：岩手縣
愛知白桃	1937 年命名登錄的晚生種，亦稱為「山根白桃」。 由來：偶發實生　主要產地：愛知縣
瀨戶內白桃	果實較大，果肉較硬的晚生種。略帶酸味，甜度很高，飽含水分。 由來：白桃的枝變　主要產地：岡山縣
山一白桃	果肉較硬的晚生種，現在流通量較少，十分少見，是幸茜的原品種。 由來：不明　主要產地：福島縣
曉星	福島縣誕生的早生種。糖度較高，果肉緊實。 由來：曉的枝變　主要產地：福島縣
友黃 *	果肉為黃色的早生種，果汁多汁甘甜。 由來：黃金桃的枝變　主要產地：福島縣
花嫁	每顆約 250g，果實略大的早生種。肉質柔軟多汁。 由來：日川白鳳的變異種　主要產地：山梨縣
飛驒乙女 *	2013 年登錄，誕生於岐阜縣的新品種。 由來：川中島白桃 × 山梨白鳳　主要產地：岐阜縣
嶺鳳	誕生於山梨縣的品種，特色是果肉較硬的中生種。 由來：曉的枝變　主要產地：山梨縣
Yumemizuki*	2013 年登錄的新品種，甜味鮮明，糖度約為 15%。 由來：淺間白桃 × 曉星　主要產地：——
紅錦香	果實大顆，纖維質少，水嫩多汁。酸味較弱，甜味鮮明，品質優良。 由來：野池白桃的芽條變異　主要產地：福島縣
Kiraranokiwami*	2007 年品種登錄，果皮果肉皆為黃色。 由來：川中島白桃 ×Yuuzora　主要產地：福島縣
黃貴妃	重約 320g，果實略大的晚生種。果皮與果肉皆為黃色，酸味較弱，果肉多汁。 由來：Yuuzora 的自然雜交實生　主要產地：福島縣
桃水	糖度相當高，最高可達 23%，是行家才知道的極晚生桃子。果實大顆，擁有白色果肉。 由來：從川中島白桃的實生中選拔　主要產地：——

愛知白桃

山一白桃

友黃

黃貴妃

核果／桃子

Ⅱ 桃駁李（油桃）

Nectarine

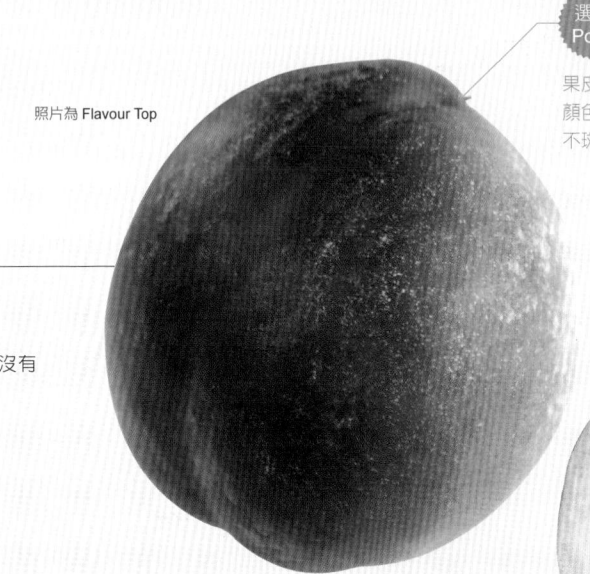

照片為 Flavour Top

選購
Point

果皮薄
顏色均勻
不斑駁

果肉顏色為
黃到紅色

核果／桃駁李

果皮沒有
細毛

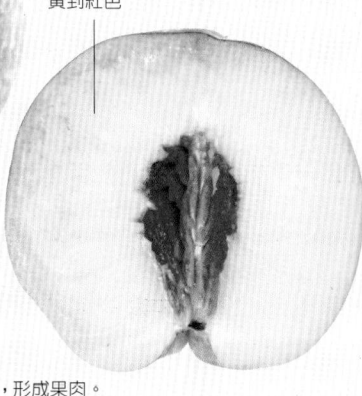

/ Data /

學名：*Prunus persica* （L.） Batsch
分類：薔薇科李屬
原產地：中國
主要成分（新鮮）：熱量 43kcal、水分
87.8g、維他命 C 10mg、食物纖維 1.7g、
鉀 210mg

花朵子房發達，形成果肉。
果肉多為黃色，亦有白色。
肉質略硬，有些品種的核
容易剝除，有些品種的核
不易剝除。

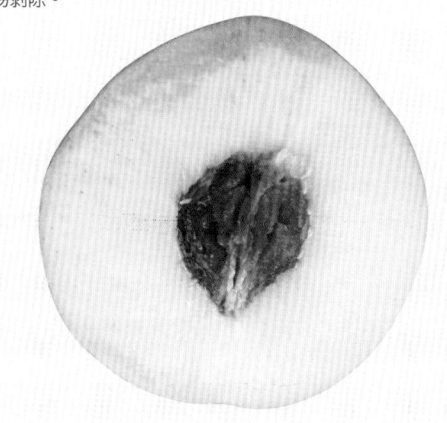

　　桃駁李是 7 世紀左右，在中亞突厥斯坦地
區誕生的桃子變種。果皮沒有細毛，散發些許亮
澤感，因此又稱為「油桃」。口感比桃子硬，容
易食用。特色在於兼具甜味與酸味，味道濃郁。
　　日本自古也種植桃駁李，後來與桃子配種，
提升品質。代表品種包括果實大顆，果皮為橘色
的「秀峰」；酸味鮮明的「Flavour Top」；長
野縣育成的新品種「Summer Crystal」等。

挑選方式	外型飽滿圓潤，形狀漂亮，果皮薄，染色均勻。表面緊實有光澤，無受損者佳。
保存法	冷藏保存可放 5 天。陽光直射或放在通風處容易失去光澤並減損風味，購買後請儘早吃完。冰過頭也會流失甜味，請務必注意。
賞味時期	如購買時果肉偏硬，請放在常溫處，待其成熟變軟。果實完全變紅就是最好吃的時候。
營養	富含具有抗氧化作用的多酚與食物纖維，胡蘿蔔素含量也比桃子多。

主要產地

長野縣的產量超過七成，近年來致力於種植甜味較強，勝過酸味明顯的品種。

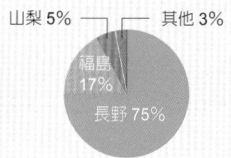

山梨 5%　　其他 3%
福島 17%
長野 75%

縣別收穫量比例（2013 年）

收穫量演進

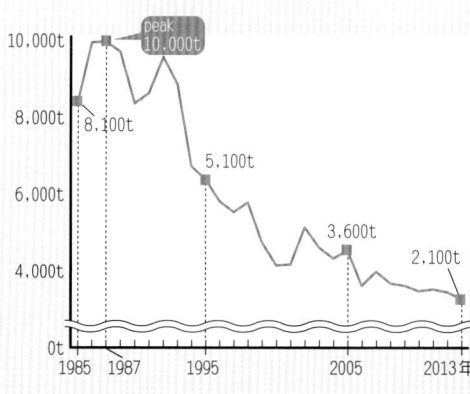

peak 10,000t

10,000t

8,000t　8,100t

6,000t

5,100t

3,600t

4,000t

2,100t

0t
1985　1987　　1995　　　　2005　　2013 年

自 1987 年達到顛峰後，收穫量大幅衰退，只剩兩成左右的產量。

（日本農林水產省　特產果樹生產動態等調查）

149

II 桃駁李的種類

桃駁李也有許多品種，近年多與桃子交雜，進行改良。

秀峰

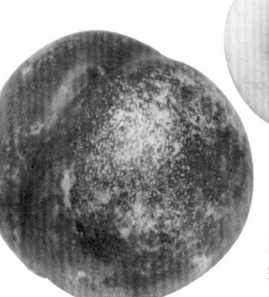

果皮為橙色，黃色果肉富含水分。

由來：偶發實生
糖度：12～13%
主要產地：長野縣

其他 19%
山梨 19%
長野 40%
福島 22%

上市時期
1 2 3 4 5 6 7 8 9 10 11 12 月

桃駁李的主要品種之一，誕生於長野縣的晚生品種。果實偏大，每顆約 250g。酸味柔和，帶有鮮明甜味，口感均衡，是其最大特色。

Fantasia

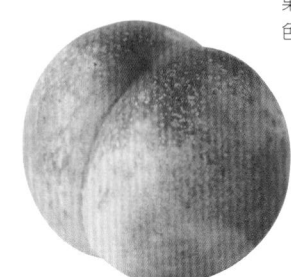

果皮為紅色，黃色果肉富含果汁。

由來：不明
糖度：12%
主要產地：
長野縣、福島縣

其他 24%
長野 39%
福島 37%

上市時期
1 2 3 4 5 6 7 8 9 10 11 12 月

誕生於美國的晚生種。酸味比秀峰強，但甜味也很鮮明，可品嚐濃郁滋味。肉質細密緊實，保存期長。

Flavour Top

果實為橢圓形，果肉為黃色，口感多汁。

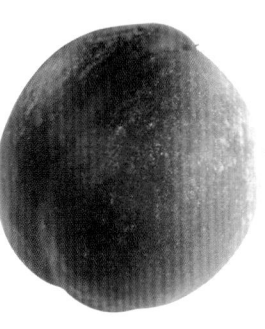
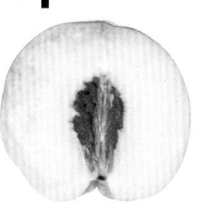

由來：Fairtime 的自然雜交
糖度：12～13%
主要產地：長野縣

福島 12%
青森 17%
長野 52%
山梨 19%

上市時期
1 2 3 4 5 6 7 8 9 10 11 12 月

誕生於美國的品種。果實較大，香氣宜人。甜味與酸味都強，味道濃郁。雖然肉質略硬，但富含果汁，口感柔軟。

Summer Crystal

照片：長野縣農政部

果皮為白色底色，整體染上深紅色。果肉為白色。

由來：Sweet Nectarine 晶光 ×NJN76
糖度：10～12%
主要產地：長野縣

長野 100%

上市時期
1 2 3 4 5 6 7 8 9 10 11 12 月

2005 年登錄，長野縣獨家開發的早生種。酸味較少，不會過甜，滋味清爽，是其特色所在。果肉細緻，纖維較少，口感也很柔軟。

滋味清爽，潤喉止渴

Ⅲ 中國李
Japanese Plum
李

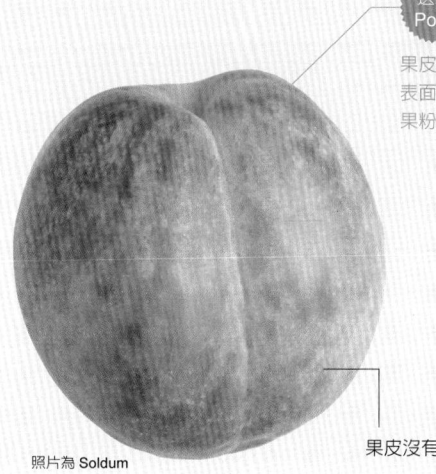

選購
Point

果皮緊實
表面有一層
果粉（bloom）

果皮沒有毛

照片為 Soldum

有些品種的果
頂部呈尖形

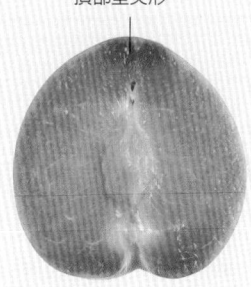

花朵子房飽滿，成長為果
實。外側薄皮稱為外果皮，
果肉部分為中果皮，硬核
稱為內果皮。每顆果實的
核裡都有一顆種子。

果肉顏色為黃色
或紫紅色

/ Data /

學名：*Prunus salicina* Lindl.
分類：薔薇科李屬
原產地：中國
主要成分（新鮮）：熱量 44kcal、水分
88.6g、維他命 C 4mg、食物纖維 1.6g、
鉀 150mg

　　日本李又稱 Japanese Plum，原產於中國。由於果
皮柔軟，因此外型圓潤，富含果汁。酸甜滋味均衡。美國
人將日本李帶回進行品種改良，後於明治時代反進口至日
本，此後日本開始大規模種植李子。品種繁多，包括帶有
紅色薄果皮與清爽甜味的「大石早生李」；果皮為黃綠色，
果肉為紅色的「Soldum」等。

挑選方式	果皮薄，顏色均勻，表面有一層白色果粉（bloom），形狀完整圓潤的李子最新鮮。沒有白粉的李子很可能熟過頭。
保存法	不要清洗，裝進塑膠袋，放入冰箱冷藏。未熟的果實以報紙包覆，放在常溫下追熟。由於李子不耐乾燥，請放在不直射陽光，也不會吹到風的地方。
賞味時期	果皮顏色鮮豔，輕觸時感覺軟硬適中就是最好吃的時候。靠近聞成熟的李子，可聞到一股宜人清香。
營養	富含食物纖維與葉酸。

早春時節，跟在梅子與杏子之後開白花，
初夏就能開始採收。

收穫量演進

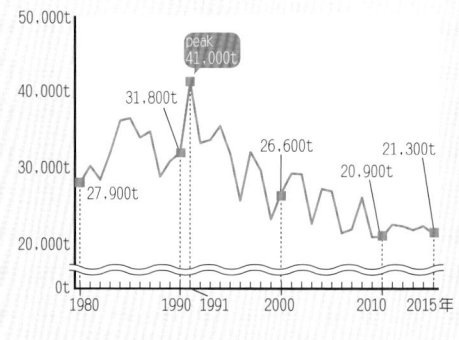

過了 1991 年巔峰期之後，收穫量時高時低，整體呈現下降趨勢。

（日本農林水產省　特產果樹生產動態等調查）

主要品種上市時期

6 到 8 月是許多品種的產季，溫室栽培的李子上市期略早，5 月左右開始出貨。

	1月	2月	3月	4月	5月	6月	7月	8月	9月	10月	11月	12月
大石早生李						▨▨						
聖達羅莎							▨▨					
Soldum							▨▨▨					
Summer Butte							▨▨▨					
Honey Rosa							▨▨▨					
貴陽							▨▨▨					
Beniryouzen								▨				
Summer Angel							▨▨▨					
太陽								▨▨				
Kelsey								▨				
秋姬									▨			

主要產地與栽種面積

生產量居冠的山梨縣栽種面積也大，種植各種品種。山形縣有許多晚生品種。

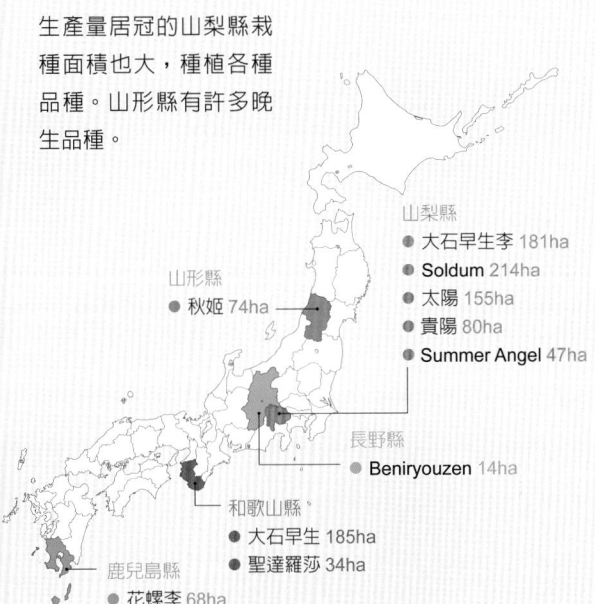

山梨縣
- 大石早生李 181ha
- Soldum 214ha
- 太陽 155ha
- 貴陽 80ha
- Summer Angel 47ha

山形縣
- 秋姬 74ha

長野縣
- Beniryouzen 14ha

和歌山縣
- 大石早生 185ha
- 聖達羅莎 34ha

鹿兒島縣
- 花螺李 68ha

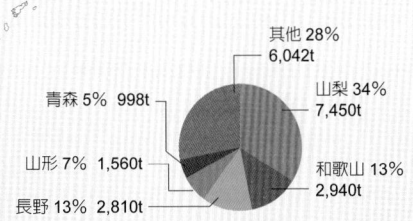

其他 28%
6,042t

山梨 34%
7,450t

青森 5% 998t

山形 7% 1,560t

長野 13% 2,810t

和歌山 13%
2,940t

縣別收穫量與比例（2013 年）

（日本農林水產省 果樹生產出貨統計／特產果樹生產動態等調查 2013）

品種別栽種面積排行榜

2013 年

1 大石早生李 672ha

2 Soldum 441ha

3 太陽 253ha

4 貴陽 117ha

5 秋姬 95ha

6 聖達羅莎 91ha

7 花螺季 68ha

8 Summer Angel 55ha

9 Red Soldum 39ha

10 Beniryouzen 33ha

前兩名「大石早生李」與「Soldum」從日本北部到南部都可見到，第 3 名以後，有些品種深根地方，「花螺季」和「Summer Angel」是最好的例子。

核果／中國李

大石早生
李

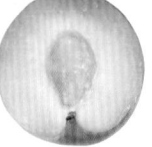

隨著成熟過程，果皮變得愈來愈紅。果肉為淺黃色。

由來：Formosa× 不明
糖度：10 ～ 12%
主要產地：
和歌山縣、山梨縣

 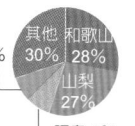

山形 7%　其他 30%　和歌山 28%　山梨 27%　福島 8%

上市時期
1 2 3 4 5 6 7 8 9 10 11 12 月

誕生於福島縣，生產量居冠的品種。形狀圓潤，果頂部略微突出。果肉柔軟多汁，具有適度甜味與酸味，滋味爽口。

Soldum

果皮較厚，果肉為深紅色，富含果汁。

由來：不明
糖度：15%
主要產地：山梨縣

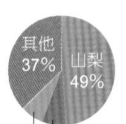

其他 37%　山梨 49%　和歌山 7%　山形 7%

上市時期
1 2 3 4 5 6 7 8 9 10 11 12 月

誕生於美國的中生種。未成熟即上市，因此在消費者眼中，Soldum 是紫中帶綠的李子。成熟後，Soldum 的外皮會轉為麥芽糖色。甜味鮮明，伴隨適度酸味，美味可口。

太陽

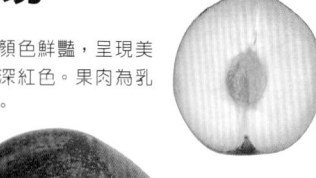

果皮顏色鮮豔，呈現美麗的深紅色。果肉為乳白色。

由來：不明
糖度：13 ～ 14%
主要產地：山梨縣

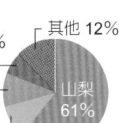

和歌山 7%　其他 12%　山形 10%　山梨 61%　長野 10%

上市時期
1 2 3 4 5 6 7 8 9 10 11 12 月

在山梨縣發現的晚生種。果實偏大，約 100 ～ 150g。甜味強烈，酸味較弱。成熟後果肉富有彈性，吃起來更甜。果肉結實緊密，保存期長。

貴陽

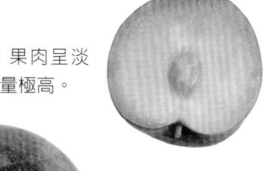

果皮為紅色，果肉呈淡黃色，果汁含量極高。

由來：太陽的自然雜交實生
糖度：15%
主要產地：山梨縣

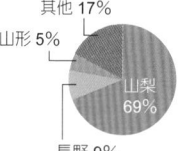

其他 17%　山形 5%　山梨 69%　長野 9%

上市時期
1 2 3 4 5 6 7 8 9 10 11 12 月

在山梨縣發現的中生種。300g 的果實很大，《金氏世界紀錄大全》認定其為全世界最大的李子。口味極甜，帶有適度酸味，均衡的味道十分高雅。

memo 果皮與果肉皆為黃色的「峰滿 Yellow」於 2009 年完成商標登錄。只在登錄商標的農園和縣內幾家農園種植。

聖達羅莎

完熟後果皮呈現深紫紅色，果肉為黃色。
由來：不明
糖度：——
主要產地：和歌山縣

上市時期
1 2 3 4 5 6 7 8 9 10 11 12 月

其他 35% ／ 和歌山 38% ／ 山梨 22% ／ 青森 5%

自古稱為「三太郎」的日本李子。果實為圓形，體型略大。香氣宜人，水嫩多汁，帶有鮮明酸味和適度甜味，十分好吃。

秋姬

果皮為紅紫色，果肉為黃色，肉質細密，口感佳。
由來：偶發實生
糖度：14%
主要產地：山形縣

青森 6% ／ 福島 1%
長野 15%
山形 78%

上市時期
1 2 3 4 5 6 7 8 9 10 11 12 月

秋田縣發現的晚生品種。可品嘗清爽甜味與溫和酸味，均衡滋味充滿魅力。果實偏大。

花螺李

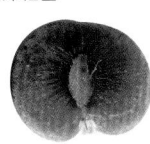

果皮成熟後染為黑紫色，果肉為深紅色。
由來：不明
糖度：9～11%
主要產地：鹿兒島縣

照片：奄美市

鹿兒島 100%

上市時期
1 2 3 4 5 6 7 8 9 10 11 12 月

台灣原產，也是知名的奄美大島特產品「奄美李」。果實小巧，摸起來很硬，保存期長。由於酸味較強，適合做成水果酒。

Beniryouzen

果實剖面為心型。果肉呈淺黃色，參雜些許紅色。
由 來：Mammoth Cardinal×大石早生
糖度：——
主要產地：長野縣
福島 13%
其他 22% ／ 長野 44% ／ 山形 21%

上市時期
1 2 3 4 5 6 7 8 9 10 11 12 月

在福島縣育成的早生種。果實偏大，甜味與適度酸味交織出清爽滋味。果肉緊密，口感柔軟。

Summer Butte*

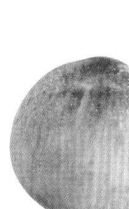

由來：Soldum×太陽
糖度：16～20%
主要產地：山梨縣

果皮為紫紅色，果肉為淺黃色。富含果汁，果肉偏硬。
山形 7%
山梨 93%

上市時期
1 2 3 4 5 6 7 8 9 10 11 12 月

山梨縣誕生的品種。最初是以「好吃的大顆李子」為開發概念，最後成功改良出 170g 的大果實。甜味鮮明，帶有適度酸味。

Honey Rosa

果實為蛋形。果皮為淡紅色，果肉為淺黃色。
由來：White Plum 的自然雜交
糖度：14%
主要產地：熊本縣

照片：玉東町

其他 26% ／ 熊本 74%

上市時期
1 2 3 4 5 6 7 8 9 10 11 12 月

茨城縣農研機構開發的品種。果實較小，每顆約 40～50g。甜味十足，酸味較弱。肉質柔軟多汁。

memo 「米桃」、「萬左衛門」是從江戶時代種植至今的本土品種。相傳皇居東御苑還有一些現在無法在市面上看到的珍貴李子，每年 8 月悄悄結出紅紫色果實。

155

Summer Angel*

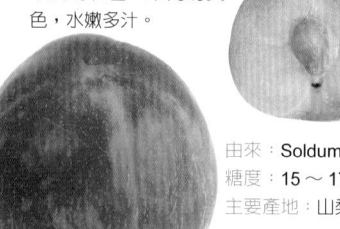

果皮為紅色，果肉為黃色，水嫩多汁。

由來：Soldum× 太陽
糖度：15 ～ 17%
主要產地：山梨縣

其他 9%
山形 5%
山梨 86%

上市時期
1 2 3 4 5 6 7 8 9 10 11 12 月

山梨縣育成，2005 年登錄品種。果實大，糖度高。甜度與李子特有的強烈酸味相互調和，形成濃郁滋味。

Kelsey

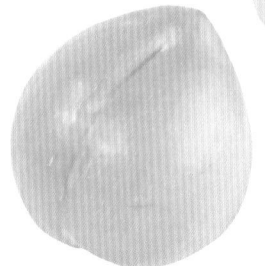

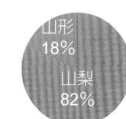

特色在於綠色果皮與尖頭外型，中間有空洞。

由來：不明
糖度：——
主要產地：山梨縣

山形 18%
山梨 82%

上市時期
1 2 3 4 5 6 7 8 9 10 11 12 月

亦稱為「牡丹杏」、「甲州大巴旦杏」，數量很少的日本李。甘味甘甜，酸味較弱。果皮較薄，可以整顆吃，享受口感。

其他中國李品種

大山早生	大分縣誕生的品種，果皮為大紅色。 由來：不明　主要產地：長野縣
美麗	誕生於美國的極早生品種，富含果汁，帶有酸味。 由來：不明　主要產地：宮城縣
Meslay	誕生於美國，果肉為紅色的晚生種。也很適合家庭種植。 由來：不明　主要產地：香川縣
菅野中生	7 月下旬成熟的品種。果皮為紫紅色，酸甜滋味適中。 由來：Mammoth Cardinal× 初光　主要產地：長野縣
鳥越 *	果實很大，成熟後為深紅色的晚生種。 由來：聖達羅莎的枝變　主要產地：大分縣
李王	果皮為紫紅色，果肉為黃色的早生種。口感多汁香甜。 由來：大石中生 ×Soldum　主要產地：青森縣、山梨縣
White Plum	1911 年引進日本，果皮與果肉是黃色的，酸味較少。 由來：不明　主要產地：——
Sun Rouge*	果皮和果肉都是紅色，糖度很高，甜味強烈。 由來：太陽 ×Soldum　主要產地：山形縣
紫峰	尖形果頂部十分有特色，糖度較高，風味濃郁。 由來：月光 × 大石早生　主要產地：——
Ikumi*	果皮為紫紅色，果肉為紅色的早生種。酸味較少，滋味甘甜。 由來：偶發實生　主要產地：——
Mercury	果肉為淺黃色，酸味較少，果肉多汁。 由來：Sun Rouge 自然雜交實生　主要產地：山梨縣
Hollywood	從美國引進的品種，果皮為深紅色，亦稱為紅李，是很受歡迎的觀賞用李子。適合做授粉樹。 由來：不明　主要產地：——
Formosa	過去從美國引進的品種，常見的「大石早生李」也是從這個品種改良而來。 由來：不明　主要產地：——

菅野中生

Mercury

不只適合加工，也有可直接食用的品種

IV 杏子
Apricot
杏

選購
Point

外表包覆一層
細毛者為佳

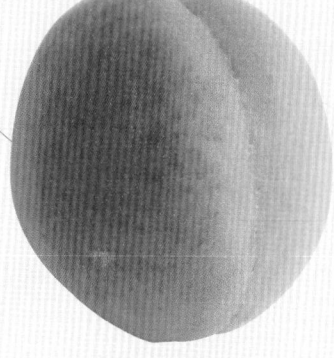

● 平和
大正時代於長野縣發現的品
種，適合做成糖漬水果。

照片：長野縣農政部

● Harcot
在加拿大育成，無須剝皮，
可整顆直接食用。

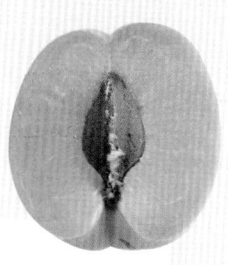

● 信州大實
長野縣育成。適合
做成糖漬水果。

營養價值高，脂肪
含量也高，有些品
種高達 30%。

/ Data /

學名：*Prunus armeniaca* L.
分類：薔薇科李屬
原產地：中國
主要成分（新鮮）：熱量 36kcal、水分
89.8g、維他命 C 3mg、食物纖維 1.6g、
鉀 200mg

相傳日本的杏子是奈良時代從中國傳
入，以杏仁果（種子）入藥，當藥材使用。
杏子比梅子稍大，果皮為黃色或橘色。日本
有許多進口杏子，但也有本地栽培的品種。
甜味強烈，適合生吃的「Harcot」等就是最
好的例子。

挑選
方式

果皮較薄，整體顏色偏黃（或橘），
表面有一層細毛。如要加工，選擇
略硬的果實比成熟果實更美味。

保存法

成熟的杏子容易受傷，請放在冰箱
的蔬果保鮮室冷藏。採收後 3 ～ 4
天內是最新鮮的時期，若吃不完，
不妨做成糖漬水果保存。

賞味
時期

散發淡淡清香代表已經成熟。完熟
後不耐存放，請儘早食用。加工用
的杏子買回家後請儘早處理。

核果 ／ 杏子

適合整顆食用，營養豐富的果實

Ⅴ｜西梅
European Prum

選購
Point

果皮緊緻
有光澤

● Sun Prune
長野縣發現的品種，口
感甘甜美味。

● Autumn Cute*
長野縣育成，甘甜多汁，
9 月下旬成熟。

/ Data /

學名：*Prunus domestica* L.
分類：薔薇科李屬
原產地：西亞～東歐
主要成分（新鮮）：熱量 49kcal、水分
86.2g、維他命 C 4mg、食物纖維 1.9g、
鉀 220mg

挑選方式
保存法

新鮮果實的表面有一層白色粉末
（果粉）。觸感較硬的果實請放在
常溫下追熟，熟成的果實請放在陰
涼處，或放進冰箱蔬果保鮮室冷
藏。可裝進塑膠袋，避免乾燥。

賞味
時期

果實較硬者請先放軟，等整體顏色
變得均勻就是最好吃的時候。

　　西梅是歐洲李的一種。除了做成果乾之外，這幾年
還能買到新鮮果實。特色在於味道酸甜，富含維他命和礦
物質。雖然大多是進口產品，但也有生食用品種，例如甜
味較強的「Sun Prune」。

memo 農研機構育成杏子的生食用品種「Ohisamacot」、「Niconicott」，2013
年完成品種登錄。

VI 梅子

Japanese Apricot

梅

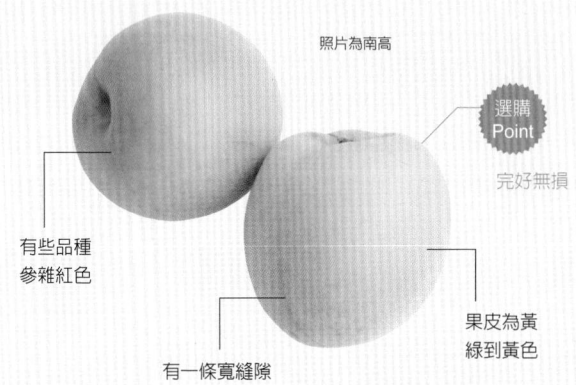

照片為南高

選購
Point

完好無損

有些品種
參雜紅色

果皮為黃
綠到黃色

有一條寬縫隙

種子為扁圓形

果肉為黃
綠到黃色

/ Data /

學名：*Prunus mume* Siebold & Zucc.
分類：薔薇科李屬
原產地：東亞
主要成分（新鮮）：熱量 28kcal、水分
90.4g、維他命 C 6mg、食物纖維 2.5g、
鉀 240mg

花朵子房膨脹，形成果實。外側的
薄果皮稱為外果皮，果肉部分為中
果皮，種子（核）為內果皮。種子
只有一顆。

　　大約 6 世紀從中國傳入，花朵為觀賞用；果實為藥
用。直到江戶時代以後，才開始栽種食用梅子。由於甜味
較弱，酸味較強，適合做成梅乾食用。

　　依照果實大小區分，10g 以下稱為小梅、10 ～ 25g
為中梅、25g 以上為大梅。

　　代表品種包括果肉飽滿，香氣宜人的「南高」；黃
綠色果皮令人印象深刻的「白加賀」；果肉較硬且帶有清
脆口感的「龍峽小梅」等，各有特色的新品種也陸續登場。

159

挑選方式	基本上要挑選表面無受損，形狀均勻的圓形果實。用來製作梅乾的果實，應挑選偏黃的果皮顏色；用來釀造梅酒的果實，則以綠色果皮為佳。
保存法	由於不耐存放，購買後要立刻加工。若要短時間存放，請從袋子裡拿出來，放在篩子上，置於陰暗處。
賞味時期	梅酒釀造 3 個月就能飲用；梅乾則醃漬 1 個月，直到梅雨季過後，再用太陽晒乾即可。若要享用口感清脆的梅子，醃漬後就能食用。
營養	富含有助於消除疲勞的檸檬酸。

早春開白色或粉紅色花朵，梅雨時期採收。食用果實的梅子稱為實梅，大多開白色花朵。照片為南高。

收穫量演進

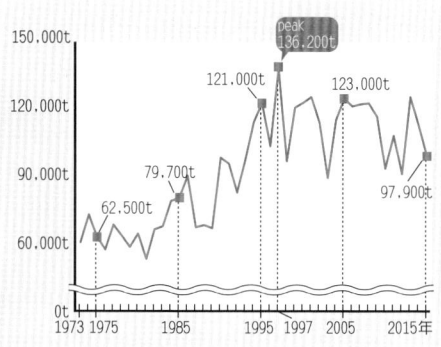

從巔峰期 1997 年開始，收穫量一路下滑，如今只有 10 萬噸左右。

（日本農林水產省　果樹生產出貨統計 / 特產果樹生產動態等調查）

主要品種上市時期

採收期為 5 月中旬到 7 月初，各品種的產季很短。一般來說，小梅產季較早，青森縣的豐後產季最晚。

	1月	2月	3月	4月	5月	6月	7月	8月	9月	10月	11月	12月
龍峽小梅					■							
鶯宿					■							
古城					■							
玉英					■■							
白加賀						■■■						
梅鄉						■■						
南高						■■■						
Benisashi						■■■	■					
藤五郎						■						
豐後						■■■■						

主要產地與栽種面積

和歌山縣的栽種面積遙遙領先，群馬縣與福井縣等產地居次。和歌山南高的栽種面積也遠遠超過其他品種，位居第一。

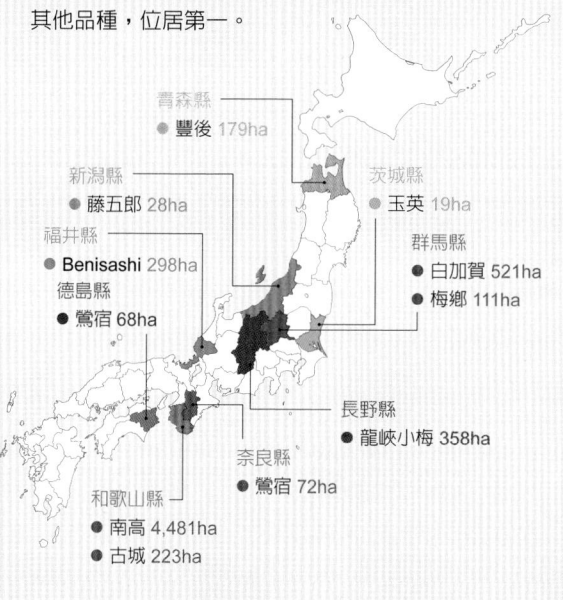

青森縣
● 豐後 179ha

新潟縣
● 藤五郎 28ha

福井縣
● Benisashi 298ha

德島縣
● 鶯宿 68ha

茨城縣
● 玉英 19ha

群馬縣
● 白加賀 521ha
● 梅鄉 111ha

長野縣
● 龍峽小梅 358ha

奈良縣
● 鶯宿 72ha

和歌山縣
● 南高 4,481ha
● 古城 223ha

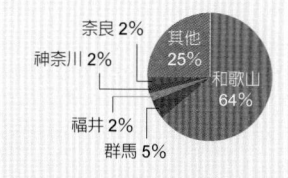

奈良 2%
神奈川 2%
福井 2%
群馬 5%
其他 25%
和歌山 64%

縣別收穫量與比例（2013 年）

品種別栽種面積排行榜

2013 年

 南高 5,605ha

 白加賀 2,103ha

 龍峽小梅 **483ha**

 豐後 354ha

 鶯宿 324ha

 Benisashi 319ha

 古城 260ha

 梅鄉 168ha

 玉英 104ha

 藤五郎 83ha

前兩名是南高和自古就有的白加賀，這兩個都是可譽為梅子代名詞的品種。第 3 名以後有許多深根地方的品種，栽種面積大小不一。

核果／梅子

南高

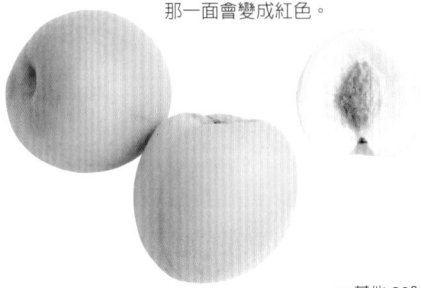

完熟果實照到太陽的那一面會變成紅色。

由來：從內田梅的實生中選拔
主要產地：和歌山縣

其他 20%
和歌山 80%

上市時期
1 2 3 4 5 6 7 8 9 10 11 12 月

梅子生產量日本第一，和歌山縣的代表品種。果實較大，種子較小，因此果肉較厚。果肉柔軟，獨具口感與風味，適合做成梅乾或梅酒。

白加賀

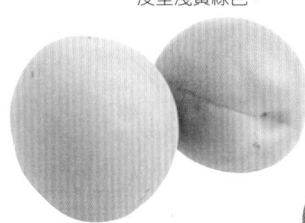

果實又圓又大，果皮呈淺黃綠色。

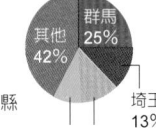
群馬 25%
其他 42%
埼玉 13%
茨城 9%　宮城 11%

由來：不明
主要產地：群馬縣

上市時期
1 2 3 4 5 6 7 8 9 10 11 12 月

從江戶時代栽種至今，梅子的代表品種之一。大多種植於群馬縣等東日本地區。果實較大，每顆約 30g。果肉較厚略硬。適合做成梅乾或梅酒。

豐後

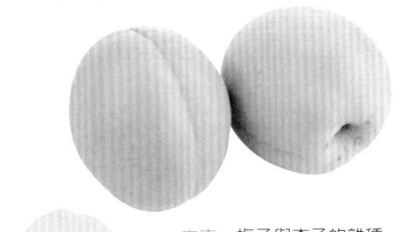

由來：梅子與杏子的雜種
主要產地：青森縣

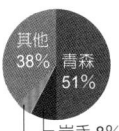
其他 38%　青森 51%
岩手 8%
大分 5%

成熟後果皮呈紅黃色，帶有紅褐色斑點。

上市時期
1 2 3 4 5 6 7 8 9 10 11 12 月

有一說認為此品種介於梅子與杏子中間。「豐後」之名取自大分縣。由於較耐寒，大多種植於東北地方。果實很大，每顆約 40～50g。適合做成醃漬梅子或梅子果醬。

鶯宿

由來：不明
主要產地：奈良縣、德島縣

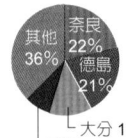
奈良 22%
其他 36%　德島 21%
大分 13%
宮崎 8%

果皮呈亮鶯色（帶灰的綠褐色）。日照後會變紅。

提供：德島縣神山町

上市時期
1 2 3 4 5 6 7 8 9 10 11 12 月

主要種植於奈良縣與德島縣的品種。果實尺寸居中，果肉較硬，可享受清脆口感。不只能做成梅乾與梅酒，還能做成梅子點心。

Benisashi

福井梅

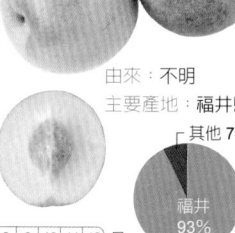

太陽照射的那一面會變白，宛如紅色顏料灑在綠底上。

提供：JA 敦賀美方梅之里會館

由來：不明
主要產地：福井縣

其他 7%
福井 93%

上市時期
1 2 3 4 5 6 7 8 9 10 11 12 月

產量幾乎都在福井縣，宛如紅色顏料灑在綠底上的果皮顏色是其特色所在。種子較小，果肉較厚，酸味溫和，適合做成梅乾。

古城

外型小巧，果皮為鮮豔的深綠色。

照片：和歌山縣梅子研究所

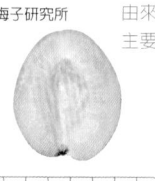

由來：不明
主要產地：和歌山縣

其他 14%
和歌山 86%

上市時期
1 2 3 4 5 6 7 8 9 10 11 12 月

與「南高」一樣，大多種植於和歌山縣。果實呈圓形，大小適中。種子小巧，肉質較厚，適合做成梅酒與梅子汁。

梅鄉

由來：不明
主要產地：群馬縣

成熟後，果皮從綠色轉為黃色。

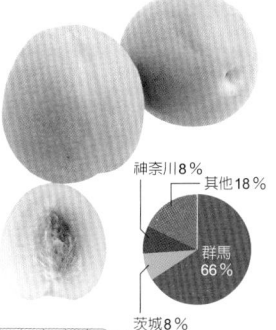

神奈川 8%
其他 18%
群馬 66%
茨城 8%

上市時期
1 2 3 4 5 6 7 8 9 10 11 12 月

主要種植於關東地區的品種。果實呈橢圓形，大小居中。種子較小，果肉多汁，適合做成梅酒。

玉英

由來：在青梅市發現
主要產地：茨城縣

果實大小均一，外觀漂亮。

提供：JA 福岡八女

茨城 19%
其他 42%
福岡 14%
愛知 14%
熊本 11%

上市時期
1 2 3 4 5 6 7 8 9 10 11 12 月

東京都青梅市原產品種。種植於關東地方以西，果實略大，果肉較厚，最適合做成梅乾，也能做成梅酒和梅子汁。

藤五郎

外型圓潤，尺寸適中，果肉較厚。

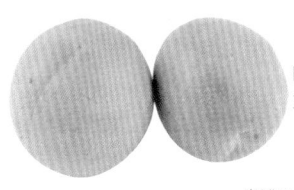

由來：不明
主要產地：新潟縣

其他 22%
宮城 17%
新潟 34%
秋田 27%

上市時期
1 2 3 4 5 6 7 8 9 10 11 12 月

從江戶時代流傳至今，歷史悠久的品種，栽種於新潟縣與東北地方。由於果汁豐富，適合釀造梅酒；果肉柔軟，適合做成梅乾。

越之梅

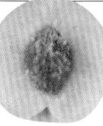

果實圓潤，大小適中，重量約 20g。

由來：不明
主要產地：新潟縣

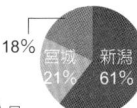

秋田 18%
宮城 21%
新潟 61%

上市時期
1 2 3 4 5 6 7 8 9 10 11 12 月

十分耐寒，大多種植於新潟縣與東北地方。中型果實大小均一，果肉較多，果皮柔軟，適合做成梅乾。

核果／梅子

memo 梅子很容易與杏子雜交，「白加賀」是摻有杏子基因的梅子；「豐後」是接近杏子的梅子。

NK14*

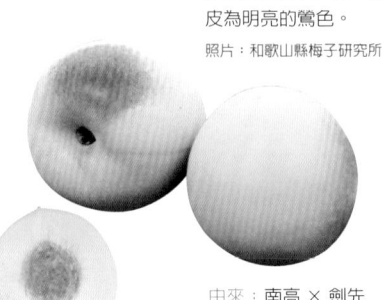

果實比南高小巧，果皮為明亮的鶯色。

照片：和歌山縣梅子研究所

由來：南高 × 劍先
主要產地：和歌山縣

和歌山
100%

上市時期
(1 | 2 | 3 | 4 | 5 | 6 | 7 | 8 | 9 | 10 | 11 | 12) 月

在和歌山縣育成，2009 年品種登錄。名稱取自「南高」的 N 與「劍先」的 K。果皮散發光澤，表面染成美麗的紅色。果肉較厚，適合做成梅乾與梅酒。

橙高 *

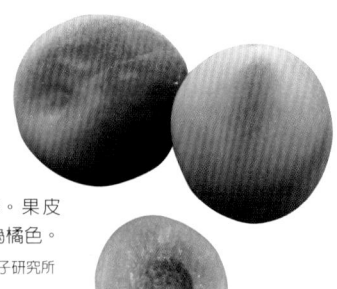

果實呈橢圓形。果皮為黃色，果肉為橘色。

照片：和歌山縣梅子研究所

由來：南高 × 地藏梅
主要產地：和歌山縣

上市時期
(1 | 2 | 3 | 4 | 5 | 6 | 7 | 8 | 9 | 10 | 11 | 12) 月

在和歌山縣育成，2009 年完成品種登錄。β-胡蘿蔔素含量約「南高」的 6 倍，是其特色所在。由於晒乾後 β-胡蘿蔔素會分解，建議做成果醬食用。

劍先

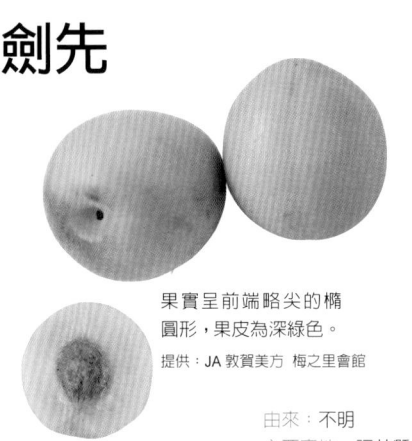

果實呈前端略尖的橢圓形，果皮為深綠色。

提供：JA 敦賀美方 梅之里會館

由來：不明
主要產地：福井縣

福井
100%

上市時期
(1 | 2 | 3 | 4 | 5 | 6 | 7 | 8 | 9 | 10 | 11 | 12) 月

這是自古在福井縣栽種的品種，特色是前端略尖。果實較大，種子小巧，果肉厚實緊緻。適合做成梅酒與糖漬梅子。

福太夫 *

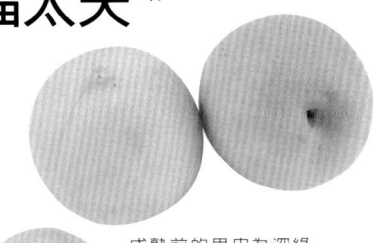

成熟前的果皮為深綠色，果肉為淺綠色。

提供：JA 敦賀美方 梅之里會館

由來：新平太夫 × 織姬
主要產地：福井縣

福井
100%

上市時期
(1 | 2 | 3 | 4 | 5 | 6 | 7 | 8 | 9 | 10 | 11 | 12) 月

在福井縣育成，2005 年完成品種登錄。屬於早生種，收穫量極多。果實略小，成熟後轉為漂亮的黃色。可做成梅乾、梅酒與梅子果醬，用途繁多。

翠香 *

果肉為鶯色，成熟後
轉為橘色。
照片：農研機構

由來：月世界 × 梅鄉
主要產地：──

上市時期
1 2 3 4 5 6 7 8 9 10 11 12 月

帶有漂亮的翠色，加上做成梅酒後散發獨特
香氣，因此取名為翠香的新品種。果實呈橢
圓形，體型比南高略小，但果肉較多。做成
梅酒與梅子汁，可品嘗誘人的酸味與香氣。

---

column 富含多酚的露茜

露茜*是日本李「笠原巴旦杏」與梅子「養
青梅」交配的新品種。果皮的鮮紅色來自
李子，大小為南高的 2 ～ 3 倍大。由於果
汁為茜色而得名，可做出茜色的梅酒與梅
子汁。

富含花青素，這是多酚的一種，具有抗氧
化作用。花青素的含量是普通梅子的 60
倍左右，卓越的健康與美容功效備受注
目。

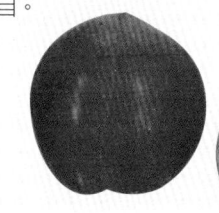

照片：農研機構

核果 ／ 梅子

十郎小町 *

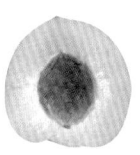

果實大小適中，種子
小巧，適合做成梅乾。
照片：神奈川縣農業技術中心

由來：玉織姬 × 十郎
主要產地：神奈川縣

上市時期
1 2 3 4 5 6 7 8 9 10 11 12 月

2014 年登錄，神奈川縣育成的新品種。從 5
月下旬即可採收的早生品種「小田原梅」，
產於神奈川的梅子產地小田原市，是每年第
一批上市的梅子。其親本「十郎」也是神奈
川的品種。

龍峽小梅

果實圓潤，種子較
小，果肉較多。

由來：在長野縣梅子果
園中發現
主要產地：長野縣

上市時期
1 2 3 4 5 6 7 8 9 10 11 12 月

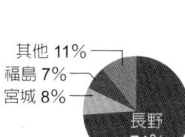

其他 11%
福島 7%
宮城 8%
長野 74%

長野縣是日本小梅生產量第一的地區，其中
產量最多的就是「龍峽小梅」。由於加工後
果肉還是很硬，建議醃漬成脆梅子或做成梅
乾，享受清脆口感。

甲州最小

果皮為深綠色，晒
到太陽的地方會轉
為鮮紅色。

由來：在奈良市發現
主要產地：山梨縣

上市時期
(1 2 3 4 5 6 7 8 9 10 11 12) 月

其他 18%
大分 5%
群馬 7%
山梨
70%

小梅的代表品種之一，主要種植於山梨縣。
果實重約 4 ～ 6g，在小梅中體型偏小。種子
較小，容易食用。可做成脆梅或梅乾，也很
適合釀成梅酒。

織姬

由來：不明
主要產地：群馬縣

晒到太陽的果皮
會染成紅色。

長崎 3%
茨城 3%
其他 2%
群馬
92%

上市時期
(1 2 3 4 5 6 7 8 9 10 11 12) 月

小梅大多栽種於群馬縣，果實圓潤小巧。採
收期較早的梅子可醃漬成脆梅，採收期較晚
的梅子可做成梅乾。

白王

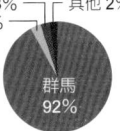

顧名思義，果皮呈
明亮的淺色系。

由來：甲州最小的選
拔品系
主要產地：和歌山縣

提供：JA 紀南

上市時期
(1 2 3 4 5 6 7 8 9 10 11 12) 月

和歌山
100%

在和歌山縣栽種的小梅。在小梅中果肉厚實
柔軟，最適合做成梅乾。由於加工後口感軟
嫩，讓人想像不到這是小梅。

紅王

果皮成熟後會染
成鮮紅色。

提供：JA 紀南

由來：不明
主要產地：
和歌山縣

和歌山
100%

上市時期
(1 2 3 4 5 6 7 8 9 10 11 12) 月

在和歌山縣栽種的小梅。外型近似白王，中
央的縫合線比白王深。晒到陽光的地方會轉
成紅色，適合做成梅乾。

紫姬梅

Purple Queen

果皮呈現均勻
的紫紅色。

提供：JA 紀南

由來：白王的枝變
主要產地：和歌山縣

和歌山
100%

上市時期
(1 2 3 4 5 6 7 8 9 10 11 12) 月

僅在和歌山縣 JA 紀南轄區內栽培的珍稀小
梅。由於會釋出亮粉紅色的精華，可釀造帶
有鮮豔紅色的梅酒與梅子汁。

七折小梅

由來：不明
主要產地：愛媛縣

外皮為透明的淺黃
色，果實柔軟。

大分
44%
愛媛
56%

上市時期
(1 2 3 4 5 6 7 8 9 10 11 12) 月

愛媛縣砥部町七折地區特產的小梅。種子小
巧，果肉又多又軟。酸味較弱，香氣芬芳，
適合做成梅乾和梅子糖漿。

核果 ／ 梅子

初夏就能品嘗，寶石般的果實

VII 櫻桃
Cherry
櫻珠

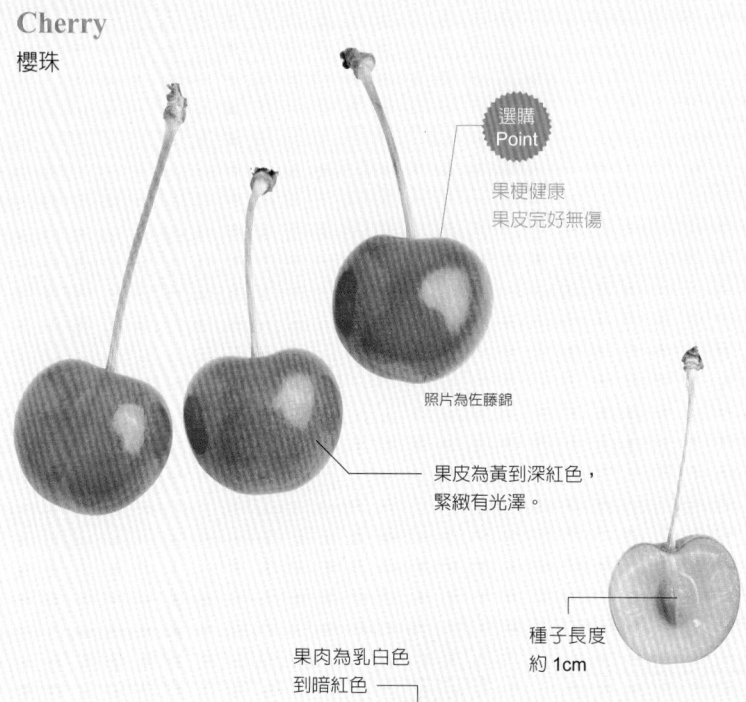

選購
Point

果梗健康
果皮完好無傷

照片為佐藤錦

果皮為黃到深紅色，
緊緻有光澤。

種子長度
約 1cm

果肉為乳白色
到暗紅色

花朵子房飽滿，成長為
果實。外側的薄皮為外
果皮；果肉為中果皮；
中心有硬核（內果皮）。
內果皮中有種子。

/ Data /

學名：*Prunus avium* L.
分類：薔薇科李屬
原產地：西亞
主要成分（日本產、新鮮）：熱量
60kcal、水分 83.1g、維他命 C 10mg、
食物纖維 1.2g、鉀 210mg

　　充滿清涼感的舒暢甜味獨樹一格，日產櫻桃只在
少數地區種植，是家喻戶曉的高級水果。閃亮的可愛
果實素有「紅寶石」之美譽。

　　櫻桃分成甜味強烈的「甜櫻桃」、酸味鮮明的「酸
櫻桃」和「中國櫻桃」三種，日本幾乎都是「甜櫻桃」。
包括以鮮豔紅色擁有不動人氣的「佐藤錦」，果實較
大、甜味強烈的「紅秀峰」等新品種也陸續登場。進
口產品稱為「美國櫻桃」，果實比日本產櫻桃大，顏
色濃郁、甜味鮮明。

4 月開白色花朵，6 月下旬到 7 月左右，
每處枝頭會結 3～5 顆黃色或紅色果實。
所有果實都由人工一顆顆採收。

167

挑選方式	果梗為漂亮的綠色，沒枯萎沒折斷的產品最新鮮。請選擇果皮沒有傷痕，顏色鮮豔均勻，表面緊實帶有光澤的品項。
保存法	採收後可在常溫下放置 2～3 天。若要冷藏保存，溫度過低會減損甜味，請放入蔬果保鮮室。先以保鮮膜密封，避免乾燥，再放入密封容器裡。
賞味時期	店面販售的都是最好吃的當令櫻桃。由於櫻桃容易受損，購買後最好趁新鮮吃光。
營養	主成分為醣類。水分較少，熱量高，有助於消除疲勞。雖然含量不多，但含有可抑制血糖上升的鉀與磷等礦物質，維他命含量也很均衡。此外，外皮為紫色的「美國櫻桃」富含花青素，有助於保護眼睛，改善視力。

主要品種譜系圖 　人氣品種「佐藤錦」是許多品種的雜交親本，開發出「紅秀峰」與「Benisayaka」等高品質品種。

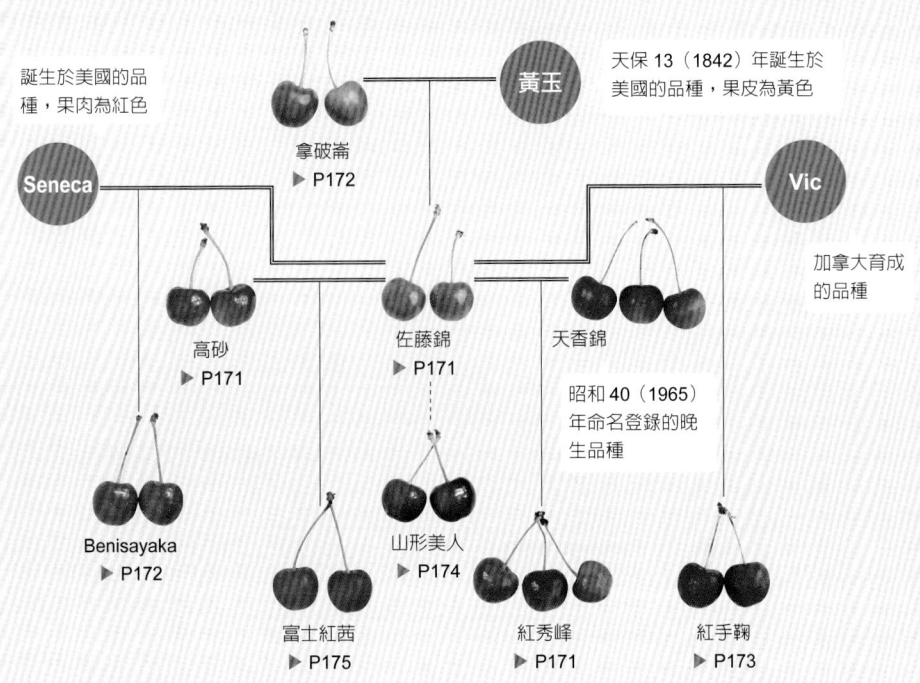

誕生於美國的品種，果肉為紅色

Seneca

拿破崙 ▶ P172

黃玉　天保 13（1842）年誕生於美國的品種，果皮為黃色

Vic　加拿大育成的品種

高砂 ▶ P171

佐藤錦 ▶ P171

天香錦　昭和 40（1965）年命名登錄的晚生品種

Benisayaka ▶ P172

山形美人 ▶ P174

富士紅茜 ▶ P175

紅秀峰 ▶ P171

紅手鞠 ▶ P173

收穫量演進

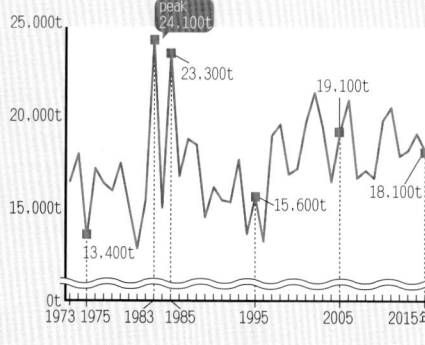

1980 年代收穫量遽增，1990 年代下滑，如今又逐漸增加。

主要產地與栽種面積

山形縣為日本全國生產量超過七成的「櫻桃王國」。栽種的櫻桃約七成都是甜味鮮明的人氣品種「佐藤錦」，縣內很流行現採櫻桃。

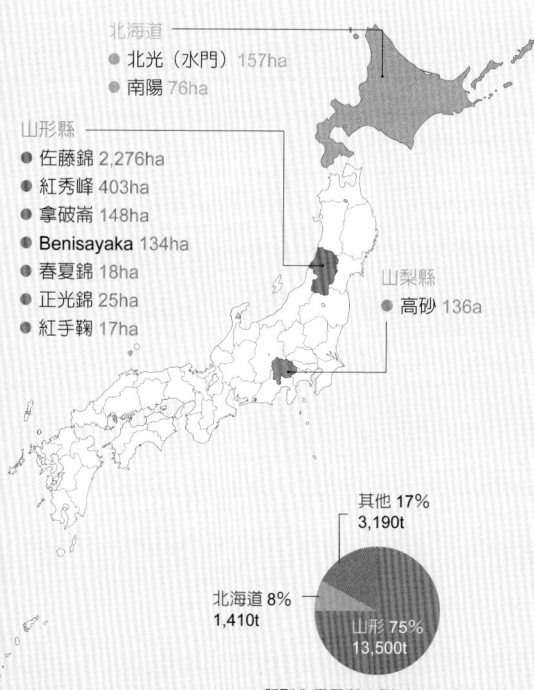

北海道
- 北光（水門）157ha
- 南陽 76ha

山形縣
- 佐藤錦 2,276ha
- 紅秀峰 403ha
- 拿破崙 148ha
- Benisayaka 134ha
- 春夏錦 18ha
- 正光錦 25ha
- 紅手鞠 17ha

山梨縣
- 高砂 136a

縣別收穫量與比例（2013 年）

- 其他 17%　3,190t
- 北海道 8%　1,410t
- 山形 75%　13,500t

品種別栽種面積排行榜

2001 年	2013 年
1 佐藤錦 2637ha	1 佐藤錦 3,009ha
2 拿破崙 470ha	2 紅秀峰 500ha
3 高砂 269ha	3 高砂 241ha
4 紅秀峰 181ha	4 北光（水門）202ha
5 南陽 118ha	5 拿破崙 195ha
6 香夏錦 56ha	6 Benisayaka 151ha
7 Benisayaka 42ha	7 南陽 105ha
8 正光錦 28ha	8 香夏錦 50ha
	9 正光錦 29ha
	10 紅手鞠 21ha

「佐藤錦」穩居第一。果實比「佐藤錦」大，甜味強烈的「紅秀峰」種植面積也愈來愈多。

（日本農林水產省　果樹生產出貨統計／特產果樹生產動態等調查 2013）

主要品種上市時期　櫻桃產季原本就很短，各地生產的「佐藤錦」、「紅秀峰」等品種的上市期間較長。

	1月	2月	3月	4月	5月	6月	7月	8月	9月	10月	11月	12月
佐藤錦				■	■	■						
紅秀峰				■	■	■						
高砂				■	■	■						
Benisayaka					■							
香夏錦					■	■						
正光錦						■						
拿破崙						■						
南陽						■						
北光（水門）							■					
紅手鞠							■					

核果／櫻桃

日本育成品種演進　明治初期開始栽種從歐美帶來的數十種櫻桃。相傳在北海道發現的「北光」（現為知名的「水門」），是日本國內首次育成的櫻桃品種。

明治
1868
～
1912

－明治 5（1872）年
高砂
從美國引進的品種。誕生於美國，當時的名字為「Rockport Bigarreau」。口感柔軟，甜味強烈，備受消費者青睞，現為收穫量第 3 名。

大正
1912
～
1926

－大正 1（1912）年
佐藤錦（山形縣）
佐藤榮助育成的品種。花了十幾年選出耐久放，果實不易受損的品種後，於昭和 3（1928）年命名。現為收穫量第一的日本代表品種。

昭和
1926
～
1989

－昭和 53（1978）年
南陽（山形縣）
在山形縣雜交，完成品種登錄。北海道比山形縣更適合栽種，在北海道的生產量愈來愈高。

平成
1989
～

－平成 3（1991）年
紅秀峰（山形縣）
在山形縣立園藝實驗場雜交與登錄的品種，特色在於耐存放。如今已成為繼「佐藤錦」之後的人氣品種。

－平成 3（1991）年
Benisayaka（山形縣）
在山形縣立園藝實驗場雜交與登錄的品種，帶有酸味，滋味清爽。

佐藤錦

由來:拿破崙 × 黃玉
糖度:13 ～ 18%
主要產地:山形縣

上市時期
| 1 | 2 | 3 | 4 | 5 | 6 | 7 | 8 | 9 | 10 | 11 | 12 |月

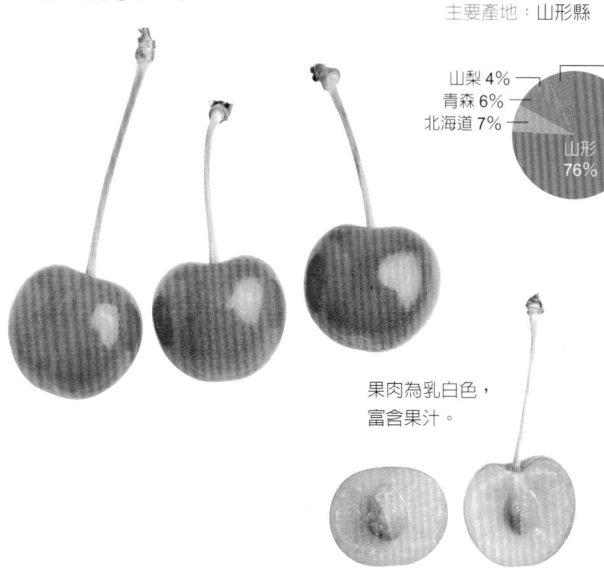

其他 7%
山梨 4%
青森 6%
北海道 7%
山形 76%

果肉為乳白色,富含果汁。

大正時代,由山形縣東根市的佐藤榮助育成。佐藤錦是日本櫻桃的代表品種,生產量居冠。特徵是果形呈短心型,外皮為鮮豔的紅寶石色。具有高雅甜味和適度酸味。

核果 ╱ 櫻桃

紅秀峰

由來:佐藤錦 × 天香錦
糖度:20%
主要產地:山形縣

青森 4%
北海道 5%
山梨 5%
其他 5%
山形 81%

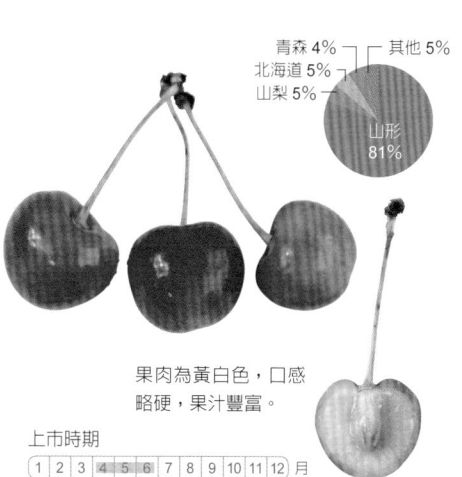

果肉為黃白色,口感略硬,果汁豐富。

上市時期
| 1 | 2 | 3 | 4 | 5 | 6 | 7 | 8 | 9 | 10 | 11 | 12 |月

山形縣育成,1991 年完成品種登錄。果實較大,屬於晚生種,日本全國的產地愈來愈多。特色是酸味較弱,甜味較強。肉質偏硬,比較耐放。

高砂

由來:從 Yellow Spanish 的實生中選拔
糖度:13 ～ 15%
主要產地:山梨縣

其他 7%
新潟 3%
長野 9%
山形 25%
山梨 56%

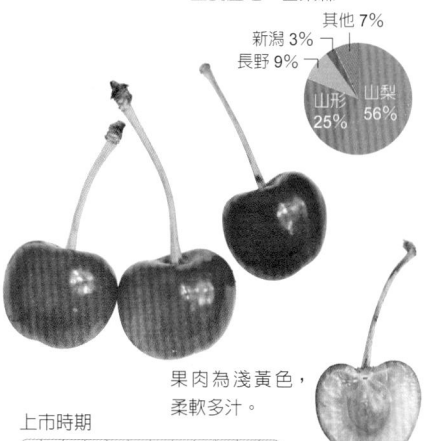

果肉為淺黃色,柔軟多汁。

上市時期
| 1 | 2 | 3 | 4 | 5 | 6 | 7 | 8 | 9 | 10 | 11 | 12 |月

美國品種,原名是「Rockport Bigarreau」。高砂是早生種,搶先其他品種上市。甜味與香氣皆鮮明,富含果汁。特色在於種子很容易脫離果肉。

---

memo 有些佐藤錦會以品種名加上「紅文」的名稱在市面上販售。

北光
水門

由來：不明
糖度：13 ～ 15%
主要產地：北海道

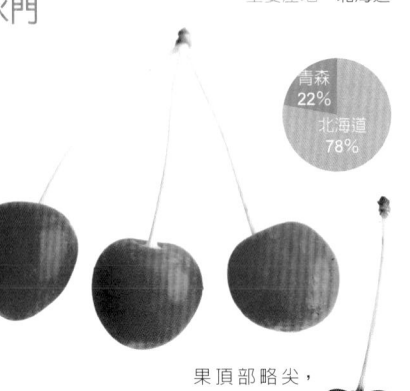

青森 22%
北海道 78%

果頂部略尖，
形狀特別。

上市時期
（1 2 3 4 5 6 7 8 9 10 11 12）月

明治時代在北海道小樽市發現的品種，在本州稱為「北光」；在北海道稱為「水門」。果實偏大，呈鮮紅色。肉質柔軟，特色是具有鮮明的甜味與酸味。

拿破崙

由來：不明
糖度：17 ～ 18%
主要產地：山形縣

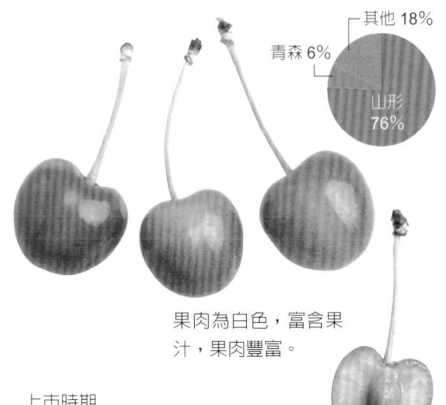

其他 18%
青森 6%
山形 76%

果肉為白色，富含果汁，果肉豐富。

上市時期
（1 2 3 4 5 6 7 8 9 10 11 12）月

18 世紀初期已在歐洲栽種，如今是歐美和日本的人氣品種。滋味濃郁，酸味和香氣都很鮮明。果皮略厚，運送途中也不易受損。

Benisayaka

由來：佐藤錦 ×Seneca
糖度：15%
主要產地：山形縣

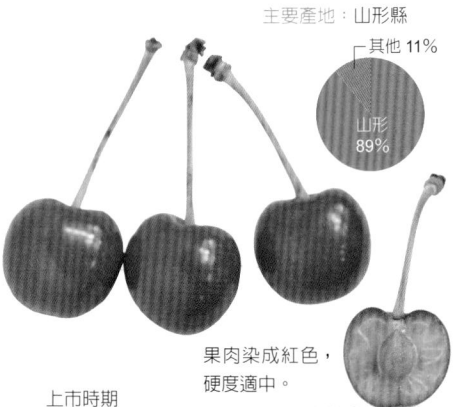

其他 11%
山形 89%

果肉染成紅色，
硬度適中。

上市時期
（1 2 3 4 5 6 7 8 9 10 11 12）月

山形縣育成的早生種櫻桃，果實偏大，顏色為深紅色。特色在於果肉口感十足，酸甜滋味均衡。愈成熟甜味愈鮮明。

南陽

由來：拿破崙的自然雜交實生
糖度：14 ～ 16%
主要產地：北海道

山形 12%
青森 15%
北海道 73%

特色在於肉質彈嫩，口感佳。

上市時期
（1 2 3 4 5 6 7 8 9 10 11 12）月

山形縣育成。甜味鮮明的大果品種，被譽為夢幻櫻桃。肉質略硬，富含果汁。晒到太陽的地方會染成美麗的藏紅花色，是其特色所在。

香夏錦

由來：佐藤錦 × 高砂
糖度：17 ～ 18%
主要產地：山形縣

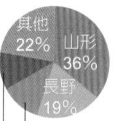

其他 22%
山形 36%
長野 19%
青森 12%
新潟 11%

果肉為乳白色，肉質柔軟細密。

福島縣育成的早生種。溫室栽培的香夏錦，上市時間更早。酸甜滋味均衡，果肉柔軟細緻，富含果汁。

核果／櫻桃

正光錦

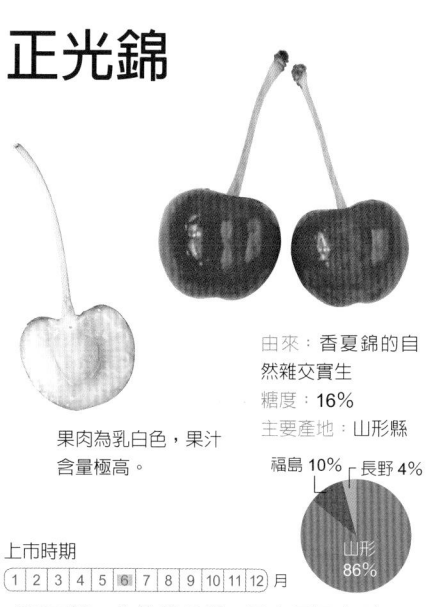

果肉為乳白色，果汁含量極高。

由來：香夏錦的自然雜交實生
糖度：16%
主要產地：山形縣

福島 10% 長野 4%
山形 86%

上市時期
1 2 3 4 5 6 7 8 9 10 11 12 月

「香夏錦」的後代品種。果實呈短心型，果皮為黃色底色，表面染上一層紅色。酸味較弱，甜味出眾。果肉柔軟，容易取出種子，也是特色所在。

紅手鞠 *

肉質偏硬細密，富含果汁。

由來：Vic × 佐藤錦
糖度：20%
主要產地：山形縣

北海道 13%
長野 5%
山形 82%

上市時期
1 2 3 4 5 6 7 8 9 10 11 12 月

山形縣育成。每顆重達 10g 以上，屬於大型果實的晚生種。甜味極強，與酸味的搭配十分均衡。果肉較硬，採收後較耐放。

月山錦

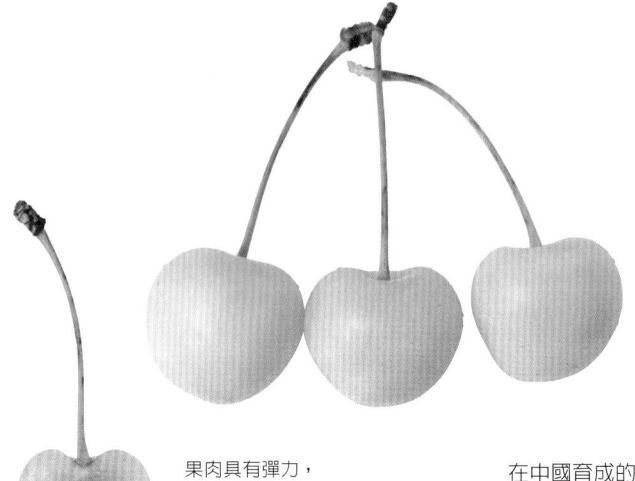

由來：不明
糖度：20 ～ 24%
主要產地：青森縣

山形 26%
青森 44%
北海道 30%

果肉具有彈力，
富含果汁。

在中國育成的大顆黃色櫻桃。口感清脆，甜味強，是其特色所在。果肉較硬，耐存放。這是難以栽培的珍稀品種，市面上很少見。

山形美人

紅佐藤

外觀近似佐藤錦，但果皮顏色較深，為深度的暗紅色。

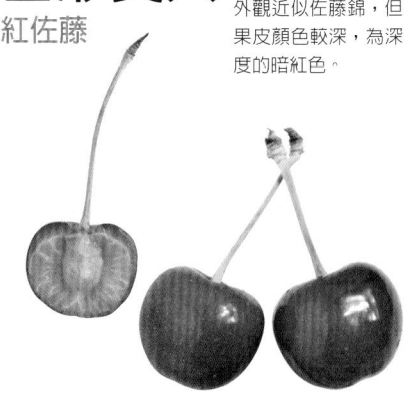

由來：佐藤錦的枝變
糖度：──
主要產地：長野縣、山形縣
上市時期
1 2 3 4 5 6 7 8 9 10 11 12 月

山形縣育成。果肉硬度適中，縫合線看起來像是白線，也是其特徵所在。兼具甜味與酸味，味道濃郁。

豐錦

顏色美麗，黃底色染成鮮豔的紅色。

由來：偶發實生
糖度：──
主要產地：山梨縣
上市時期
1 2 3 4 5 6 7 8 9 10 11 12 月

在山梨縣混植「高砂」、「拿破崙」的果園中發現的早生種。果肉柔軟，酸味較弱，甜味鮮明。

核果／櫻桃

六月新娘

果形為漂亮的心型，果肉為乳白色。

由來：南陽的自然雜交實生
糖度：──
主要產地：北海道、長野縣

上市時期
① 1 2 3 4 5 6 7 8 9 10 11 12 月

北海道育成的大果系品種。禦寒性高，甜味清爽是其特色所在。果肉較軟，富含果汁。

富士紅茜
甲斐 Ou 果 1*

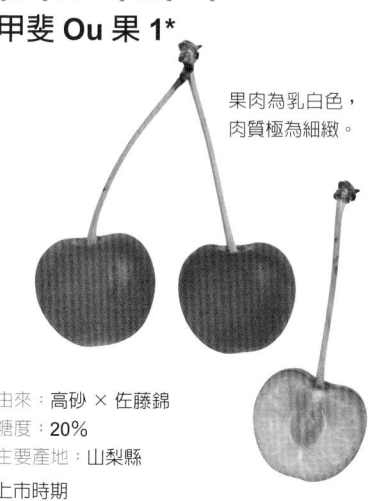

果肉為乳白色，肉質極為細緻。

由來：高砂 × 佐藤錦
糖度：20%
主要產地：山梨縣

上市時期
① 1 2 3 4 5 6 7 8 9 10 11 12 月

山梨縣的原創品種。以早生品種來說，果實偏大，果實呈短心型。不只甜味強烈，還帶有酸味，滋味十分濃郁。

Gold King

果皮帶有紅黃雜交的斑點圖案。

由來：偶發實生
糖度：17～20%
主要產地：北海道

上市時期
① 1 2 3 4 5 6 7 8 9 10 11 12 月

在位於北海道西南部的果樹栽培大鎮仁木町發現的晚生品種。果肉緊實，耐久放。酸味微弱，甜味鮮明。

Summit

大紅色果肉帶有柔軟口感。

由來：不明
糖度：15%
主要產地：青森縣

秋田 15%
北海道 33%
青森 52%

上市時期
① 1 2 3 4 5 6 7 8 9 10 11 12 月

在加拿大育成的黑褐色晚生種。果實比「美國櫻桃」大，連果肉都是紅色，是其特色所在。果肉厚實，口感清脆，味道清爽。

175

瑞尼爾
Rainier

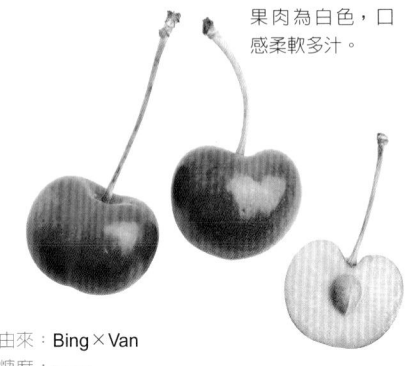

果肉為白色，口感柔軟多汁。

由來：Bing × Van
糖度：——
主要產地：美國
上市時期
(1) 2 3 4 5 6 7 8 9 10 11 12 月

只在美國北部部分地區生產的珍稀品種，果皮為淺黃紅色，一顆只有 500 日圓硬幣大小。果肉柔軟，甜味鮮明。

Bing

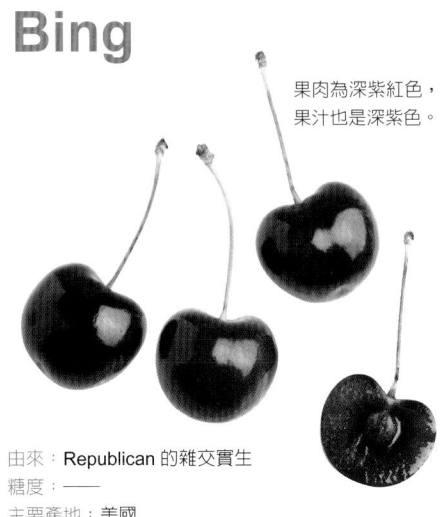

果肉為深紫紅色，果汁也是深紫色。

由來：Republican 的雜交實生
糖度：——
主要產地：美國
上市時期
(1) 2 3 4 5 6 7 8 9 10 11 12 月

誕生於奧勒岡州。約占進口櫻桃九成的比例。果皮為紅黑色，亦稱為黑櫻桃。特色是酸味較少，甜味鮮明。果肉偏硬，便於運送。

其他櫻桃品種

大將錦	平均重約 10g，果實偏大。果肉緊實，有嚼勁，甜味強烈。 由來：偶發實生　主要產地：山形縣
Obako 錦	果皮為深紅色，酸味較弱，清爽風味深具魅力。 由來：不明　主要產地：山形縣
紅福 *	果皮為鮮紅色，果肉為白色。種子較小，可食部位較多，是其特色所在。 由來：在藤錦的自然雜交實生　主要產地：福島縣
Jumbo 錦	平均重約 8g，果實偏大。酸味較弱，口感甘甜。果皮為帶紅的黃色。 由來：北光 ×Elton 的雜交實生　主要產地：青森縣
Jaborey	誕生於法國的品種，特色是深紅色果皮，酸味強烈，口感清爽。 由來：不明　主要產地：山形縣
Juno Heart*	青森縣育成。特色是心型的大顆果實。雖然口感較硬，但多汁甘甜。 由來：紅秀峰 ×Summit　主要產地：——
大櫻夏	平均重量約 14g，尺寸偏大。糖度為 18%，酸味較弱，滋味清涼。 由來：偶發實生　主要產地：——
八興錦	外型與親本「佐藤錦」相似，大小也相仿。飽含水分，鮮嫩多汁，酸味較弱。 由來：佐藤錦 ×Jaborey　主要產地：——
花笠錦	平均重約 10g，果實偏大。糖度較高，甜中帶酸，濃郁的滋味充滿魅力。 由來：偶發實生　主要產地：——
Benikirari*	山形縣育成。心型果實偏大，屬於中生種。甜味鮮明，口感清爽。 由來：瑞尼爾 ×Compact stella　主要產地：山形縣
紅夢鷹	平均重約 8g，果實偏大，甘甜多汁。枝條前端為紅褐色，是其特色所在。 由來：在藤錦的自然雜交實生　主要產地：山形縣

Benikirari

覆蓋在中國李與葡萄上的白色粉末究竟是？

有些水果表面會覆蓋一層薄薄的白色粉末，可由此看出水果的新鮮度。

蘋果

藍莓

中國李

西瓜

表面覆蓋白粉的水果

新鮮的李子和葡萄表面會覆蓋一層白色粉末，此物質稱為「果粉（bloom）」。果實內含的脂質產生蠟，蠟覆蓋在水果表面便成為果粉。果粉無毒性，大量附著於水果表面也不會影響人類健康。

覆蓋在水果表面的果粉除了可以隔絕雨水和霧帶來的水氣，避免果實生病之外，還能避免溫度與濕度變化危害果實。實驗證實，果粉較多的葡萄與果粉較少的葡萄相較，果粉較少的葡萄受損狀況較嚴重，由此即可看出果粉的功效。

不只是李子和葡萄，藍莓、蘋果、西瓜等也會產生果粉。

有些水果不新鮮比較好吃

不是所有水果在剛採收的新鮮狀態下最好吃。依照水果種類的不同，水果熟成的時間都不一樣，有些在樹上成熟，有些則是採收後完熟。採收後存放一段時間，放到最好吃的時候，這個過程稱為「追熟」。右方的水果全都是需要「追熟」的種類。如購買時覺得水果摸起來較硬，最好放一段時間，等待完熟。

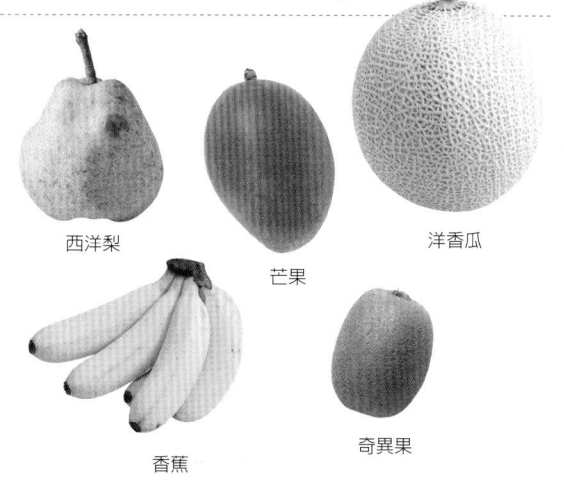

西洋梨

芒果

洋香瓜

香蕉

奇異果

PART 2　水果圖鑑

果菜

不生長在樹上，在田裡採收的水果稱爲「果菜」。

根據日本農林水產省的分類，

草莓、洋香瓜與西瓜三類皆爲「果菜」。

果菜屬於每年重新種植的一年生草本植物，

品種變動頻率比果樹快。

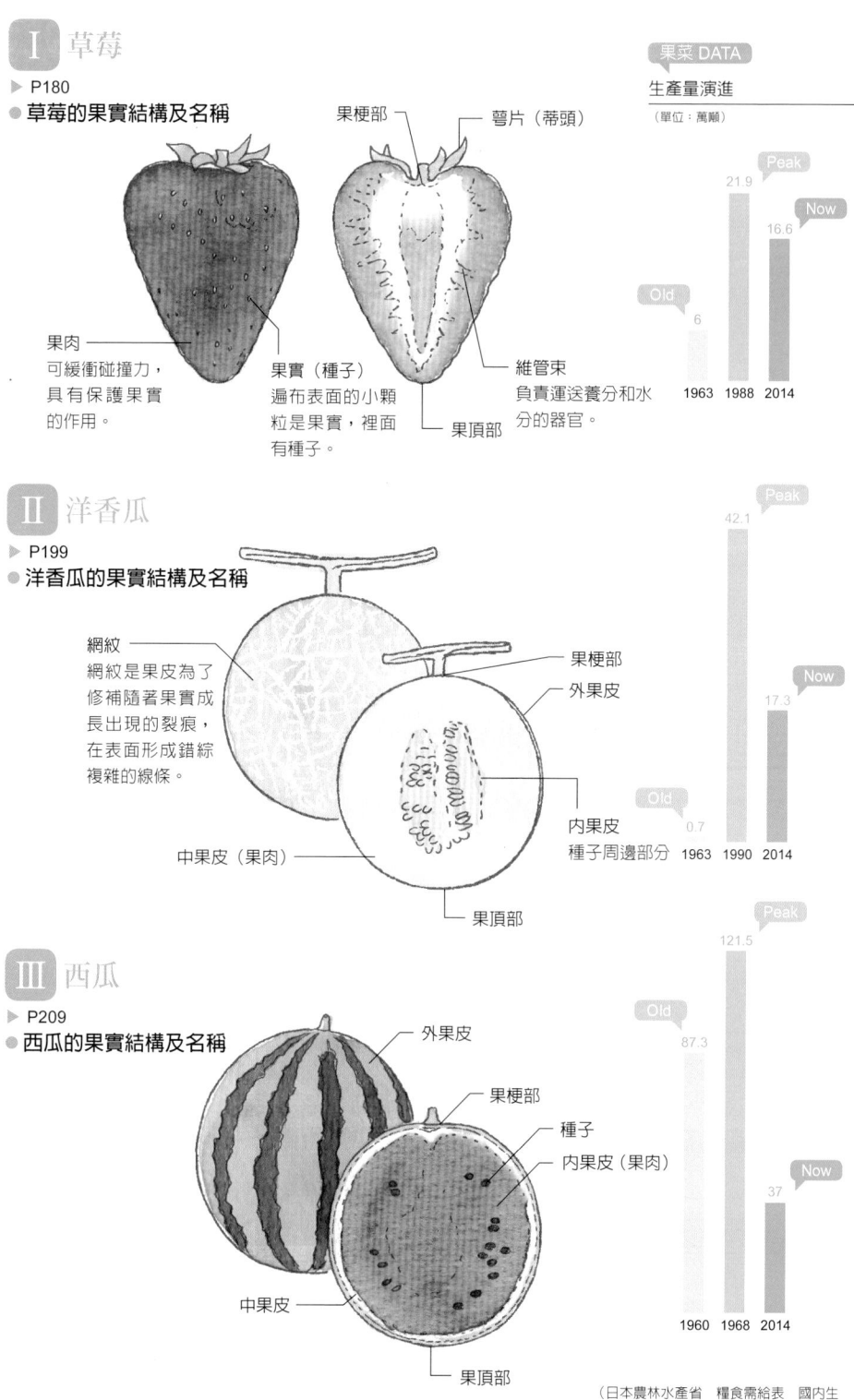

Ⅰ 草莓

▶ P180

● 草莓的果實結構及名稱

果梗部

萼片（蒂頭）

果肉
可緩衝碰撞力，
具有保護果實
的作用。

果實（種子）
遍布表面的小顆
粒是果實，裡面
有種子。

果頂部

維管束
負責運送養分和水
分的器官。

果菜 DATA

生產量演進

（單位：萬噸）

Peak
21.9

Now
16.6

Old
6

1963　1988　2014

Ⅱ 洋香瓜

▶ P199

● 洋香瓜的果實結構及名稱

網紋
網紋是果皮為了
修補隨著果實成
長出現的裂痕，
在表面形成錯綜
複雜的線條。

果梗部

外果皮

中果皮（果肉）

內果皮
種子周邊部分

果頂部

Peak
42.1

Now
17.3

Old
0.7

1963　1990　2014

Ⅲ 西瓜

▶ P209

● 西瓜的果實結構及名稱

外果皮

果梗部

種子

內果皮（果肉）

中果皮

果頂部

Old
87.3

Peak
121.5

Now
37

1960　1968　2014

（日本農林水產省　糧食需給表　國內生
產量明細）

179

I 草莓
Strawberry
莓

果菜 / 草莓

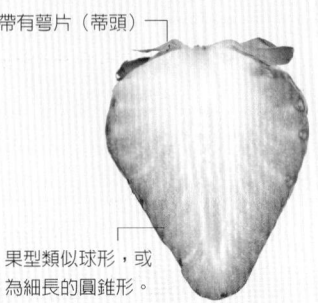

帶有萼片（蒂頭）

選購
Point

蒂頭新鮮
果皮顏色均勻

果型類似球形，或
為細長的圓錐形。

果肉顏色為白～深紅色

表面的小顆粒是
真正的果實，裡
面有種子。

照片為左賀穗之香

/ Data /

學名：*Fragaria ×ananassa* Duch.
分類：薔薇科草莓屬
原產地：歐洲等
主要成分（新鮮）：熱量 34kcal、水分
90.0g、維他命 C 62mg、食物纖維 1.4g、
鉀 170mg

從果實前端成熟，因
此前端最甜。從蒂頭
入口可享受草莓的甘
甜餘韻。

　　日本最初的草莓是江戶時代末期，從荷蘭引進的觀賞用荷蘭草莓。戰後從美國帶進食用品種，日漸普及。草莓的特色在於滋味酸甜，表面遍布小顆粒。事實上，這些小顆粒才是真正的果實。

　　日本的草莓栽培技術揚名世界，陸續推出新品種。近幾年以果實大顆，甜味強的品種最受歡迎。最具代表性的品種是線條圓潤飽滿的「Amaou」，以「章姬」和「愛Berry」為親本的新品種也種類繁多。此外，最近消費市場愈來愈注意糖度等品質，衍生出品牌化趨勢，白草莓就是最好的例子。

挑選方式	選擇包括蒂頭周邊在內，整體顏色均勻美麗的草莓。綠色蒂頭代表新鮮。各品種的顏色深淺各異，與糖度高低無關。
保存法	無須清洗，直接整顆用保鮮膜密封，可冷藏 1～2 天。若要長期保存，請摘掉蒂頭，用水洗淨，拭乾水分後，將草莓一顆顆分開排列在托盤裡，放入冷凍庫。結凍後以塑膠袋包裝。
賞味時期	店頭販售的都是成熟草莓，基本上應儘快食用完畢。
營養	含有豐富的維他命 C，含量約與檸檬相同，只要吃 10 顆就能滿足每天必須攝取量。此外，水溶性食物纖維果膠與蘋果酸有助於提升腸道功能。

自然生長的草莓 4 月就會開白花。從根部長出覆蓋地面的莖部，最後形成子株，成為隔年的苗。

主要品種上市時期　產季為冬季到初春。近年來由於甜點需求高，夏季以後就能採收的夏秋季產草莓愈來愈多，草莓成為一年四季都能吃到的水果。

	1月	2月	3月	4月	5月	6月	7月	8月	9月	10月	11月	12月
佐賀穗之香	■	■	■	■	■						■	■
幸之香	■	■	■	■	■						■	■
Kirapi香	■	■	■	■								■
濃姬	■	■	■	■	■							■
栃乙女	■	■	■	■	■							■
女峰	■	■	■	■								
Amaou	■	■	■	■	■							■
章姬	■	■	■	■	■							■
紅臉頰	■	■	■	■	■							■
愛Berry	■	■	■	■	■							■
Royal Queen	■	■	■	■	■							■
Sky Berry	■	■	■	■	■							
初戀之香	■	■	■	■								■
淡雪	■	■	■	■	■							■
桃薰	■	■	■	■	■							
真紅美鈴	■	■	■	■	■	■						
彌生姬	■	■	■	■	■	■						
Suzuakane						■	■	■	■	■		
Natsuakari						■	■	■	■	■	■	
Summer Tiara						■	■	■	■	■	■	

主要產地與收穫量

受到氣候差異、外地運送困難等因素影響，日本各地只種植適合各產區的品種。其中以關東與九州的產量最大。2013 年日本國內總收穫量為 16 萬 5600 噸。

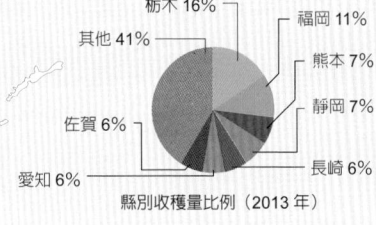

栃木 16%
福岡 11%
其他 41%
熊本 7%
靜岡 7%
佐賀 6%
長崎 6%
愛知 6%

縣別收穫量比例（2013 年）

（日本農林水產省　蔬菜生產出貨統計）

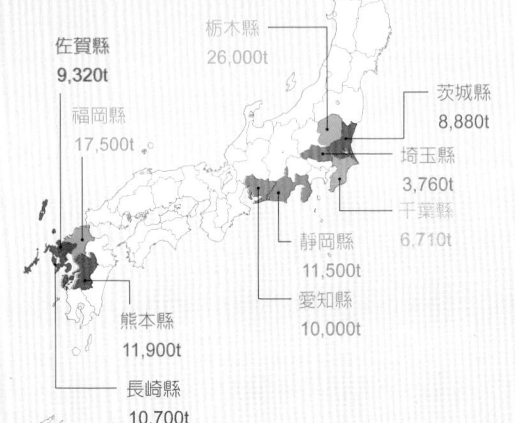

佐賀縣
9,320t

栃木縣
26,000t

福岡縣
17,500t

茨城縣
8,880t

埼玉縣
3,760t

千葉縣
6,710t

靜岡縣
11,500t

愛知縣
10,000t

熊本縣
11,900t

長崎縣
10,700t

收穫量演進

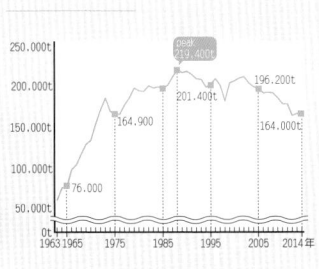

250,000t
219,400t
200,000t
201,400t
196,200t
164,900t
164,000t
150,000t
100,000t
76,000
50,000t
0t
1963　1975　1985　1995　2005　2014年

1960 年代後期到 1970 年代大幅攀升，目前處於略微下降的趨勢。

（日本農林水產省　蔬菜生產出貨統計）

主要品種譜系圖　　東日本以「女峰」、西日本以「豐之香」為親本，交配出許多新品種。

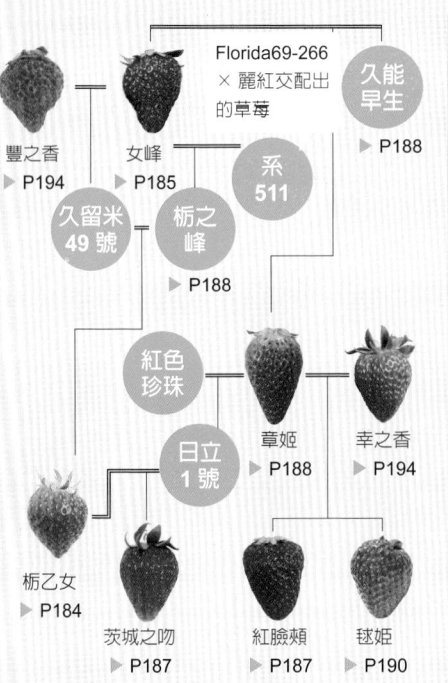

豐之香
▶ P194

女峰
▶ P185

Florida69-266
× 麗紅交配出的草莓

久能早生
▶ P188

系
511

久留米
49 號

栃之峰
▶ P188

紅色珍珠

章姬
▶ P188

幸之香
▶ P194

日立1 號

栃乙女
▶ P184

茨城之吻
▶ P187

紅臉頰
▶ P187

甜姬
▶ P190

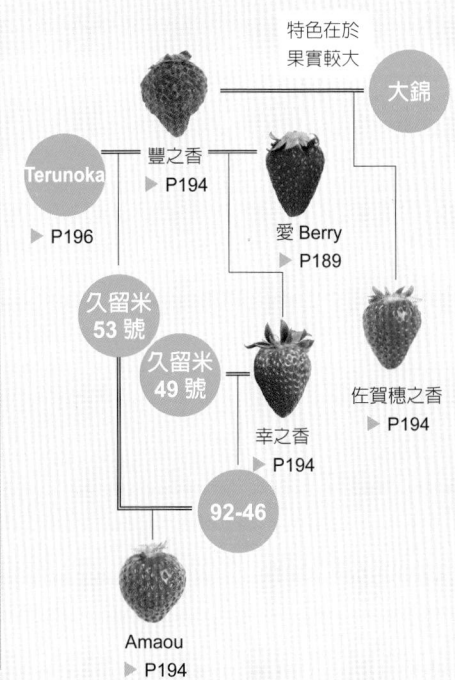

特色在於果實較大

大錦

Terunoka
▶ P196

豐之香
▶ P194

愛 Berry
▶ P189

久留米53 號

久留米49 號

幸之香
▶ P194

佐賀穗之香
▶ P194

92-46

Amaou
▶ P194

品種變遷相當激烈，經過不斷改良，
開發各式優良品種，使得以前的品種產量呈現衰退趨勢。

江戶 1603 〜 1867	－天保 6（1835）年左右 荷蘭草莓（長崎縣） 從荷蘭傳入的品種，當時僅作觀賞用，並未普及。
明治 1868 〜 1912	－明治 32（1899）年 福羽（東京都） 新宿御苑的農學博士福羽逸人開發的國產第 1 號草莓。
大正 1912~1926	
昭和 1926 〜 1989	－昭和 25（1950）年 Danner（美國） 美國引進的品種。廣泛普及，價格實惠，是草莓普及的推手。現在幾乎不生產。 －昭和 35（1960）年左右 寶交早生（兵庫縣） 兵庫縣育成，在西日本比「Danner」普及。現在幾乎不生產。 －昭和 59（1984）年 豐之香 日本農林水產省育成，並完成品種登錄。西日本的代表品種，問世後 20 年備受消費者青睞。 －昭和 60（1985）年 女峰（栃木縣） 栃木縣育成與登錄的品種。東日本最具人氣的代表品種。
平成 1989 〜	－平成 4（1992）年 章姬（靜岡縣） 靜岡縣育成與登錄的品種。長年以來家喻戶曉的靜岡草莓。 －平成 8（1996）年 栃乙女（栃木縣） 栃木縣育成。取代「女峰」改良而成的品種，占縣內生產量的九成。 －平成 13（2001）年 佐賀穗之香（佐賀縣） 佐賀縣育成與登錄的品種。大果實與優雅甜味備受歡迎，是佐賀縣的代表品種。 －平成 14（2002）年 紅臉頰（靜岡縣） 靜岡縣育成與登錄的品種。占縣內產量八成，香氣宜人，糖度高，愈來愈受歡迎。

栃乙女

上市時期

| 1 | 2 | 3 | 4 | 5 | 6 | 7 | 8 | 9 | 10 | 11 | 12 | 月 |

由來：久留米 49 號 × 栃之峰
糖度：10%

果皮呈鮮紅色。果肉柔軟，富含果汁。

取代「女峰」的栃木縣原創品種，誕生於 1996 年。約占栃木縣草莓生產量的九成，如今已經是日本的代表品種。果實比「女峰」大，特色是酸味較弱，甜味鮮明。存放期間較長。

---

column

草莓大國栃木縣與栃乙女

栃木縣的草莓產量居全日本之冠，有「草莓王國」之美譽，隨著時代史迭開發出許多人氣品種。1984 年誕生的「女峰」，收穫期比既有品種早，也很容易栽培，成為揚名全日本的品牌。1996 年成功改良的「栃乙女」，不只承襲「女峰」的優點，果實更大更甘甜，成為栃木縣代表品種，擁有穩固人氣。

另一方面，2008 年設立全日本第一間「草莓研究所」，繼「栃乙女」之後，開始育成新品種。經過十七年的歲月，從超過 10 萬株苗中選出的「Sky Berry」，是肩負起草莓王國下一世代的新星。

上／栃木市內的栃木縣農業實驗場草莓研究所。不只育成新品種，也負責新技術開發與草莓研究分析等業務。下／從過去到現在，栃木縣開發出「女峰」、「栃之峰」、「栃姬」、「夏乙女」等品種。
照片：栃木縣農業實驗場草莓研究所

果菜／草莓

佩奇卡

果肉顏色為淺紅色，酸味強烈，富含香氣。

由來：大石四季成 2 號
×Summer Berry
糖度：7%

照片：Hope 股份有限公司

上市時期

(1) 2 3 4 5 (6 7 8 9)(10 11) 12 月

北海道生技企業開發的品種。特色是美麗的圓錐形與鮮紅色。其他品種無法在初夏時期採收，但佩奇卡可以，因此在商業用草莓市場中有極高市占率。

越後姬

果實大顆且帶有光澤，鮮豔的紅色十分美麗。

由來：（Belle Rouge×
女峰）× 豐之香
糖度：10 ～ 11%

上市時期

(1 2 3 4 5) 6 7 8 9 10 11 (12) 月

新潟縣代表品種。由於外觀惹人憐愛，取名為「越後姬」。開花後到採收期的時間很長，酸味較弱，甜味強烈，清爽香氣也是其特色所在。

桃薰 *

高級

Momomi
輕井澤貴婦人

由來：申請人擁有的育成
品系 × 久留米 IH1 號
糖度：10%

如桃子般偏白的果皮與白色果肉為最大特色。

提供：輕井澤桃薰草莓農園
照片為「Momomi」

上市時期

(1 2 3 4 5) 6 7 8 9 10 11 (12) 月

2011 年登錄的品種。淺色系果皮與桃子般甘甜濃郁的香氣是其最大特色。含有桃子、椰子、焦糖般的香氣成分，滋味令人難忘。

女峰

外觀為深紅色，富含果汁。

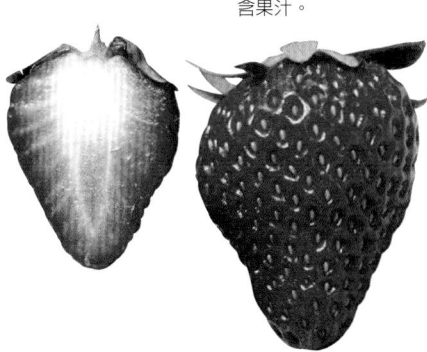

由來：（春香 ×Danner）
× 麗紅
糖度：9%

照片：香川縣農業生產流通課

上市時期

(1 2 3 4) 5 6 7 8 9 10 11 (12) 月

栃木縣育成，取名自日光的女峰山。在「栃乙女」誕生之前，「女峰」是東日本的主要品種。顏色與形狀都很美麗，也是一般商業愛用的草莓。味道酸甜，香氣鮮明。

Sky Berry

栃木 i27 號 *

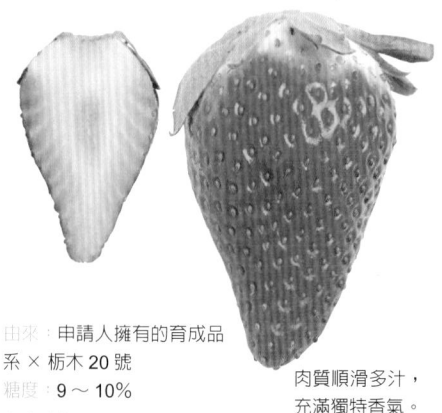

由來：申請人擁有的育成品
系 × 栃木 20 號
糖度：9 ～ 10%

上市時期

| 1 | 2 | 3 | 4 | 5 | 6 | 7 | 8 | 9 | 10 | 11 | 12 | 月 |

肉質順滑多汁，
充滿獨特香氣。

以「栃乙女」的後繼品種為開發概念，每顆
果實約為一般草莓的 3 ～ 4 倍大，外觀與味
道都很出色，是目前愈來愈受注目的高級草
莓。酸味與甜味均衡，味道溫和芳醇。

column 四季結果的草莓愈來愈多

7 ～ 10 月是草莓青黃不接的時期。過去
這段時間市面上都是用來做蛋糕的進口草
莓，近年來在寒冷地區不斷培育四季結果
的草莓品種，因此日本消費者也能在夏到
秋季買到日本產草莓。四季結果的夏秋季
產草莓，特色在於一年可以採收好幾次，
一直出貨到草莓需求量最高的聖誕季節。
果實較硬，耐存放，
是其特色所在。

照片：農研機構

北海道、東北、信越地方的草莓品種

Suzuakane*	果實較大偏圓，果肉與果皮較硬且耐存放，是其最大特色。夏秋季產草莓。 由來：S-138× 申請人擁有的育成品系
Kentarou*	北海道原創品種，果實大，糖度高，耐存放。 由來：Kitaekubo× 豐之香
Natsuakari*	紅色果肉柔軟，果皮呈鮮紅色，有時也會拿來做蛋糕。夏秋季產草莓。 由來：Summer Berry× 北之輝
北之輝 *	由於果實很硬，適合運送，是需求量高的商業用草莓。晚生品種。 由來：Belle Rouge×Pajaro
豐雪姬 *	初夏收穫的品種，果實較大，每顆草莓的尺寸誤差很小。 由來：盛岡 32 號 ×Karenberry
Summer Tiara*	山形縣育成。果實為紅色，切開後放在蛋糕上也很漂亮。夏秋季產草莓。 由來：Selva× 紅臉頰
乙女心 *	山形縣育成。誕生於庄内沙丘，外型呈三角錐形，酸甜比例適中。 由來：沙丘 S2 號 × 北之輝
再來一顆 *	宮城縣育成。帶有清爽甜味，美味到讓人想一吃再吃，再來一顆。 由來：申請人擁有的育成品系 × 幸之香
Summer Candy	宮城縣育成。顧名思義，是夏季採收的草莓。特點在於果皮為深紅色。夏秋季產草莓。 由來：栃乙女 ×（Summer Berry × 盛岡 26 號）
Summer Prince*	長野縣育成。果肉較硬，酸味強烈，適合做成蛋糕的加工用品種。夏秋季產草莓。 由來：（麗紅 × 夏芳）× 女峰

豐雪姬

照片提供：三好 Agritech 股份有限公司

再來一顆

茨城之吻 *

由來：栃乙女 × 日立
1 號
糖度：10%
上市時期
| 1 | 2 | 3 | 4 | 5 | 6 | 7 | 8 | 9 | 10 | 11 | 12 | 月

果皮帶有光澤，紅色果肉十分多汁。

茨城縣原創品種。開發之初是以果實偏大，味道出色，產量穩定的品種為目標培育而成。由於果肉偏硬，在運送過中不易受損。糖度較高，滋味濃郁。

Royal Queen

由來：AsukaWave ×
帶有炭疽病抵抗力的品系
糖度：13%
上市時期
| 1 | 2 | 3 | 4 | 5 | 6 | 7 | 8 | 9 | 10 | 11 | 12 | 月

連果肉都是紅色，富含果汁。

「女峰」開發者育成的品種，主要在關東地區販售。由於培育時減少用水量，因此果皮強韌，富含甜味，是其特色所在。散發濃郁甜味和香氣。

彌生姬 *

可吃到偏硬的果肉，口感十足。

由來：（Tonehoppe × 栃乙女）
× Tonehoppe
糖度：9%
上市時期
| 1 | 2 | 3 | 4 | 5 | 6 | 7 | 8 | 9 | 10 | 11 | 12 | 月

照片：JA 多野藤

群馬縣育成的品種。果皮呈帶橘的紅色，果實大顆。酸味較弱，糖度高，吃起來感覺非常甜。由於果肉較硬，不易受損，耐存放，是其特色所在。

真紅美鈴 *
黑草莓

照片：浦部農園

由來：房香 × 麗紅
糖度：17%
上市時期
| 1 | 2 | 3 | 4 | 5 | 6 | 7 | 8 | 9 | 10 | 11 | 12 | 月

果實呈圓錐形，外皮帶有光澤。果肉為紅色，肉質偏硬。

千葉縣種者育成的新品種，亦稱為黑草莓。外觀呈紅黑色，裡面為深紅色，幾乎不帶酸味，是其特色所在。雖然顏色較深的草莓容易受損，但此品種可以久放。

紅臉頰 *

由來：章姬 × 幸之香
糖度：10%
上市時期
| 1 | 2 | 3 | 4 | 5 | 6 | 7 | 8 | 9 | 10 | 11 | 12 | 月

果實呈長圓錐形，由內到外都是鮮紅色。

誕生於靜岡縣，是該縣生產量最高的草莓。果實大顆，帶有濃郁甜味與香氣，同時還能品嘗到豐富的滋味與酸味。果肉緊實偏硬，保存時間長。

column 日本產草莓誕生於東京

日本第一個開發的草莓品種「福羽」，是明治時代以從法國引進的草莓品種為親本培育出來的。剛開始種植在新宿御院，不對外流通。大正時期開始在東京周邊販售，昭和初期成為靜岡縣石牆栽培用品種。果實大顆，一顆重達 80g，甜味與香氣都很鮮明。在 1960 年代以前，是頗受歡迎的高級品種。

誕生於新宿御院的「福羽」

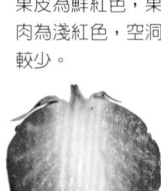

章姬

由來：女峰 × 久能早生
糖度：10%

果皮為鮮紅色，果肉為淺紅色，空洞較少。

上市時期
1 2 3 4 5 6 7 8 9 10 11 12 月

由靜岡縣生產者育成。靜岡草莓的代表品種，特點是果實大顆，呈吊鐘型。酸味較弱，富含甜味。肉質柔軟，口感順滑。

Kirapi 香 *

由來：申請人擁有的育成品系 × 靜岡 13 號
糖度：9%

肉質不會過軟，口感佳。

上市時期
1 2 3 4 5 6 7 8 9 10 11 12 月

2014 年誕生於靜岡縣的品種，結合 15 個品種，歷經 17 年歲月育成。閃耀寶石般的光輝，帶有高雅甜味、清新果香和水嫩口感。

關東、東海、近畿地方的草莓品種

栃之峰	呈長圓錐形，果實大顆為特色所在。果皮與果肉為深紅色，栃木縣育成的品種。 由來：（Florida69-266× 麗紅） × 女峰
Ozeakarin*	2011 年完成品種登錄的群馬縣原創品種，果實較大，觸感偏硬。 由來：盛岡 26 號 ×（Tonehoppe× 栃乙女）
Tonehoppe	香味不明顯，但果實大顆，帶有光澤，是其特色所在。群馬縣育成的晚生品種。 由來：系 56× 女峰
麗紅	千葉縣誕生，1976 年品種登錄的懷舊草莓。流通量愈來愈少。 由來：春香 × 福羽
久能早生	在石頭堆積的露地栽種，靜岡縣特產的石牆栽培用品種，於 1983 年完成登錄。 由來：（久留米 103 號 × 寶交早生） × 麗紅
Amamitsu	靜岡縣掛川市農園栽培的高級草莓，甜味強烈，香氣鮮明。 由來：不明
馬歇爾	昭和初期引進靜岡縣的品種，在昭和 30 年代之前為珍貴的露地早生種。 由來：偶發實生
Summer Berry	奈良縣育成，可在夏季享用的美味草莓。果肉偏硬，果皮為鮮紅色，果心為白色。 由來：夏芳 × 麗紅
四星 *	從第一次在日本實際運用的種子育成的新品種。甜味酸味都很鮮明，味道濃郁。 由來：申請人擁有的育成品系互相交配

果菜／草莓

夢之香 *

照片：JA 愛知豐田

果實為圓錐形，果肉為淺紅色，果心也是淺紅色。

由來：久留米 55 號
×92-46
糖度：10%
上市時期
1 2 3 4 5 6 7 8 9 10 11 12 月

誕生於愛知縣的大顆草莓，表面呈鮮紅色。富含果汁，口感水嫩，甘甜且帶有適度酸味。完熟後果皮還是硬的，不易受損。

愛 Berry

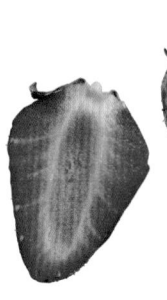

果皮為鮮紅色，散發光澤。

由來：麗紅 × 寶交
糖度：15%
上市時期
1 2 3 4 5 6 7 8 9 10 11 12 月

誕生於愛知縣，名字取自地名「愛」。果實大顆，每顆重約 50g，富含香氣與甜味。常用來製作甜點，也是很受歡迎的禮品。不少大果品種都是以「愛 Berry」為親本。

濃姬
美人姬

照片：JA 全農岐阜

由來：愛 Berry × 女峰
糖度：10%

果肉顏色為淺紅色，水嫩多汁。

上市時期
1 2 3 4 5 6 7 8 9 10 11 12 月

岐阜縣的原創品種。果實大顆，形狀宛如橄欖球。表皮為散發光澤的鮮紅色，具有強烈的香氣與甜味。肉質柔軟，入口即化，適合直接吃。

美濃娘 *

照片：JA 全農岐阜

果肉與果心為白色，果實的空洞大小適中。

由來：（女峰 × 寶交早生）×（豐之香 × 濃姬）
糖度：10%
上市時期
1 2 3 4 5 6 7 8 9 10 11 12 月

誕生於岐阜縣，呈圓錐形的大果品種。果皮為亮紅色，散發光澤。甜味與酸味均衡，滋味絕佳，是其特色所在。果肉較硬，口感好，耐存放。在商業市場頗受歡迎。

華篝 *

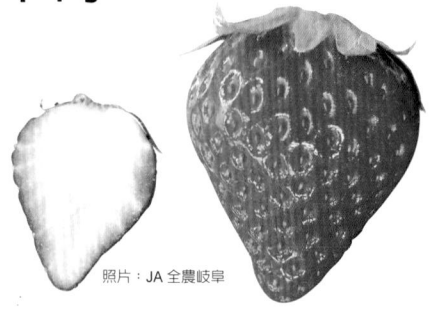

照片：JA 全農岐阜

由來：美濃娘 × 申請人擁有的育成品系

糖度：12%

大顆的紅色果實富含水分。

上市時期

`1 2 3 4 5 6 7 8 9 10 11 12` 月

誕生於岐阜縣，名字取自當地地標「金華山」，與長良川鵜飼的「篝火」。果實大顆，散發光澤，果形完美。在既有的縣育成品種中，華篝的收穫量較大。2016 年申請品種登錄。

香野 *

由來：申請人擁有的育成品系互相交配

糖度：10%

果肉紮實，口感水嫩。

上市時期

`1 2 3 4 5 6 7 8 9 10 11 12` 月

三重縣育成的大果品種，由於香氣宜人，因此取名「香野」。帶有清爽甜味。從寒冬季節初期就能採收，因此日本各地都有栽種。

茜娘

百壹五

高級

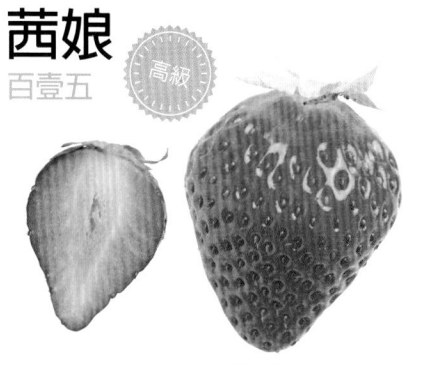

果皮為鮮紅色，果肉為黃白色，肉質略硬。

由來：（《愛 Berry × 寶交早生》× 豐之香）×（愛 Berry × 寶交早生）

糖度：12%

上市時期

`1 2 3 4 5 6 7 8 9 10 11 12` 月

誕生於愛知縣，亦稱為「百壹五」。不只果實碩大，還帶有出眾的甜味、些微的酸味及濃郁滋味。有時會以單顆販售的高級草莓。

毬姬 *

高級

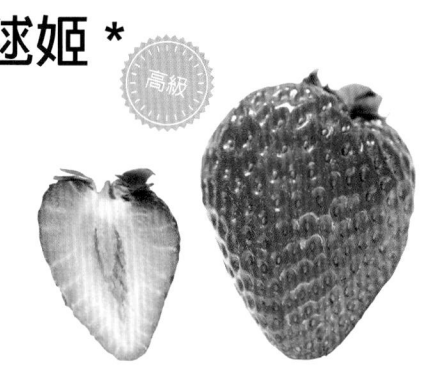

果肉十分柔軟，水嫩多汁。

由來：章姬 × 幸之香

糖度：10%

上市時期

`1 2 3 4 5 6 7 8 9 10 11 12` 月

和歌山縣育成，名字取自傳統工藝品「紀州手毬」。果實大顆，香氣強烈，甜味鮮明。市面上販售的都是完熟果實，無法久放，因此主要在和歌山縣內流通。

果菜／草莓

明日香紅寶石 *

果肉為帶橘的紅色，肉質稍硬。

由來：Asuka Wave× 女峰
糖度：11 ～ 12%

上市時期
1 2 3 4 5 6 7 8 9 10 11 12 月

誕生於奈良縣，閃耀紅寶石般的光輝，果實大顆，形狀一致，是其特色所在。帶有適度甜味，口感酸甜多汁。主要流通於關西地區。

古都華 *

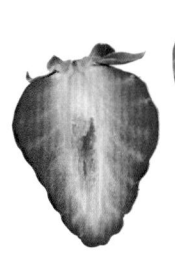

果肉為帶橘的紅色，肉質偏硬。

由來：申請人擁有的育成品系 × 紅臉頰
糖度：11 ～ 13%

上市時期
1 2 3 4 5 6 7 8 9 10 11 12 月

奈良縣育成的新品種，期盼成為古都奈良之「華」，因此取名。紅色果實帶有光澤，香氣強烈。由於在溫差較大的盆地培育，甜味與酸味都很鮮明，滋味濃郁。

果菜 ／ 草莓

中國、四國地方的草莓品種

讚岐姬

讚岐姬 *	香川縣原創品種，帶有均衡的酸甜滋味。出貨期較長，從 11 月到隔年 6 月。 由來：三木 2 號 × 佐賀穗之香
Summer Amigo*	誕生於德島縣的夏秋季產草莓。果實偏大略硬，耐存放。糖度為 8 ～ 9%。 由來：（德島 2 號 ×Summer Berry）×Summer Fairy
Awanatsuka*	長圓錐形的外觀是其最大特點，糖度 10%的德島縣原創夏秋季產草莓。 由來：德系 5×（Sweet Charmy× 池光）
紅水滴 *	愛媛縣的新品種。整顆果皮都是紅色，形狀宛如水滴，因此得名。糖度 13%，甜味十足。 由來：甘乙女 × 紅臉頰
甘乙女 *	果實大顆，糖度高，誕生於愛媛縣的草莓。極早生品種，11 月起上市。 由來：栃乙女 × 佐賀穗之香
山口 ST9 號 * （Kiaraberry）	山口縣獨創品種。直長形果實較大，酸味適中，果肉較硬，口感佳。 由來：申請人擁有的育成品系互相交配

memo 「美人姬」是岐阜縣奧田農園栽培的高級草莓。果實較大，每顆重量超過 100g，糖度 13%以上。

主要道縣品種地圖

大顆香甜的人氣品種「Amaou」，是只在福岡縣內種植的原創品種。近年來各縣紛紛開發新品種，以創造第二個「Amaou」為目標。

中國、四國地方

⑳鳥取縣
● Totteoki*（申請中）

㉑島根縣
★ 島系22-111*
擁有淺桃色果肉的圓形草莓，來自紅臉頰×明日香紅寶石。
★ 島系22-148*
特色是糖度13％，暱稱「Okuni」的新品種。

㉒岡山縣
● 岡山STB1號*（申請中）
6～11月上市的夏秋季產草莓。

㉓山口縣
★ 山口ST9號*（Kiaraberry）→P191

㉔德島縣
● Megumi*
圓錐狀大果實，香氣宜人，糖度12％。
★ Awanatsuka*→P191
★ Summer Fairy*
酸味弱，糖度高，滋味出眾的夏秋季產草莓。
★ Summer Amigo*
2011年登錄的夏秋季產草莓。耐暑性比Summer Fairy好。

㉕愛媛縣
● 甘乙女*→P191
★ 紅水滴*（申請中）→P191

㉖香川縣
★ 讚岐姬*→P191
● A8S4-147*（申請中）
● 四星*

福岡地方

㉗福岡縣
★ Amaou*（福岡S6號）→P194

㉘佐賀縣
● 佐賀穗之香*→P194
● 佐賀i5號*（申請中）
● 佐賀i9號*（申請中）

㉙熊本縣
● 露之水滴*（熊研I548）→P195
★ 熊本VS02E*
2012年登錄的夏秋季草莓。酸味弱，糖度高。

㉚大分縣
● 大分5號*（申請中）

㉛宮崎縣
★ Miyazakinatsuharuka*→P196

㉜鹿兒島縣
● Satsumaotome*
果皮為鮮紅色，果肉為白色。2002年登錄。

信越地方

⑪新潟縣
★ 新潟S3號*
特點是紅色果皮與漂亮的圓錐形，屬於早生草莓。果實略硬，最適合做成蛋糕。

⑫長野縣
★ Summer Prince*→P186
★ Summer Angel
以深紅色果皮為特色的夏秋季產草莓，來自Summer Prince×紅臉頰。

露之水滴

讚岐姬

農研機構
蔬菜花樹研究部門
● 桃薰*→P185

農研機構九州沖繩農業研究中心

● 幸之香*→P194
● Ookimi*→P195
● 戀之香*→P196
● OiC Berry*→P195
● 夏之輝*→P196
● 久留米IH1號（桃香）*→P196
● Yumetsuzuki*（申請中）
與Aohata果醬共同開發，帶有甘甜香氣，適合加工的品種。

九州沖繩農業研究中心位於草莓盛產區九州，是知名的國家級品種開發研究據點。

北海道地方

❶北海道
- ★ Kentarou*→P186
- ● Kitanosachi*
  來自Kitaekubo×幸之香的一季品種。
- ● Natsujirou*
  保存期長，適合業務用的夏秋季產草莓。

農研機構東北農業研究中心
- ● 北之輝*→P186
- ● Natsuakari*→P186
- ● 豐雪姬*→P186

豐雪姬

東北地方

❷秋田縣
- ★ 小町莓
  來自Pajaro×Belle Rouge。2009年登錄。

❸山形縣
- ★ 乙女心*→P186
- ★ Summer Tiara*→P186

❹宮城縣
- ● 再來一顆*→P186
- ● Summer Candy*→P186

再來一顆

❺福島縣
- ● 福春香*
  酸甜滋味均衡，1月開始上市。
- ● Fukuayaka*
  2006年登錄，適合促成與半促成栽培的品種。

關東地方

❻茨城縣
- ★ 日立姬*
  果實大顆，口感柔軟為特色。富含甜味。
- ★ 茨城之吻*→P187

❼群馬縣
- ● 彌生姬*→P187
- ★ Ozeakarin*→P188

茨城之吻

❽栃木縣
- ★ 栃姬*
  為了發展現採草莓而育成，柔軟果肉為特色所在。
- ● Tochihitomi*
  適合製作蛋糕的商業用夏秋季產草莓。
- ★ 夏天少女*
  果肉顏色很漂亮，剖面十分美觀，適合做成蛋糕。
- ● 栃之峰→P188
- ★ Sky Berry（栃木i27號*）→P186

❾千葉縣
- ★ 房香*
  帶有柔軟果肉與鮮明香氣的品種。
- ★ 櫻香*
  適合盆器種植的品種。開粉紅色花朵。
- ★ 千葉S05-3*（紅香）
  適合盆器種植的品種。開紅色花朵。
- ● 千葉S4號*（申請中）
  特點是果實大顆，果汁甘甜的最新品種。

❿埼玉縣
- ● 彩香
  來自1996年登錄的愛Berry，此品種果肉略硬，大型果實呈圓錐狀，是其特色所在。

近畿地方

⓰三重縣
- ● 香野*→P190
- ● Santigo*
- ● 三重母本1號*（申請中）
- ● 四星*（申請中）
  從種子培育的新品種。甜味與酸味強烈，味道濃郁。

⓱兵庫縣
- ● 兵庫1~3號*（甜皇后）（申請中）
  肉質柔軟，富含甘甜果汁。來自栃乙女×佐賀穗之香。
- ● 兵庫1~4號*（紅皇后）（申請中）
  特色在於果實大顆，觸感紮實。來自幸之香×栃乙女。

⓲奈良縣
- ● Summer Berry→P188
- ★ 明日香紅寶石*→P191
- ★ 古都華*→P191

⓳和歌山縣
- ★ 毬姬*→P190
- ★ 和C19*
  外型偏圓的圓錐形，帶有鮮紅色果皮。平均重量為24g，是果實偏大的高級草莓。
- ● 紀之花*（申請中）

東海地方

⓭崎阜縣
- ★ 濃姬*→P189
- ● 美濃娘*→P189
- ● 華兮*（申請中）→P190

⓮靜岡縣
- ● 紅臉頰*→P187

⓯愛知縣
- ★ 夢之香*→P189

古都華

明日香紅寶石

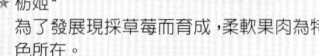

※ 此處介紹的草莓有新品種，也有花很多時間才上市的品種。
　不含育成權保有期限終了的品種。「申請中」的品種是
　2016年8月為止申請品種登錄的資訊。
★標記係指只在該道縣內栽培的原創品種。

果菜／草莓

Amaou
福岡 S6 號 *

果實為鮮紅色,帶有光澤感。果肉多汁。

由來:久留米 53 號 × 申請人擁有的育成品系
糖度:10%
上市時期
[1] [2] [3] [4] [5] 6 7 8 9 10 11 [12] 月

福岡縣原創品種,取「Akai(紅紅的)、Marui(圓圓的)、Ookii(大大的)、Umai(好吃的)」等頭文字命名。也出口至香港等海外地區。金氏世界紀錄認證的全球最重草莓。

幸之香 *
紅豔

肉質細密,可享受多汁口感。

由來:豐之香 × 愛 Berry
糖度:10%
照片:JA 愛知
上市時期
[1] [2] [3] [4] [5] 6 7 8 9 10 [11] [12] 月

日本農林水產省育成。長橢圓形的果實比「豐之香」略小,顏色、光澤和香氣都很鮮明。果實略硬,不易受損,耐存放。吃起來較甜,富含果汁。

佐賀穗之香 *

果肉和果心為白色,果汁味道微酸。

由來:大綿 × 豐之香
糖度:12%
提供:JA 佐賀
上市時期
[1] [2] [3] [4] [5] 6 7 8 9 10 [11] [12] 月

誕生於佐賀縣,圓錐形的大型果實呈鮮紅色,表面散發光澤。酸味稍弱,氣候愈溫暖,甜度就愈高。果實較硬,不易受損,因此保存期長。

豐之香

果肉為黃白色,肉質略硬,果汁較多。

由來:卑彌呼 × 春香
糖度:9%
照片:三好 Agritech 股份有限公司
上市時期
[1] [2] [3] [4] [5] 6 7 8 9 10 11 [12] 月

日本農林水產省育成。圓錐形的大型果實呈鮮紅色,散發光澤。香氣宜人,甜味出眾,帶有適度酸味,味道均衡。耐存放也是特色之一。

果菜／草莓

OiC Berry*

由來：幸之香 ×
申請人擁有的育
成品系
糖度：9 ～ 10%
上市時期

果實較大，呈深紅色。

照片：三好 Agritech
股份有限公司

|1|2|3|4|5|6|7|8|9|10|11|12|月

2012 年完成品種登錄的新品種。富含維他命
C，具有高度抗氧化作用，是深受消費者青睞
的健康草莓。酸甜清爽的滋味令人上癮。

Ookimi*

由來：Satsumaotome×
草莓中間母本農 1 號
糖度：13%
上市時期

果肉為帶橘的紅
色，肉質較硬。

照片：三好 Agritech
股份有限公司

|1|2|3|4|5|6|7|8|9|10|11|12|月

2011 年登錄的新品種。有些果實的重量超過
20g，果皮顏色為粉紅色系。酸味較弱，富含
甘甜果汁。禮品市場的需求逐年增加。

露之水滴
熊研 I548*

外觀呈較為圓潤的
圓錐狀，顏色較為
均勻。

照片：JA 熊本經濟連

上市時期

由來：（幸之香
× 栃之峰）×（草
莓中間母本農 1 號
× 栃之峰）

糖度：13%

|1|2|3|4|5|6|7|8|9|10|11|12|月

熊本縣原創品種。取名「露之水滴」為商品
名稱，表現出熊本縣的潔淨水源與水嫩果肉
之意。特點在於果實大顆，果皮為鮮紅色，
甜味強烈，果肉多汁。

熊紅
熊本 VS03*

由來：07-13-1× 香野
糖度：12%
上市時期

果肉為紅色，
富含果汁。

|1|2|3|4|5|6|7|8|9|10|11|12|月

2015 年誕生於熊本縣，暱稱結合「熊（日
文讀音 Yuu）」與草莓的「紅（日文讀音
Beni）」，成熟家喻戶曉的品種。帶有芳醇
香氣與酸甜均衡的滋味，清新口感十分獨特。

寶交早生

連果肉都是紅色，
肉質柔軟。

由來：八雲 × 塔霍
糖度：9 ～ 10%
上市時期

照片：三好 Agritech
股份有限公司

|1|2|3|4|5|6|7|8|9|10|11|12|月

誕生於兵庫縣。短圓錐形的果實染著發光的
紅色，散發獨特香氣也是特色所在。由於酸
味較弱，更加突顯甜味。大多種植在關西地
方。

---

column 採用有機甜菊農法
育成的草莓「紅豔」

採用有機甜菊農法育成的「幸之香」稱為
「紅豔」。甜菊是原產於南美巴拉圭的植
物，利用其莖部和葉子製作濃縮精華，將
精華混入土中，可減少土壤的有害物質，
活化有用的微生物。由於精華中亦含有豐
富的礦物質和抗氧化成分，可提升草莓的
甜味，維持美麗色澤。

果菜／草莓

春香	誕生於 1967 年，是創造「豐之香」、「女峰」等人氣品種的懷舊草莓。 由來：久留米 103 號 ×Danner
Diamond Berry	連蒂頭都甘甜多汁的品種，帶有適度酸味，滋味清爽。 由來：在賀穗之香 × 草莓中間母本農 1 號
Ladia*	2015 年登錄的新品種。果實呈細長的圓錐形。 由來：育成者擁有的育成品系互相交配
Amateras*	果皮散發光澤，甜味強烈，數量稀少，在市面上屬於高級品。 由來：鬼怒甘 × 豐之香
久留米 IH1 號（桃香）*	果皮為桃色，散發桃子香氣。果肉比「豐之香」柔軟。 由來：豐之香 ×Fragaria nilgerrensis「雲南」
戀之香 *	農研機構與長崎縣、大分縣共同育成的品種。糖度高，酸甜滋味均衡。 由來：幸之香 × 栃乙女
Terunoka	日本農林水產省於 1978 年完成品種登錄。果實呈圓錐形，又散發光澤，十分美麗。保鮮期長。 由來：寶交早生 ×Danner
夏之輝 *	2015 年登錄的品種。秋季也能收穫，甜味強烈，酸味較弱。 由來：盛岡 30 號 ×Sweet Charmy
Yufuotome	2013 年大分縣開發的稀有新品種。酸味較弱，甜味較強。 由來：佐賀穗之香 × 栃乙女
Iwao1 號	2001 年登錄的品種。果實偏大，特色為果皮和果肉皆為紅色。 由來：愛 Berry 的變異株
Miyazakinatsuharuka*	在宮崎縣育成。果皮為鮮紅色，果肉為白色。顧名思義，此品種為夏季產草莓。 由來：申請人擁有的育成品系 ×Sweet Charmy
天使之實 * 高級	果實大顆，其他品種平均重約 15g，這款白草莓平均重約 60g。 由來：申請人擁有的育成品系互相交配
雪兔 * 高級	照射太陽會顯現淡淡的桃色，帶有桃子香氣與溫和滋味。一顆約 60g，果實碩大。 由來：申請人擁有的育成品系互相交配
Danner	1950 年從美國引進。讓草莓在日本普及的幕後推手。 由來：US-634×Blackmore

主要草莓大小比較圖
strawberry

栃乙女
P184（4.5cm）

Amaou
P194（4.8cm）

紅臉頰
P187（5cm）

桃薰
P185（5cm）

揭開追求美味
要求嚴格的品牌草莓神祕面紗

column

草莓每年都會誕生新品種，各產地育成原創品種，創造地區特產品，研發地方品牌的行動愈來愈活絡。佐賀縣唐津市開發出白草莓品牌「雪兔」。活用其果實大顆，果肉偏硬的特點，出口至海外。不僅如此，佐賀縣也創設了另一個品牌「佐賀穗之香」。唯有符合糖度和尺寸等嚴格標準的草莓才能冠上品牌名販售。此外，德島縣佐那河內村少數生產者培育出如桃子般碩大、甘甜的草莓，這些草莓以「桃草莓」的名稱上市販售，成為備受注目的珍稀商品。

另一方面，不只是品種，有些法人也利用產地、製法、栽培技術等差異創造不同品牌。最經典的範例是宮城縣山元町栽種的「MIGAKI-ICHIGO」。結合經驗豐富的當地農家智慧，與使用 IT 技術搭建的最新溫室設備，實現穩定生產高品質草莓的目標。高品質草莓品牌是目前最熱門的話題。

果菜 ／ 草莓

上 ／ 以最新的光感應器檢查「佐賀穗之香」的糖度。
下 ／「MIGAKI-ICHIGO Platinum」1 顆 1,000 日圓。
一貫的品牌風格，榮獲好設計獎。

照片：佐賀縣產業勞動部　佐賀縣農業
生產法人股份有限公司 GRA

佐賀穗之香
P194（5cm）

Royal Queen
P187（5.5cm）

Sky Berry
P186（6cm）

Kirapi 香
P188（8cm）

※ 數值為從蒂頭到前端的長度。此為平均大小的概略比較，水果個體差異甚大，此圖僅供參考。

197

和田初戀 *

初戀之香

照片：三好 Agritech
股份有限公司

由來：育成者擁有的育
成品系

糖度：12 ～ 17%

果肉為白色，肉
質略軟。

上市時期

| 1 | 2 | 3 | 4 | 5 | 6 | 7 | 8 | 9 | 10 | 11 | 12 | 月

山梨縣企業與福島縣育種者共同開發的品種，
暱稱為「初戀之香」。香氣宜人，酸味不明顯，
可品嘗極致甜味。主要在百貨公司和高級水
果行販售。

淡雪 *

由來：佐賀穗之香的變
異株

糖度：13 ～ 15%

果肉略硬，口感
適中。

上市時期

| 1 | 2 | 3 | 4 | 5 | 6 | 7 | 8 | 9 | 10 | 11 | 12 | 月

誕生於鹿兒島縣，完熟後果皮呈淺粉櫻色。
幾乎感受不到酸味，甜味強烈，是其特色所
在。生產量較少，日本各地皆有種植。

阿蘇的小雪 *

果肉為白色，肉
質柔軟。

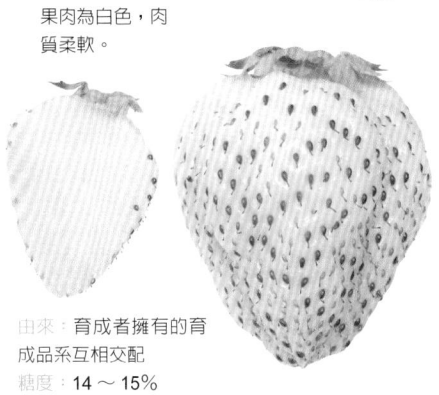

由來：育成者擁有的育
成品系互相交配

糖度：14 ～ 15%

上市時期

| 1 | 2 | 3 | 4 | 5 | 6 | 7 | 8 | 9 | 10 | 11 | 12 | 月

熊本縣立阿蘇中央高校的農業食品科，花了
約 12 年開發。香氣極強，帶有桃子般的濃郁
甜味。幾乎品嘗不到酸味，是備受注目的阿
蘇特產。

UC 阿爾比 *

UC Albion

果肉為鮮紅色，
口感略硬。果心
有空洞。

由來：鑽石 × 育成者
擁有的育成品系

糖度：7.5%

照 片：FRESSA
股份有限公司

上市時期

| 1 | 2 | 3 | 4 | 5 | 6 | 7 | 8 | 9 | 10 | 11 | 12 | 月

在美國開發，夏季採收的品種。日本從 2012
年開始販售，果實為長圓錐形，顏色鮮豔有
光澤，具有出眾的香氣、甜味與酸味。

memo 「和田初戀」（左上照片）是全世界首款白草莓品種，花了 20 年歲月開發
而成。

果菜／草莓

充滿藝術感的網紋紋樣為正字標記

Ⅱ 洋香瓜
Melon

上市時期

| 1 | 2 | 3 | 4 | 5 | 6 | 7 | 8 | 9 | 10 | 11 | 12 | 月 |

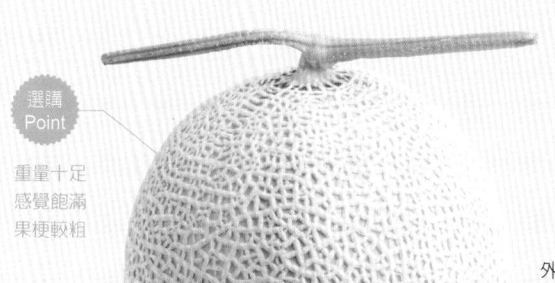

選購
Point

重量十足
感覺飽滿
果梗較粗

果皮分成有
網紋與沒網
紋兩種

果實有圓形
與橢圓形等
各種形狀

外側為外果皮、可食部位為中
果皮、種子周圍為内果皮。雌
花的子房成長為果實，果肉顏
色有綠肉、紅肉與白肉。

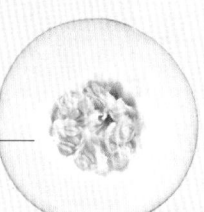

果肉為白
色到橘色

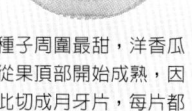

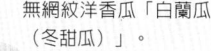

無網紋洋香瓜「白蘭瓜
（冬甜瓜）」。

/ Data /

學名：*Cucumis melo* L.
分類：葫蘆科甜瓜屬
原產地：非洲
主要成分（露地洋香瓜、新鮮）：熱量
42kcal、水分 87.9g、維他命 C 25mg、食
物纖維 0.5g、鉀 350mg

種子周圍最甜，洋香瓜
從果頂部開始成熟，因
此切成月牙片，每片都
能吃到最甜的部位。

果菜 ／ 洋香瓜

　　雖然起源不詳，但日本在明治時代從歐洲引進洋香瓜後，陸續開發許多品種。

　　依照有無網紋分成「有網紋」與「無網紋」品種，網紋洋香瓜又可分成綠肉系和紅肉系。此外，自古栽種的「東方甜瓜」也是洋香瓜的一種。

　　近年來的主流是網紋洋香瓜，推出綠肉系的「Andes Melon」、「貴味哈蜜瓜」；紅肉系的「Lennon Melon」、「昆西哈蜜瓜」等眾多品種。最具代表性的高級洋香瓜是溫室栽培的「亞露舒」，與帶有高甜度橘色果肉的「夕張 King」。無網紋洋香瓜則以「王子洋香瓜」、「白蘭瓜」聞名。

挑選方式	拿起來有沉重感。若購買果皮有網紋的品種，選擇網紋細密，往外隆起者。
保存法	常溫保存直到完熟。切開的洋香瓜應去除種子與瓜瓤，再用保鮮膜密封，放入冰箱冷藏。若要冷凍，最好切成小塊。
賞味時期	敲擊果皮有鈍音聲就是最好吃的時候。此外，輕壓果頂部，感覺有彈性即代表成熟。冷藏2小時後再吃，風味更佳。
營養	富含具有抗氧化作用的胡蘿蔔素，紅肉洋香瓜的含量最高。最近又發現含有胺基酸的一種「γ-氨基丁酸」，備受各界注目。

沿著地面生長的藤蔓狀莖部長出葉子，雄花與雌花開在葉子旁，授粉後形成果實。果實生長在雌花下方。

收穫量演進

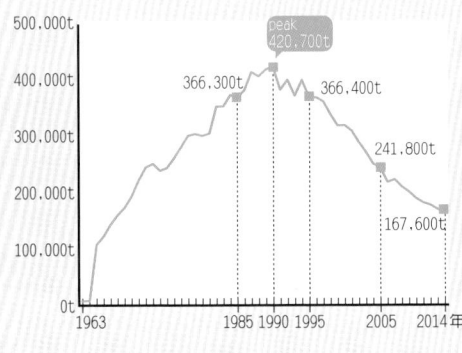

洋香瓜素有「水果之王」的美譽，但如今的收穫量還不到巔峰時期的一半。主因應是受到桃子、麝香葡萄等其他高級水果問世所致。

（日本農林水產省　蔬菜生產出貨統計）

主要品種上市時期　溫室洋香瓜一年四季都可買到，其他多為 5 ～ 6 月上市的品種。

	1月	2月	3月	4月	5月	6月	7月	8月	9月	10月	11月	12月
亞露舒	■	■	■	■	■	■	■	■	■	■	■	■
白蘭瓜	■	■	■	■	■	■	■	■	■	■	■	■
王子			■	■	■	■	■					
乙女					■							
金將					■	■						
Ibaraking					■	■						
Andes					■	■	■					
肥後綠					■	■	■					
Rupiah Red						■	■	■	■	■	■	
夕張King						■	■					
昆西						■	■					
貴味						■	■					
阿姆斯							■	■				
優香							■	■				

主要產地與收穫量　日本各地種植洋香瓜，尤其茨城縣擁有排水性佳的土壤，與日夜溫差大的氣候，特別適合栽種洋香瓜，收穫量居冠。2013 年全日本整體收穫量為 16 萬 8,700 噸。

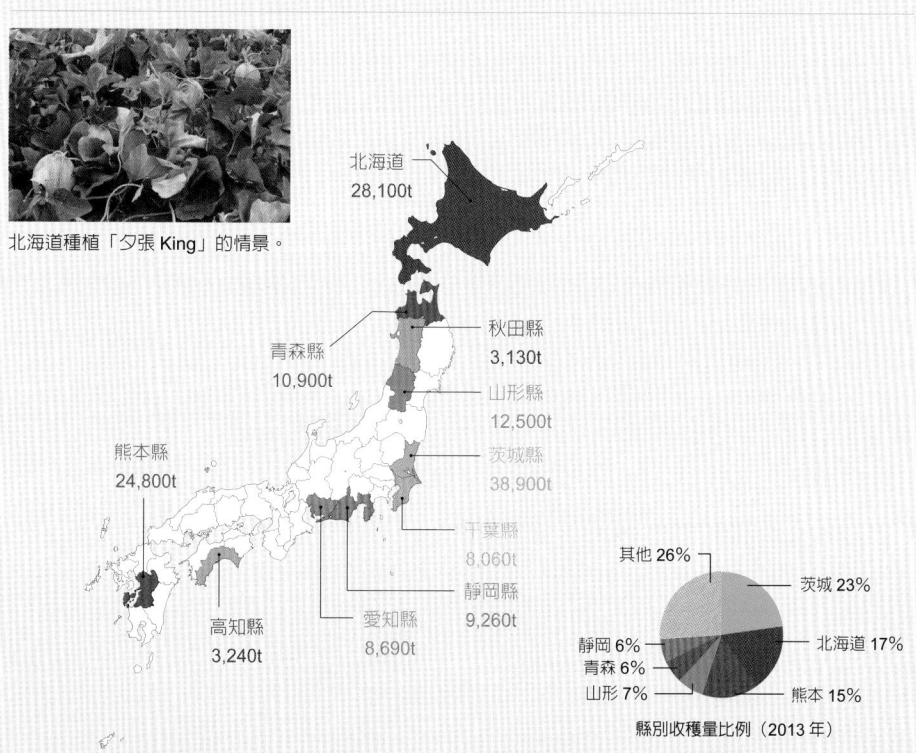

北海道種植「夕張 King」的情景。

北海道
28,100t

青森縣
10,900t

秋田縣
3,130t

山形縣
12,500t

茨城縣
38,900t

熊本縣
24,800t

千葉縣
8,060t

靜岡縣
9,260t

愛知縣
8,690t

高知縣
3,240t

其他 26%
茨城 23%
北海道 17%
熊本 15%
山形 7%
青森 6%
靜岡 6%

縣別收穫量比例（2013 年）

亞露舒
麝香洋香瓜

上市時期

| 1 | 2 | 3 | 4 | 5 | 6 | 7 | 8 | 9 | 10 | 11 | 12 | 月 |

黃綠色果肉口感柔軟，富含果汁。

由來：改良英國引進的品種
糖度：14%

19 世紀後半誕生於英國，日本則於 1925 年引進。麝香洋香瓜（請參照下方 column）的代表品種，大多在溫室內細心培育。特點是帶有清爽甜味與香氣。

column 何謂阿露絲（Earl's）品系？

「阿露絲品系洋香瓜」是將亞露舒品種改良成更易栽培的品種，外觀與「亞露舒」幾無差異。除下方兩個品種外，亦配合栽培時期與栽培地區，開發出各種不同的品種。

Earl's Monica

Earl's Venus

column 溫室洋香瓜代名詞「靜岡皇冠洋香瓜」

以 T 字形藤蔓為正字標記的皇冠洋香瓜，一株只結一顆果實，濃縮極致美味。其中品質最好的是「靜岡皇冠洋香瓜」。種植洋香瓜時，通常使用塑膠溫室，「靜岡皇冠洋香瓜」採用陽光穿透率高的玻璃溫室種植。在室內嚴格管理栽培條件，讓每顆洋香瓜的大小與糖度完全一樣。這就是高品質亞露舒備受消費者青睞的原因。

依照季節與天候徹底管理溫室內部的溫度和濕度。採用「隔離地板栽培」，正確控制水量與肥料用量，讓味道更細緻。

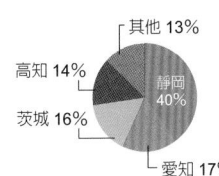

其他 13%
高知 14%
靜岡 40%
茨城 16%
愛知 17%

溫室洋香瓜縣別
出貨量比例（2013）
（日本農林水產省　蔬菜生產出貨統計）

只有通過嚴格檢驗的洋香瓜可以貼上這個貼紙。

memo 「麝香洋香瓜」是香氣鮮明的歐洲系網紋洋香瓜總稱。日文名為マスクメロン，取自麝香的英文讀音。

Ibaraking*

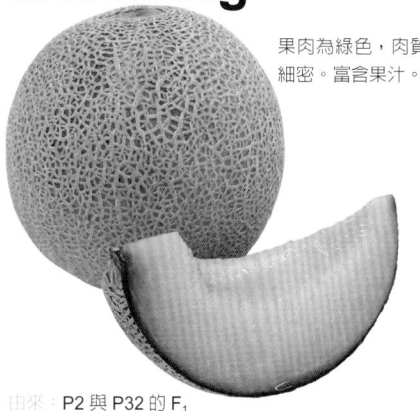

果肉為綠色，肉質細密。富含果汁。

由來：P2 與 P32 的 F₁
糖度：16%
上市時期
(1 2 3 4 5 6 7 8 9 10 11 12) 月

投入超過 10 年歲月研發的茨城縣原創品種。帶有順滑口感與高雅甜味，是其特色所在。比早生品種耐放，追熟後甜味更高。

肥後綠

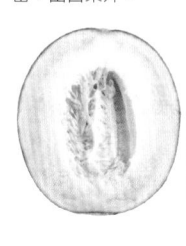

綠色果肉十分細密，富含果汁。

由來：未發表
糖度：16%
上市時期
(1 2 3 4 5 6 7 8 9 10 11 12) 月

熊本縣限定生產的品種。分成細網紋和粗網紋兩種。果實大顆，甜味堪比麝香洋香瓜，是其特色所在。完熟後帶有綿密濃郁的味道。

乙女

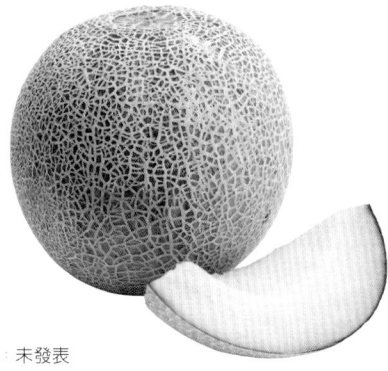

果肉為淺綠色。果肉厚實多汁。

由來：未發表
糖度：14%
上市時期
(1 2 3 4 5 6 7 8 9 10 11 12) 月

2000 年開始上市，備受消費者青睞的綠肉品種。外觀近似「Andes」，細密的網紋是其特色所在。香氣誘人，甜味出眾，味道清爽高雅。

貴味

由來：（阿姆斯後代固定品系 × 〔〔阿露絲 × 洛基福特〕後代固定品系 × FR品系〕× 〔阿露絲 × 洛基福特後代固定品系〕）後代固定品系與台灣引進試作用 F₁ 後代固定品系的 F₁
糖度：16 ～ 17%

果肉為綠色，帶有清爽甜味。

上市時期
(1 2 3 4 5 6 7 8 9 10 11 12) 月

1990 年發表。外型如橄欖球，細緻且略顯平坦的網紋是其特色所在。由於耐久放，是相當普及的品種。

優香

由來：（阿姆斯 ×Delissy）後代固定品系 × 台灣引進試作用 F_1 後代固定品系的 F_1
糖度：16 〜 17%

果皮較薄，肉厚多汁。

上市時期
(1 2 3 4 5 6 7 8 9 10 11 12) 月

由於香氣宜人，因此命名為「優香」。熟成後果皮會從綠色轉成黃褐色，甜味極強，可享受入口即化的口感。不會發酵，賞味期限可持續好幾天。

阿姆斯

果皮薄，綠色果肉十分多汁。

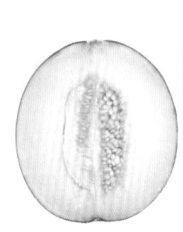

由來：（阿露絲 × 洛基福特）後代固定品系 ×Ogen 分系固定品系 F_1
糖度：14 〜 16%

上市時期
(1 2 3 4 5 6 7 8 9 10 11 12) 月

1974 年發表。整體散發甘甜香氣，沒有網紋的部分看起來像直條紋，是其特色所在。果肉厚實柔軟，口感十足。各地紛紛推出自己的品牌。

Andes

由來：（Cossack × Rio Gold）後代固定品系與（阿露絲 × 白蘭瓜）後代固定品系的 F_1
糖度：13 〜 15%

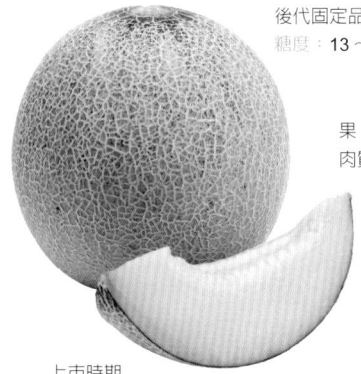

果肉為綠色，肉質緊實。

上市時期
(1 2 3 4 5 6 7 8 9 10 11 12) 月

外觀近似阿露絲品系，但體型較小，容易購買，是大眾洋香瓜的代名詞。名稱源自栽培與購入皆「安心です」（ANSHINDESU）的意思，因此取名「Andes」。甜味與香氣都很出眾。

 column 方形哈蜜瓜 高級

「方形哈蜜瓜」是外型呈立方體的麝香洋香瓜。由愛知縣立渥美農業高等學校的學生主導，實現地區品牌化目標開發而成。在果實還很小的時候用鐵框圍住，培育出四方形哈蜜瓜。切開後會看到種子部分也變成四方形，形狀十分特別。已完成商標登錄，也取得專利，在日本全國的高級超市販售。

カクメロ

初荷

愛知県 田原市

カクメロ

愛知県立渥美農業高校 生徒

(本体価格還 ¥15,000)
税込 ¥15,750

夕張 King

橘色果肉柔軟多汁。

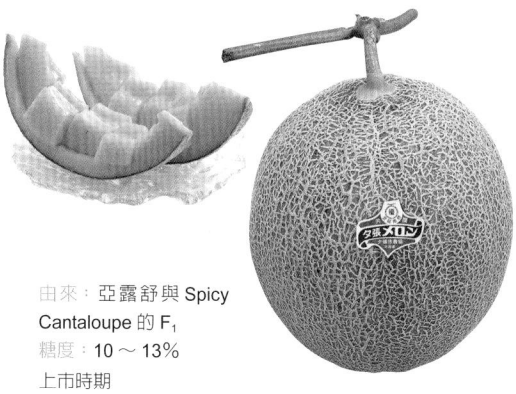

由來：亞露舒與 Spicy
Cantaloupe 的 F_1
糖度：10 ～ 13%
上市時期
(1 2 3 4 5 6 7 8 9 10 11 12) 月

1960 年誕生，只在北海道夕張市生產的品種。散
發利口酒般的奢華香氣和濃郁滋味，口感入口即
化，是其特色所在。以「夕張洋香瓜」之名打響名
號，是人氣很高的禮品水果。

column

高級

夕張洋香瓜

夕張洋香瓜是北海道最具代表性的地方
品牌。只有品質通過標準的夕張 King
才能使用「夕張洋香瓜」的名義販售。
1979 年展開全日本首創的產地直送經營
模式，打響全國知名度。夕張洋香瓜是
日本家喻戶曉的高級洋香瓜，曾在每年
第一批上市的水果競標中，創下兩顆夕
張洋香瓜要價 300 萬日圓的天價紀錄。

每年夕張洋香瓜的初次競標，不只是最引人注
目的季節風景，也是熱門新聞。

果菜 ／ 洋香瓜

Rupiah Red

皮薄肉厚，而且果肉
十分細緻，是其特色
所在。

由來：（IK× 阿露絲）後代固定品系
與 Andes 後代固定品系的 F_1
糖度：15%
上市時期
(1 2 3 4 5 6 7 8 9 10 11 12) 月

表面有細網紋，果肉為深橘色。口感適中，
滋味甘甜，可享受入口即化的感覺。果肉緊
實，耐存放，賞味期限很長。

Lennon

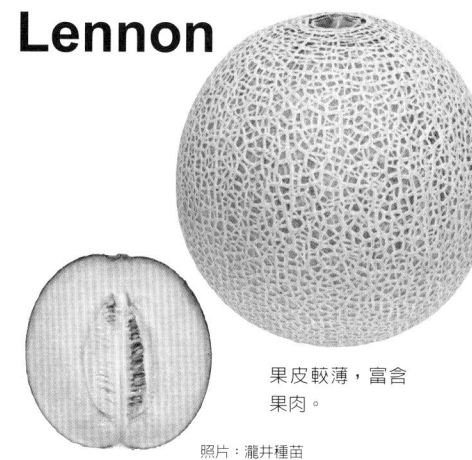

果皮較薄，富含
果肉。

照片：瀧井種苗

由來：未公開
糖度：15%
上市時期
(1 2 3 4 5 6 7 8 9 10 11 12) 月

略粗的網紋分布均勻，果肉為深橘色的洋香
瓜。口感紮實，肉厚多汁。由於耐存放，產
地逐漸擴展至日本全國。

昆西

肉質細密，富含
果汁。

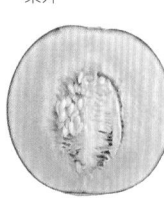
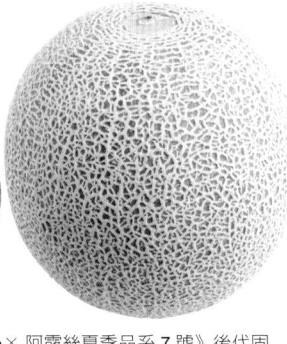

由來：（《Bolero×阿露絲夏季品系 7 號》後代固
定品系 ×Superlative）後代固定品系與（新豐作後
代固定品系 ×Fukamidori 後代固定品系）後代固定
品系的 F_1

糖度：15 ～ 17%

上市時期

① 2 3 4 5 6 7 8 9 10 11 ⑫ 月

1988 年誕生。結合代表女王的 Queen 與健
康的 Healthy 取名。橘色果肉十分柔軟，富
含濃郁甜味。耐存放，十分受歡迎的品種。

Golden Pearl

果皮較薄，富含
白色果肉。

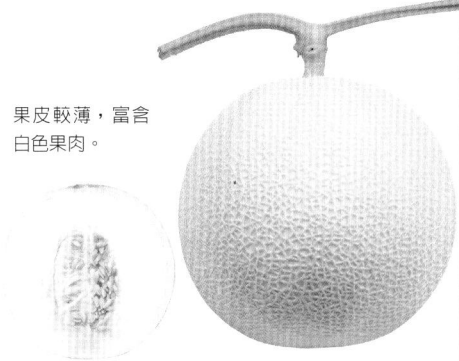

由來：島系 No.48×45-8F_1　照片：島根縣農業技術中心
糖度：14 ～ 16%

上市時期

1 2 3 4 5 6 7 8 9 10 11 ⑫ 月

島根縣於 2014 年登錄商標的洋香瓜。口感最
好的時候果皮會轉為黃色，因此得名。帶有
入口即化的口感，豐富甜味和香氣，是其特
色所在。2013 年開始上市的白肉洋香瓜。

---

column 雷電洋香瓜

雷電洋香瓜是位於北海道積丹半島底部
共和町的地方品牌。由於那一帶有「雷
電海岸」之稱，因此得名。最大特色在
於混植洋香瓜與蔥，藉此預防疾病，還
透過蜜蜂交配，利用大自然的力量培育。
出貨時會像下圖一樣，以洋香瓜專用的
光感應器檢查，嚴選出高品質產品。共
推出 4 個紅肉品種與 1 個綠肉品種。

column King Ruby

「King Ruby」是主要生產於北海道富良
野的紅肉洋香瓜。2009 年受到接班問題
影響，不再生產種子。一旦生產者手邊
種子用完，就無法再吃到，可說是稀有
的夢幻洋香瓜。在溫差較大的富良野栽
培，可以種出高糖度，肉質入口即化的
洋香瓜。另推出「太陽的國王」品牌。

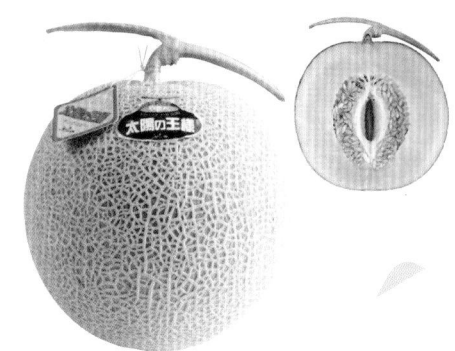

王子

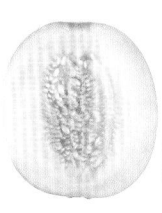
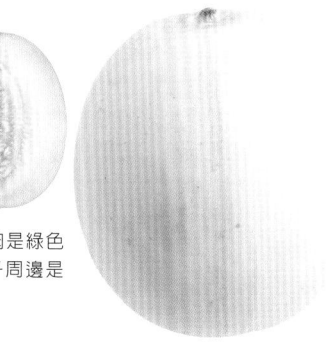

整體果肉是綠色
的，種子周邊是
橘色的。

由來：New Melon 與夏
亨特的 F$_1$
糖度：15 ～ 17%
上市時期
1 2 3 4 5 6 7 8 9 10 11 12 月

1962 年開發出的露地栽培洋香瓜。果皮柔
軟，尺寸比東方甜瓜大一號。肉質宛如麝香
洋香瓜，甜味強烈，富含果汁。

Homerun Star

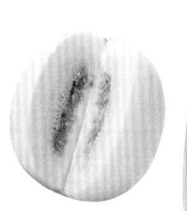
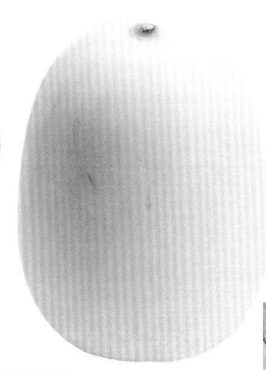

果皮較薄，白色
果肉厚實多汁。

由來：白色系白蘭瓜與選拔品系
與綠肉系白蘭瓜選拔品系的 F$_1$
糖度：15%
上市時期
1 2 3 4 5 6 7 8 9 10 11 12 月

美麗的乳白色果皮為特色所在。帶有高雅甜
味與柔軟口感，是頗受歡迎的禮品水果。果
肉不會發酵，氣溫高的季節也能放一段時間。

白蘭瓜

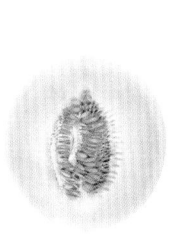

果肉為乳白色或淺綠
色，水嫩多汁。

由來：不明
糖度：12 ～ 16%
照片：水果安全之進口水果圖鑑
上市時期
進口 1 2 3 4 5 6 7 8 9 10 11 12 月

主要產於美國與墨西哥，到了賞味時期，果
皮會從白色轉為奶油色。果肉較厚，甜味鮮
明，卻帶有清爽後味，是其最大特色。冷藏
可保存 2 ～ 3 週。

Papaya

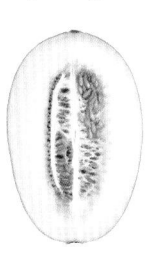

果肉為白色，肉質
清脆，口感十足。

由來：Valenciano Temprano 選
拔品系後代與（黃珠 × 小姬）後
代固定品系的 F$_1$
糖度：16%
上市時期
1 2 3 4 5 6 7 8 9 10 11 12 月

外觀看似木瓜，但帶有清爽甘甜的滋味，彷
彿東方甜瓜。可充分品嘗爽脆的口感。另有
名為「大理石」的品種，果皮紋樣顏色鮮明。

Birence

由來：Ivory 後代固定品系與 Homerun Star 後代固定品系的 F$_1$
糖度：15 ～ 17%

上市時期
(1 2 3 4 5 6 7 8 9 10 11 12) 月

肉質細密緊實，塞滿整個空間。

1986 年發表的品種。白色果皮加上綠色果肉，帶有紮實甜味與清爽後味。氣溫高的季節也不會減損美味，耐久放。在青森縣與長崎縣大量種植。

Kinsho

由來：（Spain Melon 4 號 ×大型黃皮棗瓜）後代固定品系× Spain Melon 4 號的 F$_1$
糖度：16%

上市時期
(1 2 3 4 5 6 7 8 9 10 11 12) 月

果肉為白色，肉質紮實多汁。

外觀近似東方甜瓜，果皮呈漂亮的金黃色。肉質偏硬，口感清脆。富含清爽甜味與飽滿水分。

Yellow King

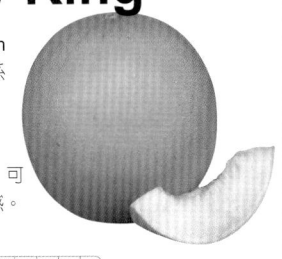

由 來：Spain Melon 品系 × 白蘭瓜品系的 F$_1$
糖度：14 ～ 15%

果肉為白色，可品嘗清脆口感。

上市時期
(1 2 3 4 5 6 7 8 9 10 11 12) 月　照片：萩原農場

顧名思義，這是一種外皮為鮮黃色的洋香瓜，體積較小，重約 1kg。帶著清淡高雅的甜味。果肉帶有清脆口感，後味也很清爽。特點是耐保存。

其他洋香瓜品種

伊莉莎白	果皮為鮮黃色，果肉為白色。糖度約 15%，味道高雅。 由 來：（芳潤後代 ×{黃金 9 號 ×Netzem} 後代）後代固定品系與（{芳潤後代 × 黃金 9 號} ×New Melon）後代固定品系的 F$_1$
新芳露	生產者較少，很難在市面上看到的夢幻洋香瓜。皮很薄，可食部位多。 由來：不明
Kiss Me	阿露絲品系的綠肉洋香瓜，濃郁高雅的甜味充滿魅力。 由 來：（Laurent×Fukamidori）後代固定品系與（Andes× 夏季阿露絲品系）後代固定品系的 F$_1$

○column　東方甜瓜

東方甜瓜是東方系洋香瓜，在日本已經有兩千年以上的歷史。自從洋香瓜在日本打開市場後，東方甜瓜的生產量逐年下降，但日本各地仍然持續種植，成為夏季的代表景緻。其中之一便是「New Melon」，這是自古栽種至今的品種，一顆約 300 ～ 400g。黃綠色果皮與淡綠色果肉是其最大特徵，也是甜味鮮明的東方甜瓜。「黃金甜瓜」是 1936 年育成的品種，帶有淡淡甜味，是日本中元節常見的供品。

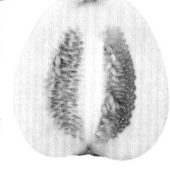

「New Melon」是「王子洋香瓜」的親本。

照片：瀧井種苗

果菜 ／ 洋香瓜

　memo　韓國的東方甜瓜中，有一種黃皮帶白條紋，名為「Chame」的白肉品種。由於種子較小，韓國人連種子一起吃。韓國每年都出口 150 噸左右的「Chame」到日本。

補充水分的最佳幫手！夏季的經典水果

Ⅲ 西瓜
Watermelon
寒瓜

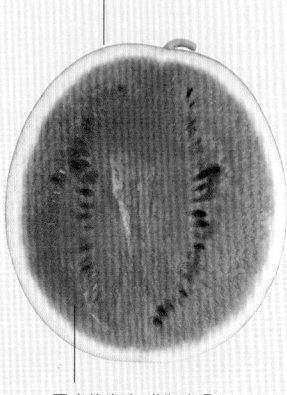

果形為橢圓形～球狀

選購
Point

條紋圖案
清楚明顯
果皮緊實有光澤

照片為祭 Bayashi777

果皮為黑綠
色～黃色

果肉約有九成為水分

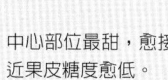

中心部位最甜，愈接
近果皮糖度愈低。

果菜／西瓜

/ Data /

學　名：*Citrullus lanatus* （Thunb.）
Mathum. & Nakai
分類：葫蘆科西瓜屬
原產地：非洲中南部
主要成分（紅肉種、新鮮）：熱量
37kcal、水分 89.6g、維他命 C 10mg、
食物纖維 0.3g、鉀 120mg

　　日本在江戶時代已有黑皮西瓜，明治時
代從歐美引進許多品種，開始正式栽種。如
今日本各地皆種植西瓜，種類相當豐富。品
種大致可分成比例最高、帶有清脆口感的紅
肉「大玉西瓜」；尺寸只有大玉一半的「小
玉西瓜」；黃色果肉的「奶油西瓜」；以及
果皮為黑色的「黑皮西瓜」。

　　西瓜是一年生草本植物，品種改良時間
不如果樹長，生產者可輕鬆更換品種種植，
因此不少種苗公司開發各式品種。生產性與
品質大幅提升的衍生品種陸續上市，使西瓜
成為品種轉變最快的水果。

209

挑選方式	選擇果皮緊實有光澤，條紋圖案清晰可見的品項。購買切開的西瓜時，需注意果肉顏色鮮豔，種子四周空隙較少為佳。唯一要注意的是，採收後放太久，種子四周的空隙會變大。
保存法	整顆放在通風良好的常溫處保存。如要冷藏保存，整顆可保存 2 週左右；切開的西瓜只能放 2 ～ 3 天，否則會減損美味。
賞味時期	以手指輕彈，聲音清脆代表成熟。適度冷藏能突顯甜味，整顆西瓜請冷藏 2.5 小時，切開的西瓜冷藏 1 ～ 1.5 小時，風味更佳。
營養	富含有助於排出鹽分，消除水腫與預防高血壓的鉀。紅肉西瓜含有大量的胡蘿蔔素，可在體內轉換成維他命 A。

有雌花與雄花，雄花比雌花多。雄花授粉給雌花後就會枯萎，在雌花下方結果。

收穫量演進

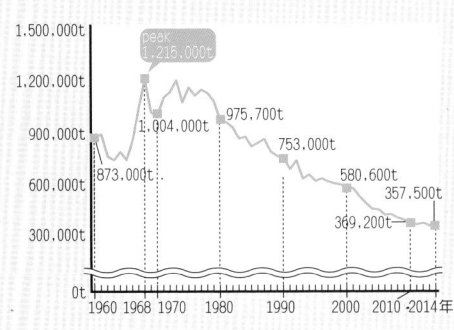

現在的收穫量只有巔峰期的三成左右，切片用西瓜的生產量愈來愈高。

（日本農林水產省　蔬菜生產出貨統計）

主要品種上市時期

主要產地熊本縣的溫室栽培西瓜，從春到初夏上市；千葉縣西瓜於初夏到夏季問世；山形產西瓜則在夏天進入盛產旺季。

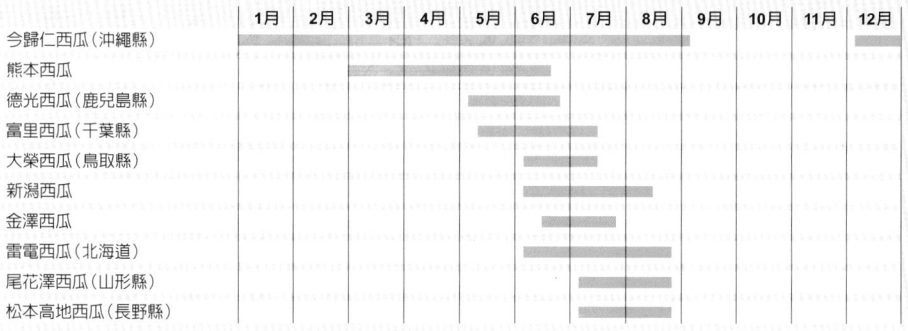

	1月	2月	3月	4月	5月	6月	7月	8月	9月	10月	11月	12月
今歸仁西瓜（沖繩縣）												
熊本西瓜												
德光西瓜（鹿兒島縣）												
富里西瓜（千葉縣）												
大榮西瓜（鳥取縣）												
新潟西瓜												
金澤西瓜												
雷電西瓜（北海道）												
尾花澤西瓜（山形縣）												
松本高地西瓜（長野縣）												

主要產地與收穫量

日本從北海道到九州各地皆生產西瓜，收穫量前 3 名為熊本縣、千葉縣與山形縣。由於沙地可種植出美味西瓜，因此日本海沿岸盛產西瓜。2013 年日本全國收穫量為 35 萬 5,300 噸。

葡匐地面生長的藤蔓結出果實。

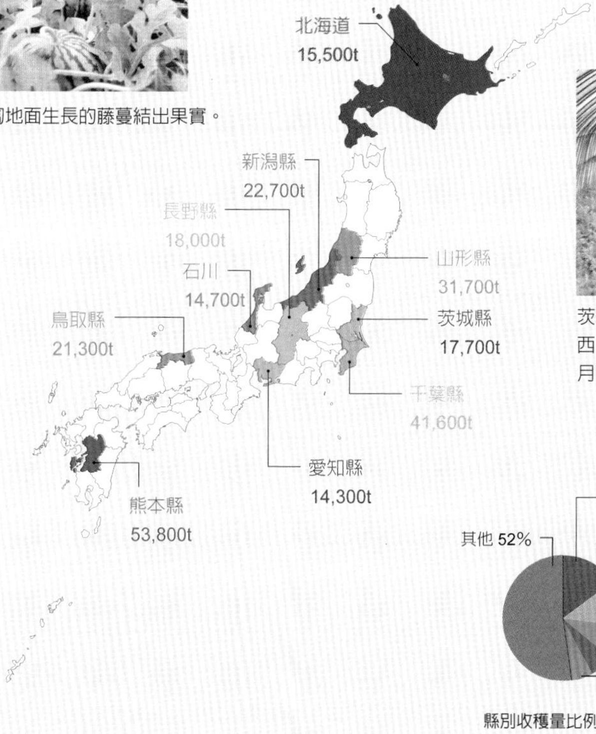

北海道
15,500t

新潟縣
22,700t

長野縣
18,000t

石川
14,700t

鳥取縣
21,300t

山形縣
31,700t

茨城縣
17,700t

千葉縣
41,600t

愛知縣
14,300t

熊本縣
53,800t

茨城縣筑西市、櫻川市周邊是小玉西瓜的知名產地。採用溫室栽培，4月下旬到 6 月上市。

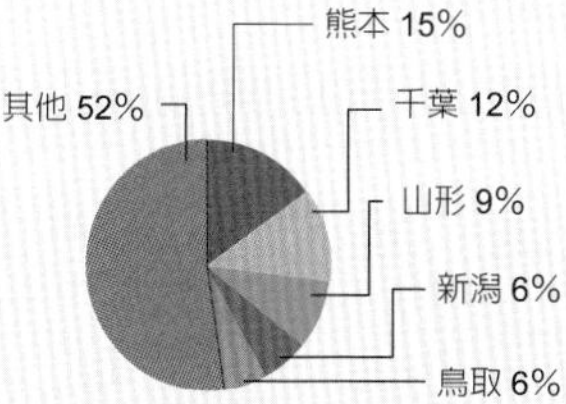

熊本 15%
千葉 12%
山形 9%
新潟 6%
鳥取 6%
其他 52%

縣別收穫量比例（2013 年）

主要產地與品牌

從北海道到沖繩都有許多冠上地名的西瓜品牌，也有直接以地名為品牌名的範例，例如「熊本西瓜」、「尾花澤西瓜」等。即使是相同的產地品牌，有些地方也開發出多個品種。由日本南部往北依序上市。

● **松本高地西瓜**（長野縣松本市）

信州高原特有的澄澈空氣，與劇烈的日夜溫差，孕育出的西瓜品種。使用火山灰土種植而成。

上市時期

| 1 | 2 | 3 | 4 | 5 | 6 | 7 | 8 | 9 | 10 | 11 | 12 |月

● **金澤西瓜**
● **能登西瓜**（石川縣）

石川縣盛行栽種西瓜，種植於沙丘地的「金澤西瓜」，以及由沙丘地和紅土培育出的「能登西瓜」最為知名。

上市時期

| 1 | 2 | 3 | 4 | 5 | 6 | 7 | 8 | 9 | 10 | 11 | 12 |月

● **大榮西瓜**（鳥取縣東伯郡北榮町）

鳥取縣的代表品牌。產地北榮町從明治時代開始栽種大榮西瓜，2008年完成商標登錄。4～6月日照時間長，鮮明的甜度是其最大特色。

上市時期

| 1 | 2 | 3 | 4 | 5 | 6 | 7 | 8 | 9 | 10 | 11 | 12 |月

● **熊本西瓜**（熊本縣）

熊本縣的西瓜收穫量為日本第一。主要採用溫室栽培，春到夏季為主要產季。熊本縣北部植木町的「植木西瓜」最為知名。

上市時期

| 1 | 2 | 3 | 4 | 5 | 6 | 7 | 8 | 9 | 10 | 11 | 12 |月

全日本收穫量居冠的「熊本西瓜」。

● **新潟西瓜**（新潟縣新潟市）
● **八色西瓜**（南魚沼市）

「新潟西瓜」指的是在新潟市沙丘培育的西瓜，不過當地稱為「沙丘西瓜」。「八色西瓜」是南魚沼市八色原從大正時代生產至今的西瓜。由於當地日夜溫差大，培育出的西瓜品質相當出色，可惜生產量很少。

上市時期

| 1 | 2 | 3 | 4 | 5 | 6 | 7 | 8 | 9 | 10 | 11 | 12 |月

● 入善 Jumbo 西瓜→ P214

● 秋田夏丸 *
Chicche → P215

● 金福→ P218

● **德光西瓜**（鹿兒島縣指宿市）

指宿市山川從江戶時代即為知名的西瓜產地，德光西瓜是當地最知名的名產。特點是甜味高雅，出貨量很少，被譽為「夢幻西瓜」。

上市時期

| 1 | 2 | 3 | 4 | 5 | 6 | 7 | 8 | 9 | 10 | 11 | 12 |月

● **今歸仁西瓜**
（沖繩縣國頭部今歸仁村）

從12月初開始出貨，是日本最早上市的西瓜。在寒冷時節可以吃到夏季美味，因此備受消費者青睞。

上市時期

| 1 | 2 | 3 | 4 | 5 | 6 | 7 | 8 | 9 | 10 | 11 | 12 |月

果菜／西瓜

● **尾花澤西瓜**（山形縣尾花澤市）

尾花澤是日本東北的大產地，每年盛夏進入採收季。此處是日夜溫差極大的盆地，培育出高糖度美味西瓜。

上市時期

| 1 | 2 | 3 | 4 | 5 | 6 | 7 | 8 | 9 | 10 | 11 | 12 | 月 |

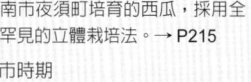

盛夏進入產季的「尾花澤西瓜」。

● **富里西瓜**

● **八街西瓜**

（千葉縣富里市、八街市）

這兩處是千葉縣的兩大產地，全國西瓜生產量第二。內陸氣候培育出美味西瓜。

上市時期

| 1 | 2 | 3 | 4 | 5 | 6 | 7 | 8 | 9 | 10 | 11 | 12 | 月 |

立體栽培的「Luna Piena」。

● **Luna Piena**（高知縣香南市）

香南市夜須町培育的西瓜，採用全國罕見的立體栽培法。→ P215

上市時期

| 1 | 2 | 3 | 4 | 5 | 6 | 7 | 8 | 9 | 10 | 11 | 12 | 月 |

● **雷電西瓜**

（北海道岩內郡共和町）

北海道最大的西瓜產地共和町的品牌。在炎熱的夏季，從北海道送來清涼的西瓜。

上市時期

| 1 | 2 | 3 | 4 | 5 | 6 | 7 | 8 | 9 | 10 | 11 | 12 | 月 |

● **田助西瓜**

（北海道上川郡當麻町）

當麻町產的黑皮西瓜品牌。獨特外觀和清脆口感是其特色所在，一顆要價 65 萬日圓，可說是北海道傲視群倫的夢幻逸品。

上市時期

| 1 | 2 | 3 | 4 | 5 | 6 | 7 | 8 | 9 | 10 | 11 | 12 | 月 |

高級

1984 年開始生產，1989 年完成商標登錄的「田助西瓜」。

高級

● **四角西瓜**（香川縣善通寺市）

善通寺市特產的四角西瓜，栽培難度高，產量很少，因此價格昂貴。雖為觀賞用西瓜，卻是夏季特有物產，備受消費者青睞。

上市時期

| 1 | 2 | 3 | 4 | 5 | 6 | 7 | 8 | 9 | 10 | 11 | 12 | 月 |

觀賞用「四角西瓜」。

● **北龍向日葵西瓜**

（北海道雨龍郡北龍町）

由細緻土壤培育出來的北龍町西瓜。名稱取自令人聯想起向日葵的黃色果肉。

上市時期

| 1 | 2 | 3 | 4 | 5 | 6 | 7 | 8 | 9 | 10 | 11 | 12 | 月 |

● **炸彈西瓜**

● **Otsukisama**

● **哥斯拉恐龍蛋西瓜**

（北海道樺戶郡月形町）

高級

西瓜名產地月形町的品牌。「炸彈西瓜」是黑皮紅肉的大玉西瓜。「Otsukisama」是黑皮的奶油西瓜。「哥斯拉恐龍蛋西瓜」是綠皮大型橢圓形西瓜。外觀令人印象深刻，在網購通路頗受歡迎。

上市時期

| 1 | 2 | 3 | 4 | 5 | 6 | 7 | 8 | 9 | 10 | 11 | 12 | 月 |

有引信設計的「炸彈西瓜」。

帶有鮮黃色果肉的「Otsukisama」。

包裝也很有趣的「哥斯拉恐龍蛋西瓜」。

大玉西瓜

重量達 5～7kg 的普通西瓜，與超過 10kg 的大型西瓜皆稱為「大玉西瓜」。不只剖半或切成月牙片販售，通常也會切成小丁，做成方便食用的截切水果商品。由於這個緣故，顏色鮮豔、不易腐壞的品種愈來愈多。

　　儘管品種豐富，目前產量最大的是「祭 Bayashi777」，產地遍及全日本。溫室栽培春天出貨的「Harunodanran」也是市面上常見的品種。

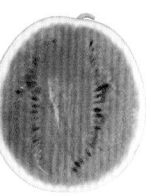

照片為祭 Bayashi777

富士光系列

亮紅色果肉美觀又美味的系列。甘甜鮮明，口感佳。現在的主流是「富士光」與耐熱的「富士光 TR」。還有風味迷人的「富士光 EL」。

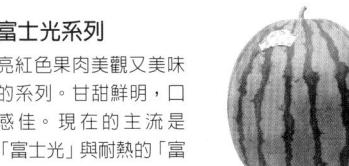

照片為富士光
照片：萩原農場

味 Kirara 系列

糖度達 12～13%，甜味鮮明，味道濃郁，是其特色所在。除了「味 Kirara」之外，還有「味 Kirara type2」、「味 Kirara type3」。

照片為味 Kirara
照片：大和農園

Paisley

細長外型宛如橄欖球，方便放入冰箱保存。體積比一般大玉小一些，糖度 12～13%，甜味鮮明，是其特色所在。

照片：神田育種農場

Harunodanran 系列

耐低溫，初春時節出貨的系列，是熊本縣與鳥取縣等地的早出品種。有「Harunodanran」與「Harunodanran RV」。

照片為 Harunodanran
照片：萩原農場

祭 Bayashi 系列

深綠色加上黑色條紋，此系列的西瓜十分美觀。果肉細密，口感清脆。現在的主流是「祭 Bayashi777」，與後繼品種「祭 Bayashi8」。還有「祭 Bayashi RG」、「祭 Bayashi 11」等品種。

縞無雙系列

果皮遍布清晰深邃的粗條紋，看起來十分華麗的系列。有果肉緊實，口感佳的「縞無雙 H」、「縞無雙 HL」，以及耐暑熱的「縞無雙 VH」。

照片為縞無雙 H

照片：神田育種農場

column　歷史悠久、日本第一大的「入善 Jumbo 西瓜」

富山縣黑部市從室町時代就一直種植西瓜。明治時代引進美國種橄欖球狀的大型西瓜。昭和 57 年，取名「入善 Jumbo 西瓜」成為當地特產。此品種通常 10kg 起跳，最大的重達 30kg，可說是日本第一大西瓜。以稻草編織繩做成的包裝也是其特色之一。

小玉西瓜

為了方便放入冰箱而開發的西瓜，直徑只有 20cm 左右，重量 1 ～ 2kg。由於尺寸較小，人數較少也能吃完，加上果皮較薄，是其特色所在。雖然口感不如大玉清脆，但糖度較高。

小玉與大玉一樣品種繁多，但「Hitorijime」是唯一全國各地都有栽種的系列。最近高溫時期也能生產的黑皮「Hitorijime BonBon」相當受到市場歡迎。「Sweet Kids」、「姬甘泉」系列也是常見品種。

照片為 Hitorijime　　照片為 Hitorijime BonBon

照片為姬甘泉
照片：丸種

姬甘泉系列

果皮條紋粗大鮮明。除了有果皮邊緣同樣甘甜，口感清脆的「姬甘泉」之外，還有耐熱性高的「姬甘泉 5 號」、「姬甘泉 Chalier」，以及黑皮的「姬甘泉 Black」。

Sweet Kids

特色在於容易栽培，糖度高，口感清脆，是市面上常見品種。

Hitorijime 系列

此為現今最常栽種的小玉西瓜系列。糖度高，清脆口感近似大玉西瓜。品種包括「Hitorijime7」、耐熱性高的「Hitorijime HM」、「Hitorijime 7-EX」、「Hitorijime BonBon」等。

秋田夏丸 Chicche*

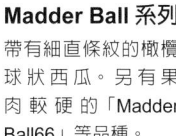

秋田縣育成的新品種。特點是果肉略硬，口感清脆，富含果汁。糖度也高。另有大玉的「秋田夏丸」。

Madder Ball 系列

帶有細直條紋的橄欖球狀西瓜。另有果肉較硬的「Madder Ball66」等品種。

照片：MIKADO 協和

column　立體栽培西瓜「Luna Piena」

高知縣香南市夜須町面向太平洋，採用溫室栽培種植出這款高級的「Luna Piena」（滿月）中玉西瓜。少見的立體空中栽培，讓西瓜充分享受陽光的洗禮，孕育出甜味均勻一致的西瓜。保留 T 字形藤蔓，洋溢高級質感，是頗受歡迎的禮品水果。

採用立體空中栽培，讓果實像是坐在搖籃裡。由於一株苗只結一顆果實，培育出來的果實十分飽滿。

空中栽培特有的藤蔓引人注目。

黑皮西瓜

幾乎看不見直條紋，果皮呈接近黑色的暗綠色西瓜。黑皮西瓜自古就有，由於造型驚人且充滿高級質感，近幾年出貨量愈來愈多。「Tahichi」是知名的大玉西瓜品種。

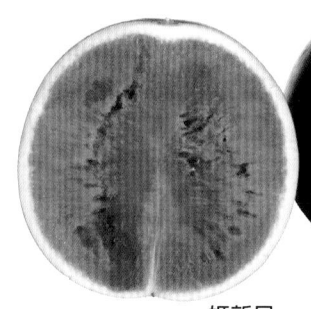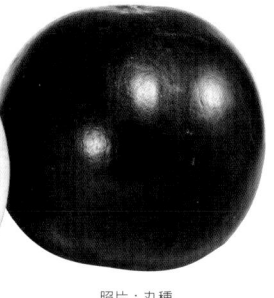

照片：丸種

Kuroama

大玉的黑皮西瓜，果肉為漂亮的紅色。果肉緊實，溢出味道濃郁的果汁，甘甜誘人。

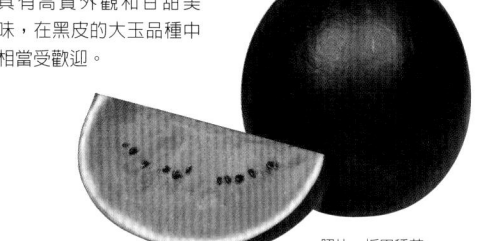

照片：大和農園

姬新月

小玉黑皮西瓜。果皮較薄，滋味甘甜。口感相當清脆，十分好吃。

Asian 小町

橄欖球狀的黑皮西瓜。果肉為山吹色（介於橘色與黃色間的深黃色），十分緊實，口感良好。另有中玉品種「Asian」。

照片：大和農園

Tahichi

具有高貴外觀和甘甜美味，在黑皮的大玉品種中相當受歡迎。

照片：坂田種苗

column 黃皮西瓜

從外觀可分成果皮為黃色，和黃底加上深黃色條紋兩種。雖然很難在店頭看到，但品種不少。

照片：丸種

黃坊

淺色系黃皮小玉西瓜。果肉為紅色，肉質較硬，口感佳。

照片：神田育種農場

太陽

深黃色果皮的大玉西瓜。果肉為紅色。另有小玉的「迷你太陽」。

照片：大和農園

Gold 小町

細長橢圓形的小玉黃皮西瓜。果肉細緻，甜味鮮明。

果菜／西瓜

奶油西瓜

　　果肉為黃色的西瓜稱為「奶油西瓜」。由於糖度高的品種愈來愈多，因此味道與口感和紅肉西瓜相差無幾。與紅肉西瓜的顏色對比強烈，是製作截切水果時頗受歡迎的食材。

照片：萩原農場

Orange Heart

果肉為深黃色的中玉西瓜。糖度較高，以高雅甜味和清脆口感為特色。

照片：大和農園

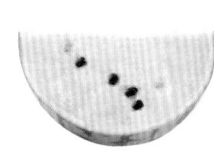

Yellow BonBon

深綠色果皮的小玉奶油西瓜。果肉為深黃色，口感緊實。甜味強烈，滋味濃郁。

月美人

大玉的黑皮西瓜，果肉為黃色。口感清脆順口，帶有奶油西瓜獨特的高雅滋味。

Gold Madder Ball

橄欖球狀的小玉奶油西瓜。帶有清爽甜味，果肉柔軟多汁。

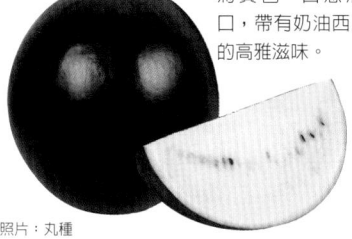

照片：丸種

照片：MIKADO 協和

Ootori 2

甜味均衡的小玉奶油西瓜。果肉纖維較少，口感順滑。

---

column 果肉為橘色的「Summer Orange」系列

「Summer Orange」系列的西瓜帶有美麗的橘色果肉。顏色介於紅肉與奶油西瓜之間，亦稱為晚霞色。糖度高達 12 ～ 13％，果肉細緻柔軟，帶有適度的清脆感。

Summer Orange Grand

重達 5 ～ 6kg，外型小巧的大玉西瓜。

Summer Orange Buono

重約 3 ～ 4kg，橄欖球狀的中型品種。

照片：Nanto 種苗

照片：Nanto 種苗

無籽西瓜

　　無籽西瓜開發於昭和 20 年代，於昭和 30 年代蓬勃發展。近幾年主攻截切水果市場，隨著需求增加，品種也愈來愈多。

　　以普通西瓜（二倍體）與將染色體施以濃度高出一倍的秋水仙素處理而成的四倍體西瓜交配，就能得到三倍體種子。以此種子培育的種苗結出的果實就是無籽西瓜。雖說是無籽西瓜，其實含有未成熟的白色「不稔」種子。

照片：大和農園

頰晴

不稔種子特別小，直接食用也很順口的大玉無籽西瓜。糖度 13～14%，口味甘甜。另有黑皮的「頰晴 BB」與「頰晴 BJ」。

吃到飽赤王

紅肉的大玉無籽西瓜。甜味高，可大快朵頤，無須吐籽，盡享西瓜美味。

照片：丸種

金福 *

福井縣福井市開發的無籽西瓜新品種。果皮為亮澤黃，果肉為紅色。由於外型美麗，名稱蘊含「祈願福井市景氣復甦、市民健康幸福」的期待。小玉品種方便放入冰箱冷藏，溫潤的甜味十分好吃。雖然含有不稔種子，但絲毫不影響口感，可直接吃下肚。

立體栽培的「金福」。透過細心管理，生產出更好吃的西瓜。

column 亦有種子細小，可直接吃的品種

雖有黑色種子，但種子小如米粒，可以直接吃的西瓜已經上市！細小的種子只要一咬就能順利剔除。

左邊為一般西瓜，右邊為小粒娘的種子。種子大小只比芝麻大一點。

新世界

種子如米粒大小，可與果肉一起食用。口感清脆又美味的中型西瓜。

照片：丸種

小粒娘

種子大小只有一般西瓜的四分之一，感覺一咬下去就會消失在嘴裡。

照片：Nanto 種苗

主要西瓜大小比較圖

Watermelon

入善 **Jumbo** 西瓜
P214（18kg）

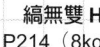

縞無雙 **H**
P214（8kg）

祭 **Bayashi777**
P214（8kg）

Orange Heart
P217（4kg）

新世界
P218（4kg）

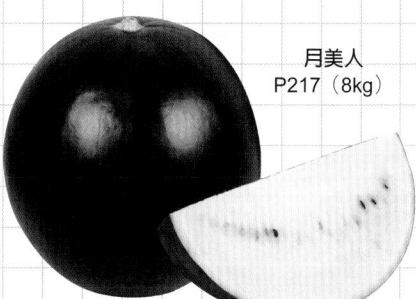

月美人
P217（8kg）

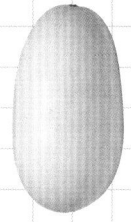

秋田夏丸 **Chicche**
P215（3kg）

Gold 小町
P216（3kg）

**Hitorijime
BonBon**
P215（2.5kg）

Hitorijime
P215（2kg）

金福
P218（2kg）

※ 此為平均大小的概略比較，水果個體差異甚大，此圖僅供參考。

219

PART 2　水果圖鑑

其他 各種水果

本章綜合介紹

各種難以分類的水果，

包括屬於藤本果樹的葡萄、奇異果、

屬於落葉果樹的柿子、無花果、

懸鉤子、越橘等莓果類。

Ⅰ 葡萄

▶ P222

● 葡萄的果實結構及名稱

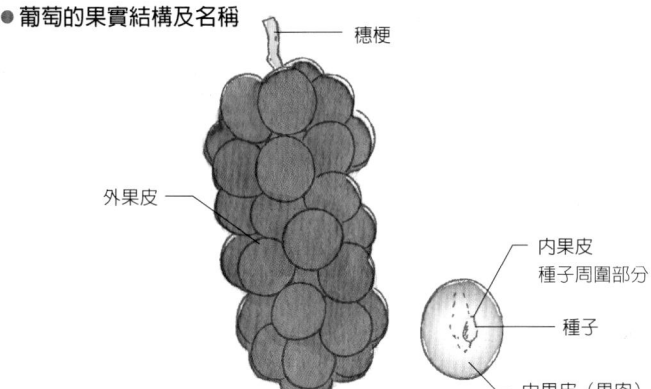

- 穗梗
- 外果皮
- 內果皮 種子周圍部分
- 種子
- 中果皮（果肉）

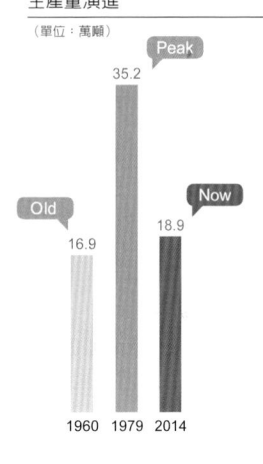

Peak 35.2

Old 16.9

Now 18.9

1960　1979　2014

Ⅱ 柿子

▶ P236

● 柿子的果實結構及名稱

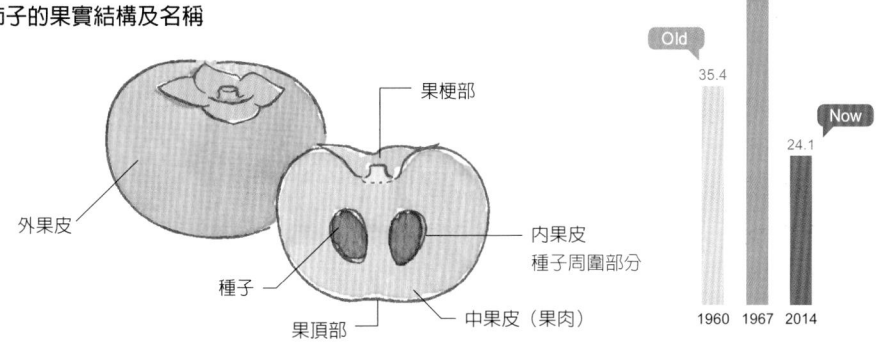

- 果梗部
- 外果皮
- 內果皮 種子周圍部分
- 種子
- 果頂部
- 中果皮（果肉）

Peak 50.4

Old 35.4

Now 24.1

1960　1967　2014

Ⅲ 奇異果

▶ P246

● 奇異果的果實結構及名稱

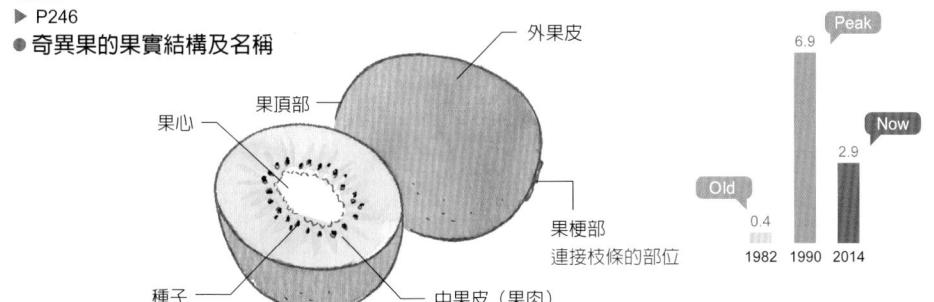

- 外果皮
- 果頂部
- 果心
- 果梗部 連接枝條的部位
- 種子
- 中果皮（果肉）

Peak 6.9

Now 2.9

Old 0.4

1982　1990　2014

（日本農林水產省　糧食需給表　國內生產量明細）

221

顏色大小種類豐富！新品種陸續上市

I 葡萄

Grape

上市時期

1 2 3 4 5 6 7 8 9 10 11 12 月

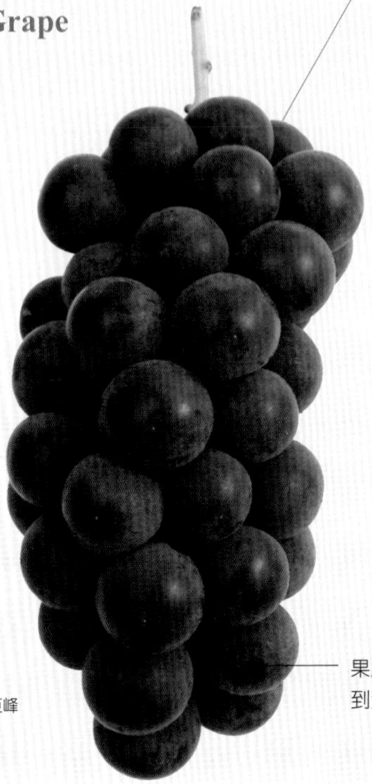

照片為巨峰

選購Point

果軸強韌
表面有一層果粉
（白色粉末）

雌蕊的子房壁成長為果肉（內果皮與中果皮）和皮（外果皮），子房中的胚珠最後形成種子。依品種不同，種子有 2 ～ 4 顆。

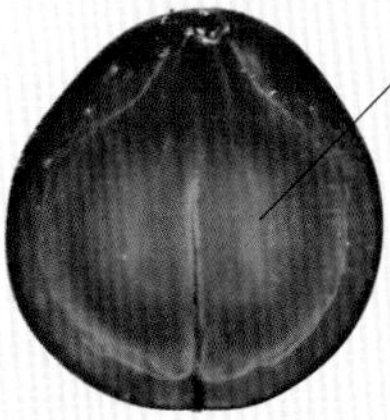

亦有無籽葡萄

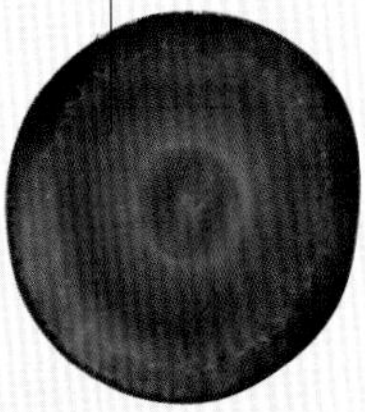

種子有 2 ～ 4 顆

果皮為黑色
到黃綠色

/ Data /

學名：*Vitis* L.
分類：葡萄科葡萄屬
原產地：亞洲、美國
主要成分（新鮮）：熱量 59kcal、水分 83.5g、維他命 C 2mg、食物纖維 0.5g、鉀 130mg

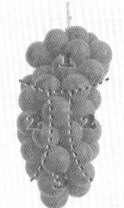

果房上半部充分沐浴在陽光下，因此較甜。愈往下酸味愈明顯，從果房下方往上吃，最後可以享受最甘甜的果實。

葡萄在歐洲與埃及從西元前四千年左右即開始栽種，是歷史悠久的水果種類。日本也有野生山葡萄，鎌倉時代開始種植甲州葡萄。加上加工用葡萄，全世界的葡萄品種超過一萬種，日本也開發出 50 ～ 60 種。

以顏色區分，葡萄有紅色、綠色、黑色等，其中包括大型或小型果實，品種相當豐富。產量較多的是果實較大、甜味鮮明的黑色「巨峰」葡萄，與果實較小的紅色「德拉瓦」葡萄，還有許多新品種問世，包括可連皮一起吃的綠色大型「晴王麝香」葡萄等。

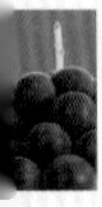

挑選方式	果軸（梗穗）為綠色，觸感強韌，果皮緊實，表面覆蓋果粉（白色粉末）者佳。顏色鮮豔的葡萄通常較好吃。
保存法	葡萄表面的水分會導致腐壞，不要清洗，直接裝進塑膠袋，放入冰箱的蔬果保鮮室保存。保存期限依品種不同，但建議在 2 ～ 3 天內吃完。
賞味時期	露地栽培與屋簷式栽培的葡萄若放到莖部枯萎，會變得更熟、更好吃。溫室栽培的葡萄購買後應儘早吃完。
營養	果肉與果皮富含具有抗氧化作用的多酚，可有效消除活性氧，遠離生活習慣病。

葡萄的花是由 5 個雌蕊與雄蕊形成小花苞，呈房狀聚集。每朵花都會結成果實，隨著成長變重，整串果實往下垂。

主要品種上市時期　　主要產季為秋季，基本上全年都能吃到不同品種的進口葡萄。「巨峰」採用溫室栽培，上市期很長。

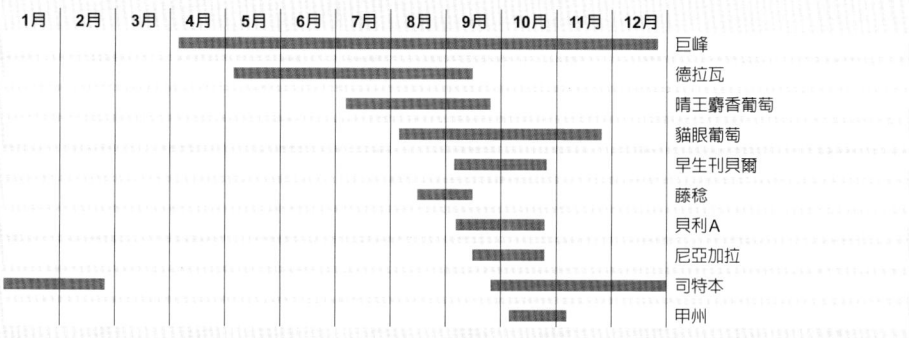

1月	2月	3月	4月	5月	6月	7月	8月	9月	10月	11月	12月	
			▬	▬	▬	▬	▬	▬	▬	▬	▬	巨峰
				▬	▬	▬	▬	▬				德拉瓦
					▬	▬	▬	▬				晴王麝香葡萄
							▬	▬	▬	▬		貓眼葡萄
							▬	▬				早生刊貝爾
							▬	▬				藤稔
							▬	▬	▬			貝利A
							▬	▬	▬			尼亞加拉
▬	▬								▬	▬	▬	司特本
							▬	▬				甲州

其他各種水果／葡萄

主要產地與栽種面積

山梨縣、長野縣、山形縣等東日本三縣的產量約占一半。2013 年日本國內整體收穫量為 189,700t。

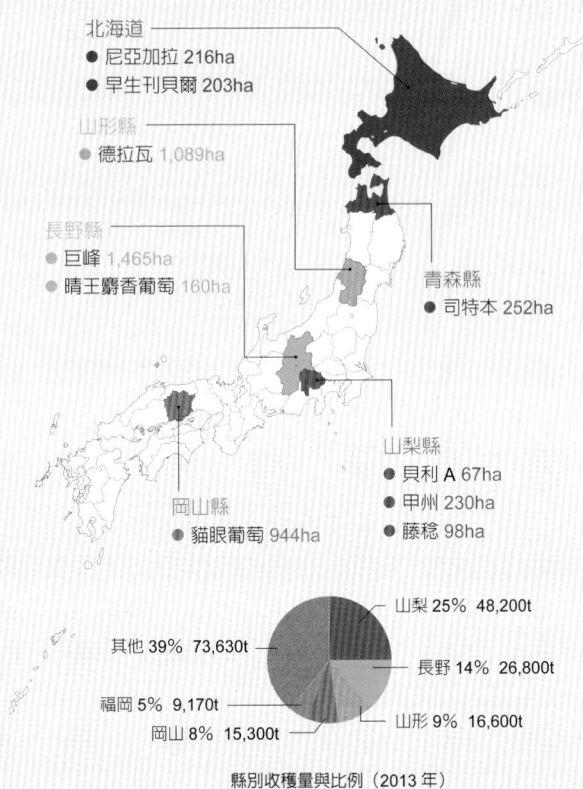

北海道
● 尼亞加拉 216ha
● 早生刊貝爾 203ha

山形縣
● 德拉瓦 1,089ha

長野縣
● 巨峰 1,465ha
● 晴王麝香葡萄 160ha

青森縣
● 司特本 252ha

山梨縣
● 貝利 A 67ha
● 甲州 230ha
● 藤稔 98ha

岡山縣
● 貓眼葡萄 944ha

其他 39% 73,630t

山梨 25% 48,200t

長野 14% 26,800t

山形 9% 16,600t

岡山 8% 15,300t

福岡 5% 9,170t

縣別收穫量與比例（2013 年）
（日本農林水產省　果樹生產出貨統計 2013）

收穫量演進

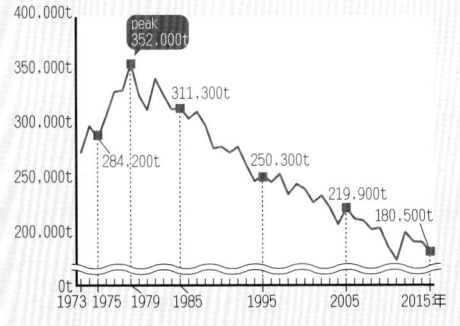

400,000t

peak 352,000t

350,000t

311,300t

300,000t

284,200t

250,000t

250,300t

219,900t

180,500t

200,000t

0t
1973 1975 1979 1985 1995 2005 2015年

葡萄品種雖然增加，但整體收穫量逐漸減少，如今還不到巔峰時期的一半產量。

（日本農林水產省　果樹生產出貨統計）

column

葡萄經激勃素處理
即可形成「無籽葡萄」

天生的無籽葡萄十分少見，幾乎所有無籽葡萄都是在開花前浸泡在植物荷爾蒙激勃素溶液裡，藉此去除種子。經此處理種出的葡萄，分成容易形成無籽葡萄的品種，與不易形成無籽葡萄的品種。

其他各種水果／葡萄

品種別栽種面積排行榜

1980 年

 1 德拉瓦
10,200ha

 2 早生刊貝爾
6,090ha

 3 巨峰
4,210ha

 4 貝利A
2,060ha

 5 新玫瑰香
1,540ha

 6 甲州
708ha

2013 年

 1 巨峰
5,019ha

 2 德拉瓦
2,721ha

 3 貓眼葡萄
2,395ha

 4 早生刊貝爾
595ha

 5 晴王麝香葡萄
570ha

 6 尼亞加拉
490ha

 7 貝利A
416ha

 8 司特本
353ha

 9 甲州
248ha

 10 藤稔
246ha

可連皮一起吃的葡萄品種，栽種面積不斷擴大，包括 1970 年後半登場的「貓眼葡萄」與 2006 年完成品種登錄的「晴王麝香葡萄」等。

其他各種水果／葡萄

主要品種譜系圖　巨峰也衍生出不少新品種，許多都是高級水果。

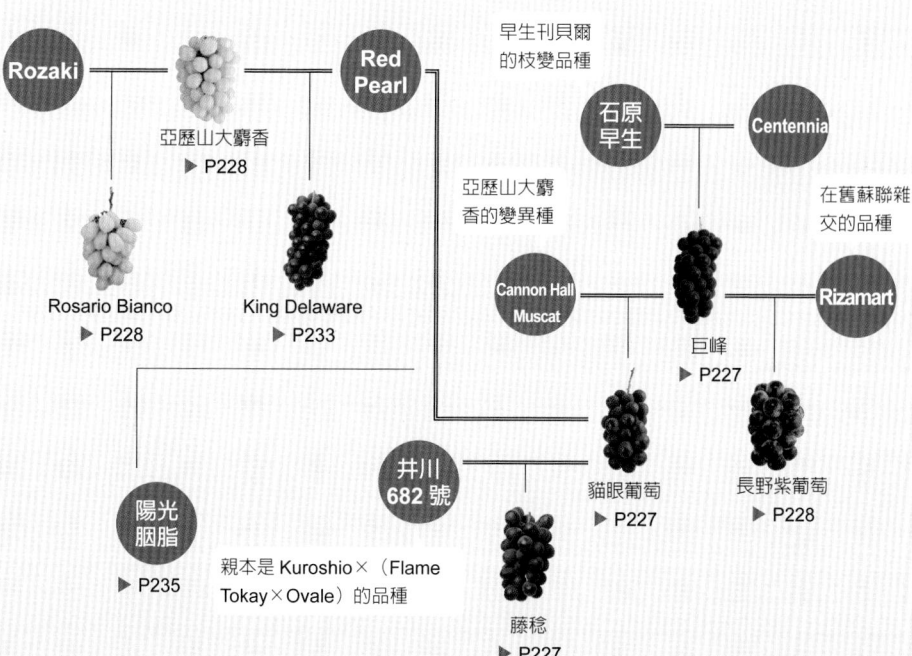

Rozaki　Red Pearl

亞歷山大麝香 ▶ P228

早生刊貝爾的枝變品種

石原早生　Centennial

亞歷山大麝香的變異種

在舊蘇聯雜交的品種

Rosario Bianco ▶ P228

King Delaware ▶ P233

Cannon Hall Muscat

巨峰 ▶ P227

Rizamart

陽光胭脂 ▶ P235

井川 682 號

貓眼葡萄 ▶ P227

長野紫葡萄 ▶ P228

親本是 Kuroshio×（Flame Tokay×Ovale）的品種

藤稔 ▶ P227

memo 源自「晴王麝香葡萄」的品種包括「雄寶」（天山 × 晴王麝香葡萄）、「Violet King」（魏可 × 晴王麝香葡萄）、「Kotopi」（甲斐乙女 × 晴王麝香葡萄）等。

225

日本育成品種演進

葡萄的品種變化相當劇烈，經過不斷改良，誕生許多優良品種，導致以前的品種產量愈來愈少。

江戶 1603 〜 1867	**－文治 2（1186）年** 甲州（山梨縣） 雨宮勘解由發現的品種，一直到明治時代都是日本葡萄的主要品種。
明治 1868 〜 1912	**－明治 5（1872）年** 德拉瓦（法國） 從法國引進日本，目前收穫量為第 2 名。 **－明治 30（1897）年** 早生刊貝爾（美國） 從美國引進日本。長久以來，「德拉瓦」與「早生刊貝爾」一直是日本的兩大品種，如今「早生刊貝爾」的收穫量躍升至第 4 名。
大正 1912 〜 1926	
昭和 1926 〜 1989	**－昭和 2（1927）年** 貝利 A（新潟縣） 由川上善兵衛育成的品種，之後於昭和 15（1940）年命名發表，是日本民間育成的初期品種。 **－昭和 12（1937）年** 石原 Centennial（巨峰）（靜岡縣） 大井上靖育成的品種。後於昭和 30（1955）年以「巨峰」名義登錄商標。由於容易栽培且品質優良，1970 年代開始生產量暴增，現為生產量第一的品種。 **－昭和 32（1957）年** 貓眼葡萄（靜岡縣） 井上秀雄育成的品種。這 20 年來生產量增加，為收穫量第 3 的葡萄。「貓眼葡萄」也是許多高品質品種的親本。
平成 1989 〜	**－平成 18（2006）年** 晴王麝香葡萄 農研機構育成並完成登錄的新品種。耐寒性高，產量高，很容易栽培出無籽品種，可連皮一起吃。

memo 「Muscat of Italia」的突然變異紅麝香「奧山紅寶石」，誕生出「陽光胭脂」與「東方之星」品種。

其他各種水果／葡萄

Ⅰ 葡萄的種類

葡萄種類繁多，果實有大有小，還有可連皮吃的各式新品種。

巨峰
石原 Centennial

由來：石原早生
×Centennial
糖度：18～20%
主要產地：長野縣

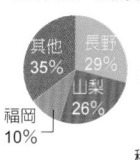

其他 35%　長野 29%　山梨 26%　福岡 10%

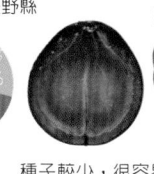

種子較少，很容易從果肉中取出。

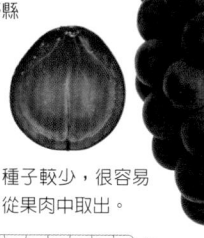

上市時期
1 2 3 4 5 6 7 8 9 10 11 12 月

1945 年命名為「巨峰」的葡萄之王。每顆約 10～15g，果實略大，果皮容易剝除。果肉具有口感，甜味鮮明。盛行採用設施栽培，從春季到秋季都是產季。

貓眼葡萄
Pione

由來：巨峰 ×Cannon
Hall Muscat
糖度：18～20%
主要產地：岡山縣

其他 39%　岡山 39%　山梨 22%

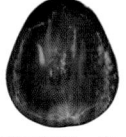
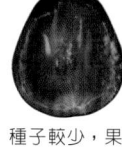
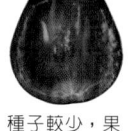

種子較少，果肉紮實。

上市時期
1 2 3 4 5 6 7 8 9 10 11 12 月

黑皮的大型果實品種，最大的甚至媲美高爾夫球。酸味較弱，甜味鮮明。由於果肉較硬，耐存放，頗受消費者青睞。無籽品種稱為「New Pione」。

晴王麝香葡萄 *

由來：葡萄安藝津 21 號 × 白南
糖度：20%
主要產地：長野縣

可連皮一起吃。

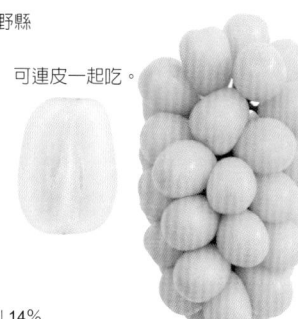

其他 27%　長野 28%　山梨 18%　山形 13%　岡山 14%

上市時期
1 2 3 4 5 6 7 8 9 10 11 12 月

農研機構育成，2006 年登錄。果實大顆，富含甜味，散發濃郁的麝香香氣。果皮較薄且柔軟，可連皮一起吃，食用方便。由於上述緣故，這幾年生產量大幅增加。

藤稔
大峰

果肉柔軟，富含果汁。

由來：井川 682 號 ×
貓眼葡萄
糖度：18%
主要產地：山梨縣

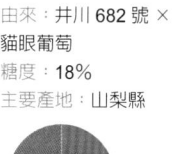

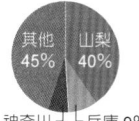

其他 45%　山梨 40%　神奈川 6%　兵庫 9%

上市時期
1 2 3 4 5 6 7 8 9 10 11 12 月

誕生於神奈川藤澤市，1985 年完成品種登錄。在葡萄中體型最大，一顆約 20g。最大可達 32g。果皮略厚，但易剝除，甜味鮮明。

其他各種水果 ／ 葡萄

memo 巨峰的自然雜交實生育成的新品種包括「常陸青龍」，誕生在茨城縣常陸太田市，2004 年完成品種登錄。

赤嶺
早生甲斐路

由來：甲斐路的枝變
糖度：21 ～ 23%
主要產地：山梨縣

照片提供：公益社團法人山梨縣果樹園藝會

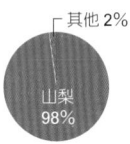

其他 2%
山梨 98%

肉質較硬，口感清脆。

上市時期
1 2 3 4 5 6 7 8 9 10 11 12 月

帶有鮮豔紫紅色的品種，口感宛如歐洲品系的葡萄清脆，帶有濃郁高雅的甜味。果皮較薄，可整顆帶皮吃。特點是耐存放。

Rosario Bianco

果肉為黃綠色，口感多汁。

由來：Rozaki × 亞歷山大麝香
糖度：20 ～ 21%
主要產地：山梨縣

其他 28%　山梨 37%
長野 25%
山形 10%

上市時期
1 2 3 4 5 6 7 8 9 10 11 12 月

誕生於山梨縣的歐洲品系，帶有傲視群倫的鮮甜滋味。由於果皮薄，適合整顆吃，享受清脆口感。可品嘗高雅清爽的味道，是很受歡迎的禮品。

長野紫葡萄 *

果皮輕薄柔軟，方便食用。

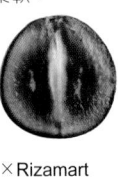

由來：巨峰 × Rizamart
糖度：18 ～ 21%
主要產地：長野縣

長野 100%

上市時期
1 2 3 4 5 6 7 8 9 10 11 12 月

2004 年登錄品種的長野縣原創品種。由於果實大顆，可連皮吃，備受消費者喜愛。特色是甜味強烈，口感清脆。

亞歷山大麝香
Muscat of Alexandria

高級

果肉呈淺黃綠色，果肉充滿口感。

由來：不明
糖度：20%
主要產地：岡山縣

岡山 100%

上市時期
1 2 3 4 5 6 7 8 9 10 11 12 月

原產於北非，Muscat 是「麝香」之意，帶有高雅香氣，是其特色所在。素有葡萄女王之稱，品質與外觀都是最高級，只要用指尖稍微捏起外皮，就能輕鬆剝除，方便食用。

memo 1995 年登錄的「Shinano Smile」是誕生於長野縣的品種，由於栽培難度高，市面上相當少見。

瀨戶巨人葡萄

桃太郎葡萄

由來：Gousal Kara×Neo Muscat
糖度：18 ～ 19%
主要產地：岡山縣

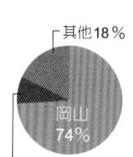

其他18%
岡山 74%
香川8%

果肉無顏色，
富含果汁。

照片提供：JA 全農岡山

上市時期
(1 2 3 4 5 6 7 8 9 10 11 12) 月

1979 年岡山縣育成，商標名稱為「桃太郎葡萄」。果皮較薄，方便食用。雖然產量不高，但以高甜度聞名，成為人氣品種。

大可滿

Gros Colman

果皮輕薄柔軟，肉質多汁。

由來：不明
糖度：13%
主要產地：岡山縣

岡山 100%

照片提供：JA 全農岡山

上市時期
(1 2 3 4 5 6 7 8 9 10 11 12) 月

原產於俄羅斯南部高加索地區，是所有葡萄中最晚生的品種，也是很受歡迎的禮品水果。酸味與甜味恰到好處，味道高雅。果汁較少，耐存放。

黑光葡萄 *

肉質緊實，富含果汁。

由來：Aurora Red 自然雜交實生
糖度：19%
主要產地：岡山縣

岡山 100%

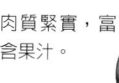

高級

上市時期
(1 2 3 4 5 6 7 8 9 10 11 12) 月

2003 年完成品種登錄，岡山縣的原創品種，是很受歡迎的地方特產。一顆約 14 ～ 17g，果實偏大，甜味適中。由於保存期限長，適合送禮。

浪漫紅寶石 *

高級

一顆超過 20g 的大型果實。

由來：藤稔的自然雜交實生
糖度：18%
主要產地：石川縣

石川 100%

上市時期
(1 2 3 4 5 6 7 8 9 10 11 12) 月

2007 年完成品種登錄，誕生於石川縣的高級品牌。顧名思義，鮮紅色果皮宛如紅寶石。大型果實富含水分，帶有清爽甜味，是其魅力所在。

其他各種水果 / 葡萄

memo 「High Bailey」是大顆的黑色麝香葡萄。1989 年完成品種登錄，卻因育成過程遺失名牌，不清楚親本為何。

安藝皇后

由來：巨峰 × 巨峰
糖度：20%
主要產地：岡山縣、
三重縣

照片提供：農研機構

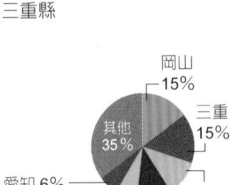

岡山
15%

三重
15%

山形
11%

廣島
11%

長野 7%

愛知 6%

其他
35%

上市時期
1 2 3 4 5 6 7 8 9 10 11 12 月

農研機構育成，1993 年登錄的早生品種。極
致甘甜媲美「巨峰」，散發獨特香氣。

妮娜皇后 *

由來：
安藝津 20 號
× 安藝皇后
糖度：21%
主要產地：
鹿兒島縣

鹿兒島
100%

上市時期
1 2 3 4 5 6 7 8 9 10 11 12 月

農研機構育成，2011 年完成品種登錄。肉質
較硬，口感十足。酸味較弱，滋味濃郁。

其他各種水果 / 葡萄

美人指

由來：Unicorn × Baladi 2 號
糖度：18 ～ 19%
主要產地：山梨縣

肉質清脆，內
含種子。

上市時期
1 2 3 4 5 6 7 8 9 10 11 12 月

誕生於山梨縣，名稱來自細長形前端染成紫
紅色的模樣。口感清脆，嚼勁十足，風味近
似蘋果。

早生刊貝爾
Campbell Early

由來：
Moore's Early ×
（Belvedere × 漢
堡麝香葡萄）
糖度：14%
主要產地：北海道

一顆 5g 左右，果
皮容易剝除。

其他
20%

北海道
34%

岩手
26%

青森
12%

秋田
8%

上市時期
1 2 3 4 5 6 7 8 9 10 11 12 月

1897 年引進日本的美國品種，酸甜滋味均
衡，味道清爽。不只適合鮮食，也適合加工
成果汁。

 memo　1953 年，以「巨峰」為親本創造出「Olympia」品種，歷史悠久。濃郁滋
味是其魅力所在。

尼亞加拉
Niagara

由來：康考特 × 卡薩迪
糖度：15%
主要產地：北海道

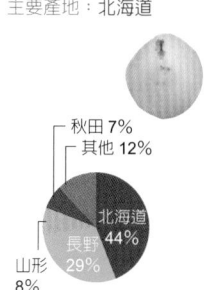

秋田 7%
其他 12%
北海道 44%
長野 29%
山形 8%

果皮雖厚，但很柔軟。

上市時期
1 2 3 4 5 6 7 8 9 10 11 12 月

誕生於美國紐約州，昭和初期在日本大量生產。具有獨特香氣（美洲葡萄的香氣），適合加工成果汁或紅酒。

貝利 A
Muscat Bailey A

由來：貝利 × 漢堡麝香葡萄
糖度：18%
主要產地：山梨縣

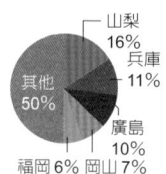

山梨 16%
兵庫 11%
其他 50%
廣島 10%
福岡 6% 岡山 7%

果肉柔軟多汁。

上市時期
1 2 3 4 5 6 7 8 9 10 11 12 月

誕生於新潟縣，1940 年命名。果皮容易剝除，清淡麝香味與甘甜滋味獨樹一格。適合鮮食，也能釀酒。

司特本
Steuben

由來：Wayne × Sheridan
糖度：20 ～ 22%
主要產地：青森縣

秋田 12%
山形 10%
其他 7%
青森 71%

肉質柔軟，有一顆較大的種子。

上市時期
1 2 3 4 5 6 7 8 9 10 11 12 月

在美國紐約州育成的品種，果粒較小，約 5g 重。果皮雖厚，但很好剝。酸味不明顯，可品嘗到濃郁的甜味。

甲州

富含果汁，果肉柔軟。

由來：不明
糖度：18%
主要產地：山梨縣

島根 4% 其他 3%
山梨 93%

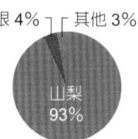

照片提供：公益社團法人山梨縣果樹園藝會

上市時期
1 2 3 4 5 6 7 8 9 10 11 12 月

鎌倉時代在山梨縣發現，江戶時代普及的葡萄品種。果粒約 4 ～ 5g，帶有豐富香氣與甘甜，除了鮮食，亦做成白酒飲用。

紅地球
Red Globe

由來：不明
糖度：——
主要產地：
美國、智利

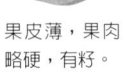

果皮薄，果肉
略硬，有籽。

照片提供：水果安全之
進口水果圖鑑

上市時期
| 1 | 2 | 3 | 4 | 5 | 6 | 7 | 8 | 9 | 10 | 11 | 12 | 月

美國加州大學育成，日本進口葡萄的代名詞。
果實大顆，可連皮吃。特色是甜味溫和，口
感清脆。

淑女紅
Grimson

由來：不明
糖度：——
主要產地：
美國、智利

果肉較硬，富
含水分。

上市時期
| 1 | 2 | 3 | 4 | 5 | 6 | 7 | 8 | 9 | 10 | 11 | 12 | 月

誕生於美國，晚生種無籽葡萄。果粒較小，
可連皮吃。清脆口感是特色所在。酸味明顯。

無籽湯遜

果肉偏硬多
汁，無籽。

由來：不明
糖度：——
主要產地：美國、智利

上市時期
| 1 | 2 | 3 | 4 | 5 | 6 | 7 | 8 | 9 | 10 | 11 | 12 | 月

美國誕生的品種，常用來製作葡萄乾。可連
皮吃，口感清脆。肉質偏硬，味道清爽。

Autumn King

由來：不明
糖度：——
主要產地：美國

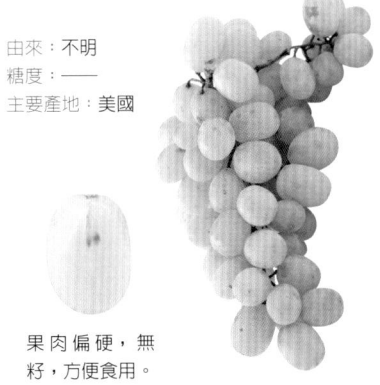

果肉偏硬，無
籽，方便食用。

照片提供：水果安全之
進口水果圖鑑

上市時期
| 1 | 2 | 3 | 4 | 5 | 6 | 7 | 8 | 9 | 10 | 11 | 12 | 月

大顆的無籽葡萄品種。帶有鮮明甜味，後味
清爽。清脆口感也是特色所在，日本市面上
販售的 Autumn King 大多來自加州。

 「北極光 21」是山梨縣育苗家育成的超大顆新品種。果實較大，無法一口
吞下。另有姊妹品種「Arisa」。

德拉瓦

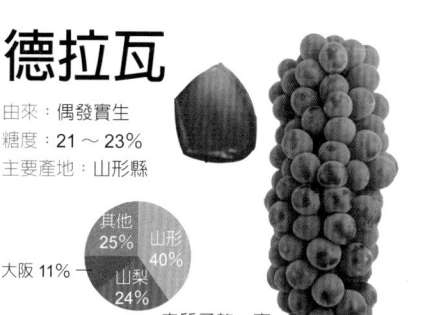

由來：偶發實生
糖度：21～23%
主要產地：山形縣

大阪 11%
其他 25%
山形 40%
山梨 24%

肉質柔軟，富含果汁。

上市時期
(1) 2 3 4 (5 6 7 8 9) 10 11 12 月

在美國俄亥俄州發現，果房小、果實也小，果皮薄，無籽。酸味弱，甜味強。亦為白酒原料之一。

King Delaware

由來：
Red Pearl×
亞歷山大麝香
糖度：
20～23%
主要產地：
山梨縣

群馬 9%
北海道 9%
山形 21%
山梨 61%

果肉富含水分。

上市時期
(1) 2 3 4 5 6 7 (8 9 10 11) 12 月

外觀近似德拉瓦，果實較大，散發麝香的香味。甜味強烈。屬於稀少品種，是很受歡迎的禮品水果。

---

column　各有特色的紅酒用品種

葡萄是全球生產量最高的水果，其中有八成為加工用品種，做成紅酒或葡萄乾。另一方面，日本產葡萄約八成為鮮食用。不過，不少追求完美的生產者開發出特色十足的紅酒用品種，如今「日本紅酒」已成為全球認可的紅酒品項。與日本酒和啤酒不同，紅酒在釀造時基本上不用水，而是直接發酵葡萄果實內含的糖分製成，因此原料本身，也就是葡萄的味道和品質至關重要。產地、栽培法、熟成、釀造法等因素都會影響紅酒品質，因此只要掌握品種特徵，就很容易找到適合自己喜好的紅酒。通常紅酒瓶身上的酒標都有品種名，不妨仔細確認。

紅酒品種

●梅洛（Merlot）
澀味成分單寧較少，酸味不明顯，甜味相對豐富，是其特色所在。任何料理都能搭配。

照片提供：Lumiere

●卡本內蘇維翁
（Cabernet Sauvignon）
全世界普遍栽種的品種。單寧含量高，可品嘗到紅酒特有的味道。

照片提供：Lumiere

白酒品種

●夏多內（Chardonnay）
帶有清爽風味。由於經過槽發酵與槽熟成，因此散發出堅果或奶油般的香味。

照片提供：五一 Wine

●甲州
日本傲視全球的傳統品種。由於鐵質較少，味道輕盈細膩。適合搭配生魚食用。

照片提供：Lumiere

其他各種水果／葡萄

其他葡萄品種

品種	說明	圖片
天山	不易栽培的珍貴品種，果實大顆。 由來：不明 主要產地：——	照片提供：野上葡萄園
伊豆錦	果實大顆，糖度高。 由來：（巨峰 ×Cannon Hall Muscat）×Cannon Hall Muscat 主要產地：長崎縣	
高妻	1992 年品種登錄。成熟期比貓眼葡萄晚，酸味較弱，滋味濃郁。 由來：貓眼葡萄 ×Centennial 主要產地：群馬縣	
翠峰	1996 年完成品種登錄。果實較大。 由來：貓眼葡萄 ×Centennial 主要產地：岡山縣	
黃玉	果皮為淺綠色，散發茉莉香氣。 由來：茉莉的實生 主要產地：——	
Ponta*	名字取自 Popular 與 Nice Taste。 由來：不明 主要產地：大阪府	照片提供：（地獨）大阪府立環境農林水產綜合研究所
Sweet Lady*	酸味弱，甜味強。 由來：早生刊貝爾 ×Suffolk Red 主要產地：北海道	
Azumashizuku*	果實大顆的黑色早生品種。 由來：Black Olympia× 喜樂四倍體 主要產地：福島縣	照片提供：一般社團法人笑容福島
高尾	1956 年在東京育成。 由來：巨峰的自然雜交實生 主要產地：山形縣	
紅環	以清脆口感與強烈甜味為特色。 由來：Kattakurgan 的實生 主要產地：山梨縣、長野縣	
甲斐路	果實大顆，風味溫和。 由來：Flame Tokay× 新玫瑰香 主要產地：山梨縣	
Honey Venus*	果實大顆，糖度高。 由來：紅瑞寶 ×Olympia 主要產地：宮崎縣	
紫苑	寒冬時節上市，可連皮吃。 由來：紅三尺 × 赤嶺 主要產地：岡山縣	照片提供：JA 全農岡山

 井川秀雄是開發「貓眼葡萄」的知名育成者，他也創造出許多品種，包括果實超大的「伊豆錦」，以及「紅富士」、「紅伊豆」與「紅瑞寶」等。

戈爾比	糖度極高的高級品種。 由來：Red Queen × 伊豆錦 主要產地：山梨縣	
Muscat Jipang*	可整顆吃，無須剝皮。 由來：Rosario Bianco × Arisa 主要產地：岡山縣	
Pizzutello Bianco （Lady Finger）	如同別名「淑女手指」所示，味道十分高雅。 由來：原產於義大利（或北非） 主要產地：北海道	Pizzutello Bianco
Muscat of Italia	由義大利政府命名的葡萄。 由來：Bicane × 漢堡麝香葡萄 主要產地：山梨縣	
Portland	來自美國的品種，果皮為白色。 由來：Champion × Lutie 主要產地：北海道	
康考特	釀造紅酒用的黑葡萄，產於以紅酒聞名的長野縣。 由來：不明 主要產地：長野縣	
Buffalo	誕生於美國，帶有黑色果皮。 由來：Herbert × Watkins 主要產地：——	
新玫瑰香	香氣宜人，9 月中旬成熟。 由來：亞歷山大麝香 × 甲州 3 尺 主要產地：山梨縣	
陽光胭脂 *	果皮宛如紅寶石，璀璨動人。 由來：貓眼葡萄 × Red Pearl 主要產地：長野縣	
Timco	可連皮吃，方便食用。 由來：不明 主要產地：美國	
黑色甜菜 *	8 月下旬上市，果皮容易剝除。 由來：藤稔 × 貓眼葡萄 主要產地：長野縣	
Beni Ballade*	可連皮吃，享受清脆口感。 由來：Ballade × 京秀 主要產地：長野縣、新潟縣	
旅路	自古種植於北海道，果皮的條紋圖案是特色所在。 由來：不明 主要產地：北海道	

带有濃郁甜味，日本自古就有的水果

II 柿子
Persimmon
柿

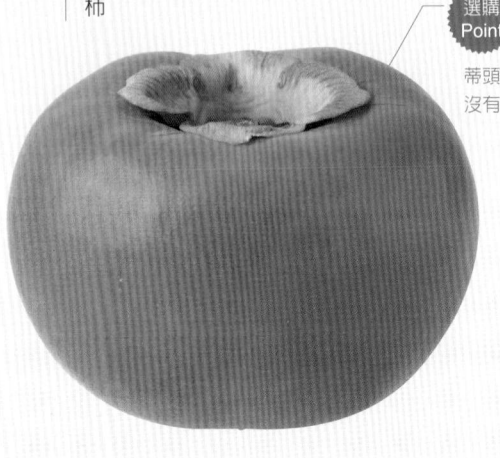

選購
Point

蒂頭為綠色
沒有萎蔫現象

外果皮的內側有中果皮與內果皮，這是一般食用的果肉部分。雌花的子房成長為小果實。蒂頭是宿存花萼。

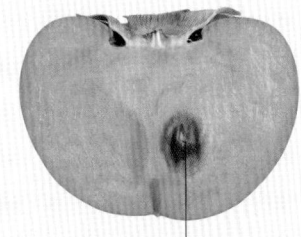

照片為富有

種子最多 8 顆
亦有無籽品種

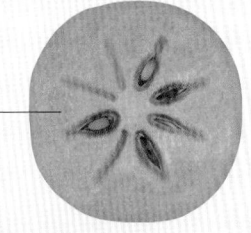

分成 8 個子室

果頂部最甜，直切就能均勻吃到甘甜部位。

/ Data /

學名：*Diospyros* L.
分類：柿樹科柿樹屬
原產地：東亞
主要成分（甜柿、新鮮）：熱量 60kcal、水分 83.1g、維他命 C 70mg、食物纖維 1.6g、鉀 170mg

柿子是日本自奈良時代栽種至今的水果，原本只有澀柿，鎌倉時代開發出甜柿，江戶時代品種愈來愈多，如今約有一千個品種。甜柿分成結成種子後再脫澀的品種，與天生甘甜的品種。甜柿的代表品種包括形狀飽滿水嫩的「富有」，和果肉略硬，口感十足的「次郎」。另一方面，澀柿在果肉較硬的時候帶有澀味，因此大多製成柿乾或酥柿子（脫澀的柿子）。另有「平核無」品種。

柿子有雄花與雌花，雌花凋謝後結成果實。幾乎所有品種都不會開雄花，因此必須在旁邊種植會開雄花的品種。

其他各種水果／柿子

挑選方式	蒂頭為綠色且健康強韌，蒂頭枯萎或捲曲代表果實味道較淡。整體呈鮮豔的紅色，果皮緊實有光澤者佳。
保存法	放入塑膠袋以避免乾燥，再放入冰箱的蔬果保鮮室冷藏。在蒂頭處放一張沾濕的面紙後倒放，可減緩成熟速度。
賞味時期	甜柿變黃就是最好吃的時候，只要放到自己喜歡的軟硬度就能吃。柿子愈熟，甜味愈強烈。澀柿要去澀。
營養	富含可維護皮膚健康，提高免疫功能並預防感冒的 β - 胡蘿蔔素與維他命 C。還有可預防宿醉的單寧。

收穫量演進

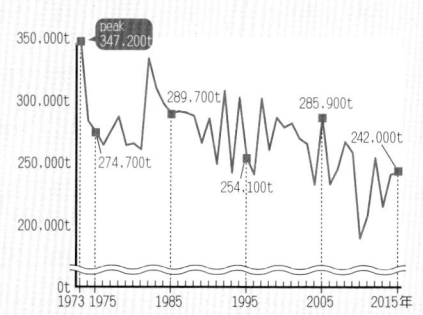

2010 年受到氣候影響，收穫量大幅下滑至 25 萬噸以下。近幾年產量趨於穩定。

（日本農林水產省 果樹生產出貨統計／特產果樹生產動態等調查／果樹品種別生產動向調查）

品種別栽種面積排行榜

2003 年

 1 富有 8,750ha

 2 平核無 3,140ha

 3 刀根早生 2,600ha

 4 次郎 1,530ha

5 西村早生 868ha

2013 年

 1 富有 3,781ha

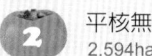 2 平核無 2,594ha

 3 刀根早生 2,252ha

 4 甲州百目 938ha

 5 松本早生富有 804ha

6 早生系次郎 524ha

7 市田柿 521ha

8 次郎 402ha

 9 堂上蜂屋 349ha

 10 太秋 311ha

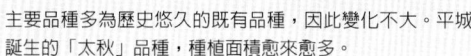

主要品種多為歷史悠久的既有品種，因此變化不大。平城誕生的「太秋」品種，種植面積愈來愈多。

主要品種上市時期　「刀根早生」等早生品種從8月上市，不過主要產季為10～11月。

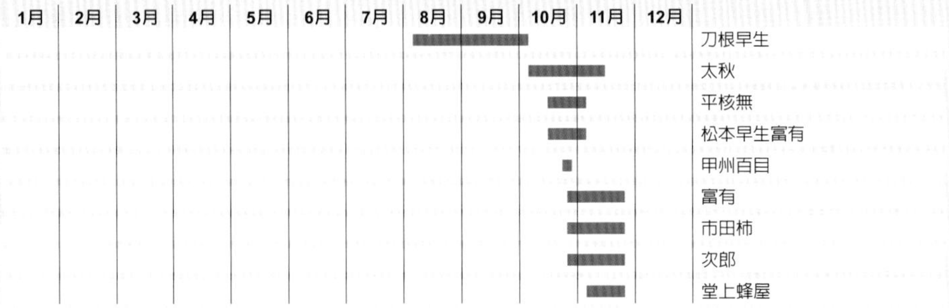

1月	2月	3月	4月	5月	6月	7月	8月	9月	10月	11月	12月	
							▬▬▬	▬▬				刀根早生
									▬▬▬			太秋
									▬▬			平核無
									▬▬			松本早生富有
									▪			甲州百目
									▬▬			富有
									▬▬▬			市田柿
									▬▬▬			次郎
										▬▬		堂上蜂屋

主要產地與栽種面積

在非溫暖地帶種植時，成熟期可能導致果實不甜，因此甜柿主要種植在比關東地區溫暖的地方。澀柿主要種植在東北地方到九州，栽培區域十分廣闊。2013年日本全國收穫量為214,700t。

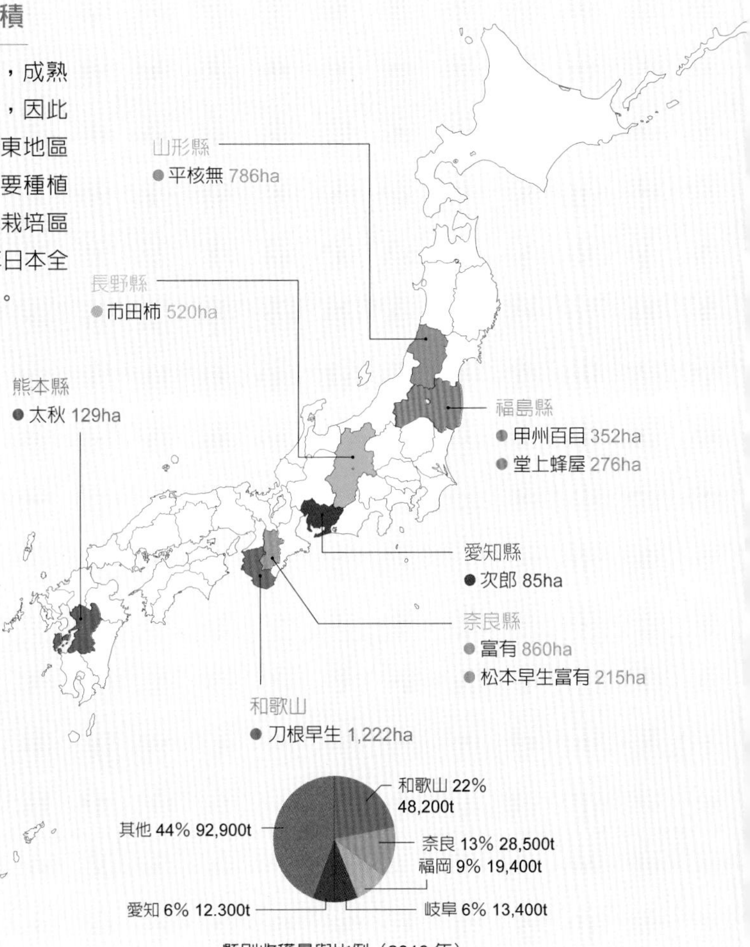

山形縣
● 平核無 786ha

長野縣
● 市田柿 520ha

熊本縣
● 太秋 129ha

福島縣
● 甲州百目 352ha
● 堂上蜂屋 276ha

愛知縣
● 次郎 85ha

奈良縣
● 富有 860ha
● 松本早生富有 215ha

和歌山
● 刀根早生 1,222ha

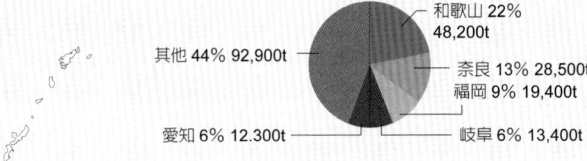

和歌山 22% 48,200t
奈良 13% 28,500t
福岡 9% 19,400t
岐阜 6% 13,400t
愛知 6% 12.300t
其他 44% 92,900t

縣別收穫量與比例（2013年）

（日本農林水產省　果樹生產出貨統計／特產果樹生產動態等調查2013）

其他各種水果／柿子

柿子分類　柿子大致可分成甜柿與澀柿，接著再細分為完全甜柿、不完全甜柿、完全澀柿與不完全澀柿。

在樹上變甜的柿子
甜柿

　　在樹上變甜，採收後可直接吃的柿子即為甜柿。甜柿可分成兩大類，分別是含有種子才會脫澀的不完全甜柿；與無論有無種子均可在樹上自然脫澀（變甜）的完全甜柿。柿子原本是生長於南方的水果，若果實成熟的秋季氣溫太低，即使完熟也不會變甜。有鑑於此，日本甜柿大多種植於比關東地區溫暖的西部地區。主要品種包括「富有」、「次郎」等。

栽種於日本各地、帶有澀味的柿子
澀柿

　　澀柿是日本自古種植的柿子。含有澀味成分單寧，採收後無法直接食用。一般市面上販售的澀柿都是經過脫澀處理，釋放甜味的產品。脫澀後的果肉會出現單寧變化後生成的「黑芝麻點」。日本從東北地方到九州各地皆為澀柿產地，最有名的品種包括「平核無」、「甲州百目」等。

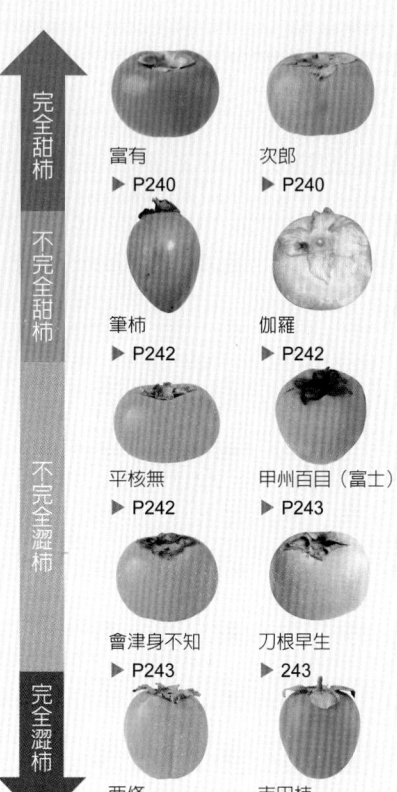

完全甜柿

富有
▶ P240

次郎
▶ P240

不完全甜柿

筆柿
▶ P242

伽羅
▶ P242

不完全澀柿

平核無
▶ P242

甲州百目（富士）
▶ P243

會津身不知
▶ P243

刀根早生
▶ 243

完全澀柿

西條
▶ P244

市田柿
▶ P245

其他各種水果／柿子

在家也能完成！澀柿的「脫澀」處理

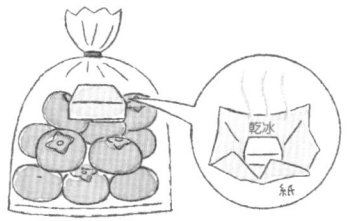

利用乾冰
依果實重量準備 0.01 ～ 0.02％的乾冰，用報紙包起，放入塑膠容器或較厚的塑膠袋裡。接著放入柿子密封，放在常溫下。靜置一會兒就會產生二氧化碳，5天後即可脫澀完成。

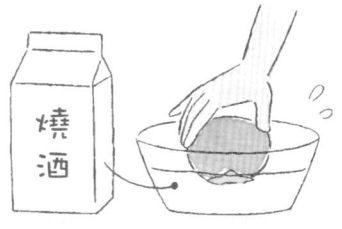

利用酒精
燒酒倒入容器，將蒂頭部分泡在燒酒裡。亦可將燒酒均勻噴在柿子上，放入塑膠容器或較厚的塑膠袋。密封後放在常溫下。靜置一週就能脫澀，變得甘甜。

富有

九度山產不老柿
廣瀬之柿

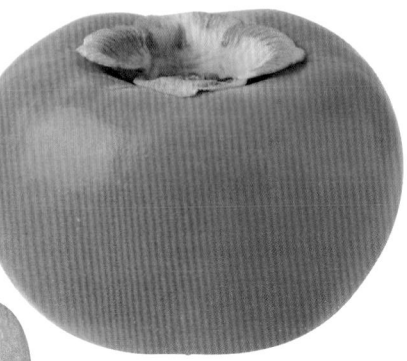

果肉為紅黃色，肉質細膩，完熟後富含果汁。

由來：不明
糖度：15 ～ 16%
主要產地：奈良縣

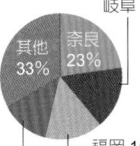

岐阜 16%
奈良 23%
其他 33%
福岡 15%
和歌山 13%

照片提供：JA 奈良縣 西吉野柿選果場

在岐阜縣瑞穂市居倉（舊川崎村）發現，1989 年命名為「富有」。每顆重量為 210 ～ 220g，果實偏大，肉質偏粗，但富含甜味。果實較硬時也很好吃，放到完熟後再吃，肉質會變軟，吃起來更香甜。

松本早生富有

照片提供：和歌山縣

肉質細密，完熟的果實富含果汁。

由來：富有的早生品系枝變
糖度：15 ～ 16%
主要產地：奈良縣

其他 38%
奈良 27%
福岡 24%
和歌山 11%

上市時期
1 2 3 4 5 6 7 8 9 10 11 12 月

在京都府綾部市松本家農園發現，並於 1952 年登錄名稱。外觀與味道幾乎與富有相同，但這款柿子的體型較小，呈扁平形。成熟期比富有早兩週。

次郎

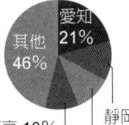

果肉為橙黃色，肉質細密。有 1 ～ 2 顆種子。

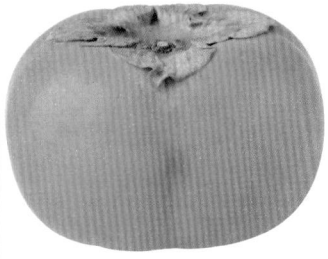

由來：不明
糖度：16 ～ 17%
主要產地：愛知縣

愛知 21%
其他 46%
東京 10%
靜岡 12%
埼玉 11%

上市時期
1 2 3 4 5 6 7 8 9 10 11 12 月

原產於靜岡縣森町，從江戶時代末期栽種至今的晚生完全甜柿，一顆約 250g。完熟後轉為朱紅色。肉質略硬，甜味強烈。

---

memo 「禪寺丸柿」是在現今神奈川縣川崎市麻生區柿生附近的王禪寺山區發現，從江戶時期到大正時期大量上市。雖然隨後遇到衰退期，但 2007 年 7 棵禪寺丸柿樹成為國家指定登錄紀念物，當地人士努力保存果樹，傳承給下一代。

其他各種水果／柿子

太秋

果肉細密，
富含果汁。

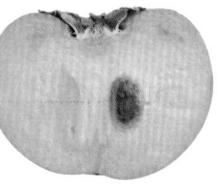

由來：富有 × ⅡiG-16
糖度：17%
主要產地：熊本縣

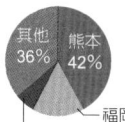

熊本 42%
其他 36%
福岡 16%
愛媛 6%

上市時期
(1 2 3 4 5 6 7 8 9 10 11 12) 月

1995 年完成品種登錄的中生甜柿，果實偏大，一顆重達 320g。果肉吃起來很清脆，口感十足。甜味強烈，富含果汁，是未來備受期待的品種。

早秋 *

肉質細密多汁，帶有適度口感。

由來：伊豆 × 育成
者擁有品系
糖度：14 ～ 15%
主要產地：福岡縣

福岡 48%
其他 32%
岐阜 20%

上市時期
(1 2 3 4 5 6 7 8 9 10 11 12) 月

2003 年品種登錄的早生甜柿。形狀略微扁平，肉質柔軟。富含果汁，可品嘗清爽甜味。在早生品種中屬於較耐放的品種，也是其特色所在。

輝太郎 *

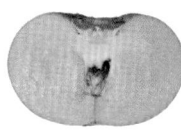

肉質細緻，種子較少也是特色所在。

由來：宗田早生 × 甘秋
糖度：17%
主要產地：鳥取縣

鳥取 100%

上市時期
(1 2 3 4 5 6 7 8 9 10 11 12) 月

鳥取縣原創品種，2010 年品種登錄的早生甜柿。外觀飽滿蓬潤，果實較大，每顆約300g。果實滋潤順口，可品嘗到高雅甜味。

福岡 K1 號 *

秋王

照片提供：福岡縣
農林業綜合實驗場

果肉為黃橙色，肉質清脆。

由來：富有 × 太秋
糖度：20%
主要產地：福岡縣

福岡 100%

上市時期
(1 2 3 4 5 6 7 8 9 10 11 12) 月

福岡縣原創品種，2012 年完成品種登錄。登錄的商標名稱是「秋王」，是全球首創的九倍體無籽甜柿，帶有傲人的絕佳口感與出眾甜味。今後的普及值得期待。

---

memo 甜柿有「伊豆」、「貴秋」等品種，其中「愛秋豐」是最知名的高級柿子。

筆柿

果肉帶有許多褐斑，口感十足。

由來：不明
糖度：16%
主要產地：愛知縣

長野 14%　京都 1%
愛知 85%

上市時期
（1│2│3│4│5│6│7│8│9│10│11│12）月

愛知縣幸田町的在地品種，亦稱為「珍寶柿」。由於形狀宛如筆尖，因此取名筆柿。果實略小，每顆約 100g。滋味濃郁，甜味十足。日本全國各地都有栽種。

伽羅

果肉富含黑褐色芝麻點，種子有 4～5 顆。

由來：不明
糖度：16%
主要產地：佐賀縣

上市時期
（1│2│3│4│5│6│7│8│9│10│11│12）月

原產於佐賀縣，是九州地方自古種植的品種，樹齡 50～100 年的柿樹才會結出甘甜果實。果肉有許多黑色芝麻點，由於看似伽羅樹紋，因此得名。

平核無

Okesa 柿
八珍柿
庄內柿

上市時期
（1│2│3│4│5│6│7│8│9│10│11│12）月

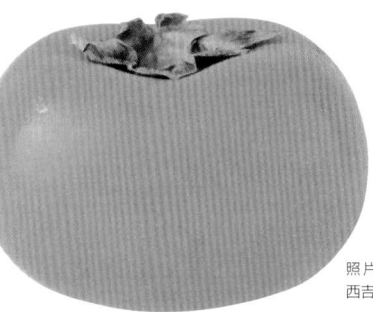

果肉細密，肉質柔軟，富含果汁。

照片提供：JA 奈良縣
西吉野柿選果場

紀之川

在樹上脫澀完熟，因此甜味強烈。完熟後整顆果肉偏黑。

星霜柿

茨城縣常陸太田市產。在樹上脫澀，保存時間長。特點是口感清脆。

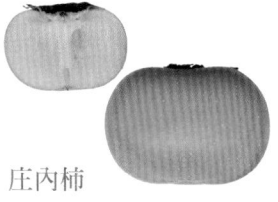

庄內柿

山形縣產。四方扁平的外型是特色所在，果肉細密緊實，多汁且帶有高雅甜味。

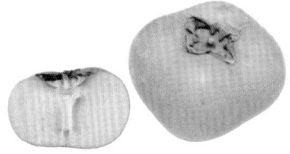

Queen Persimmon

和歌山縣產，平均重量 400g 以上，果實特大。

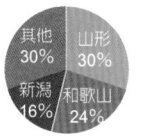

由來：不明
糖度：14～15%
主要產地：山形縣

其他 30%　山形 30%
新潟 16%　和歌山 24%

300 年前在新潟縣新津市栽種的澀柿，1909 年命名為「平核無」。各地都有自己的名稱或品牌名，例如「Okesa 柿」、「庄內柿」等。產量僅次於「富有柿」，除了做成酥柿子或鮮食外，也是很受歡迎的柿乾原料。肉質柔軟，甜度適中。保存期限長。

memo　「酥柿子」指的是脫澀（→ P239）的柿子。澀柿去澀的加工程序稱為「酥」。

甲州百目
富士

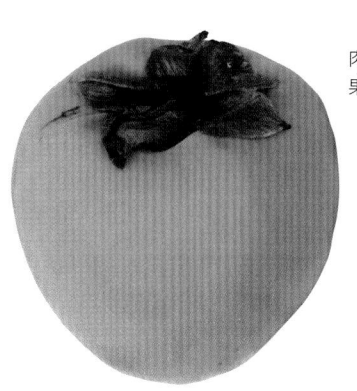

肉質細密濃稠，富含果汁。

由來：不明
糖度：17 ～ 18%
主要產地：福島縣

山梨 20%　其他 19%
福島 38%
宮城 23%

自古於日本各地栽種的澀柿，亦稱為「富士」、「日本柿」、「蜂屋」。果實偏大，每顆約 300g，脫澀後口感黏稠，釋放出濃郁甜味。常用來加工成「Anpo 柿」與「枯露柿」等柿乾產品。

會津身不知
吉美人

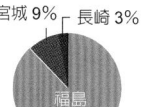

果肉為淺黃色，肉質細密，種子較少。

由來：不明
糖度：14%
主要產地：福島縣

宮城 9%　長崎 3%
福島 88%

上市時期
1 2 3 4 5 6 7 8 9 10 11 12 月

這是福島縣自古用來獻給皇室的柿子，名稱來自「不知自己有多少斤兩而結出一堆果實」之意。脫澀後肉質黏稠甘甜，保存期限長。

刀根早生
Batten 甜柿

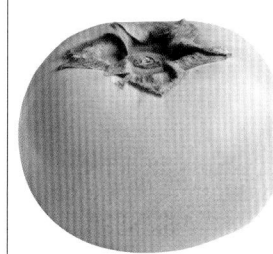
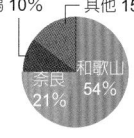

肉質柔軟多汁，沒有種子。

由來：平核無的枝變
糖度：13 ～ 14%
主要產地：和歌山縣

新潟 10%　其他 15%
和歌山 54%
奈良 21%

上市時期
1 2 3 4 5 6 7 8 9 10 11 12 月

由奈良縣天理市的刀根氏發現的品種。果實比平核無略大，但味道與肉質幾乎相同。採收期比平核無早兩週，是其特色所在。在早生品種中較耐存放。

西條

肉質細密柔軟。

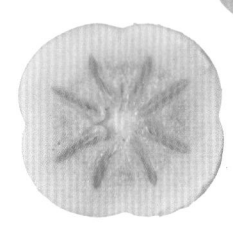

由來：不明
糖度：17 ～ 19%
主要產地：島根縣

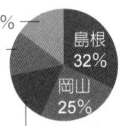

其他 15%
山口 13%
島根 32%
岡山 25%
鳥取 15%

照片提供（左、右上）：JA 會津

據傳原產於廣島縣東廣島市西條町，果形細長，外表有四條溝，是其特色所在。相傳日本戰國時代統治中國地方的毛利將軍，打仗時會帶柿乾當糧食食用。

其他各種水果 ／ 柿子

太天 *

照片提供：農研機構

剖面有筋狀條紋。

由來：黑熊 × 太秋
糖度：17%
主要產地：愛媛縣

愛媛 100%

上市時期
1 2 3 4 5 6 7 8 9 10 11 12 月

名稱來自「老天授予的大顆果實」之意，果實大顆，重約 500g，而且容易栽培，產量高，是其特色所在。可品嘗清脆口感和濃郁甜味，富含果汁。

column 富含甜味的柿子加工品

柿乾是最具代表性的柿子加工品。剝除澀柿的皮，用繩子或線綁住吊掛，放在陽光下晒乾的做法稱為「吊柿」；用竹籤串稱為「串柿」；放入鋪著稻草的木桶，放置表面浮出一層白色糖粉稱為「枯露柿」。此外，利用硫磺蒸燻至果肉半熟的「AnPo 柿」也是高人氣商品。

富山柿乾出貨組合聯合會的富山柿乾。嚴選果實大顆的三社柿加工製成，適度口感與濃郁甜味是其魅力所在。

市田柿

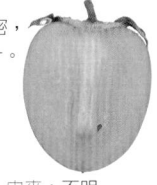

肉質細密，富含果汁。

由來：不明
糖度：18～19%
主要產地：長野縣

和歌山 0.1%
長野 99.9%

上市時期
1 2 3 4 5 6 7 8 9 10 ▓▓ 12 月

在長野縣高森町（舊市田村）栽種超過 500 年的澀柿。做成柿乾的也是市田柿，是知名的地方品牌，在日各地與海外都很受歡迎。

堂上蜂屋

美濃加茂市堂上蜂屋柿振興會

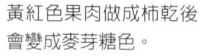

美濃太田車站前的堂上蜂屋柿紀念碑。

由來：不明
糖度：——
主要產地：福島縣

黃紅色果肉做成柿乾後，會變成麥芽糖色。

岐阜 5%　其他 3%
宮城 6%
長野 7%
福島 79%

上市時期
1 2 3 4 5 6 7 8 9 10 ▓▓ 12 月

原產於岐阜縣美濃加茂市蜂屋町，歷史超過千年的悠久品種。由於過去是上貢朝廷與幕府的柿子，因此命名為「堂上」。以堂上蜂屋柿做成的柿乾聞名全日本。

其他柿子品種

愛宕	1910 年左右栽種至今的澀柿，外觀呈縱長形吊鐘狀。 由來：不明　主要產地：愛媛縣	愛宕
中谷早生 *	2003 年完成品種登錄，採收期為 9 月中旬。 由來：刀根早生的枝變　主要產地：愛媛縣	
葉隱	原產於福岡，主要栽種於九州的澀柿。 由來：不明　主要產地：熊本縣	
西村早生	1926 年生長在滋賀縣綠籬內的偶發實生不完全甜柿。 由來：不明　主要產地：岐阜縣	西村早生
早生西條	適合做成柿乾的澀柿，從 9 月下旬開始採收。 由來：不明　主要產地：島根縣	
大和百目	1925 年發現的澀柿，可加工成柿乾。 由來：不明　主要產地：山梨縣	
三社	主要做成富山縣柿乾「越乃白柿」的品種。 由來：不明　主要產地：富山縣	三社
花御所	原產於鳥取縣，糖度超過 20% 的甜柿。 由來：不明　主要產地：鳥取縣	
陽豐	1991 年品種登錄，11 月上旬熟成的完全甜柿。 由來：富有 × 次郎　主要產地：岐阜縣	
東京御所	1988 年品種登錄，甜味十足的早生完全甜柿。 由來：（富有 × 晚御所）× 花御所　主要產地：東京都	
橫野	原產於山口縣的澀柿，原木被指定為天然紀念物，可惜後來枯死，現為第二代原木。 由來：不明　主要產地：愛媛縣	
四溝	入選靜岡食選，是很受歡迎的禮品水果。 由來：不明　主要產地：靜岡縣	四溝
紋平	約從 1800 年在石川縣寶達山麓種植的澀柿。 由來：不明　主要產地：石川縣	紋平
法連坊	日本觀光廳認可其加工品「鄉愁之柿」是日本最具代表性的土特產品。 由來：不明　主要產地：奈良縣	

memo 隨著樹齡愈大，柿樹會生成美麗的黑色紋樣，品質優良者可成為高級木材「黑柿」。

個性洋溢的日本品種備受注目

Ⅲ 奇異果
Kiwi fruit

獼猴桃

上市時期

| 1 | 2 | 3 | 4 | 5 | 6 | 7 | 8 | 9 | 10 | 11 | 12 | 月 |

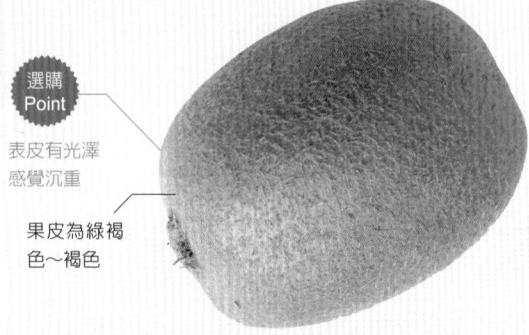

選購
Point

表皮有光澤
感覺沉重

果皮為綠褐
色～褐色

照片為海華德

果肉顏色為
綠～黃色

果頂部

有些品種的果
心部為紅色

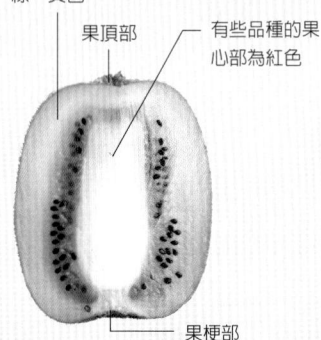

果梗部

位於雌花底部的子房成長
為果實。從剖面上看，子
房的子室呈放射狀開展，
四周有 1000 顆左右的種
子。種子愈多，味道愈甜。

果皮上覆蓋
一層短毛

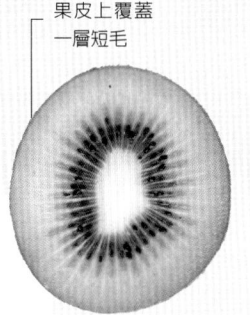

主要產地

愛媛縣與福岡縣等溫暖
的西日本地區適合栽種
奇異果，收穫量較多。

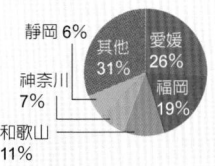

靜岡 6%
神奈川
7%
和歌山
11%
其他
31%
愛媛
26%
福岡
19%

縣別收穫量比例（2013 年）
（日本農林水產省 果樹生產出貨統計）

/ Data /

學名：*Actinidia chinensis* Planch.
分類：獼猴桃科獼猴桃屬
原產地：中國南部
主要成分（綠肉種、新鮮）：熱量
53kcal、水分 84.7g、維他命 C 69mg、
食物纖維 2.5g、鉀 290mg

其他各種水果／奇異果

　　原產於中國。20 世紀後，紐西蘭積極
改良品種，推廣至全世界。取名「奇異果」
（Kiwi fruit）是因為其外型近似紐西蘭國鳥
「奇異鳥」（Kiwi）。

　　市面上最常見的品種是綠色果肉的
「海華德」。日本大多是進口產品，但日
本產奇異果也愈來愈多。日本有幾個新開

發的品種，包括呈細長橢圓形、甜味鮮明
的「香綠」；果肉中心為紅色的「Rainbow
Red」；果肉為黃色的「讚岐黃金」等，顏
色外型都很多樣。

　　在所有水果中，奇異果的維他命 C 含
量特別高。

挑選方式	整顆果皮長著一層褐色細毛，表面沒有皺紋或傷痕者佳。奇異果可以追熟，如果不會馬上食用，不妨選擇硬一點的品項。
保存法	觸感較硬的奇異果放在常溫下追熟。與蘋果一起放入塑膠袋，可利用蘋果釋放的乙烯氣體追熟。熟成的奇異果請冷藏保存，儘早食用完畢。
賞味時期	手指放在奇異果的果軸與果柄部上下輕壓，感覺有彈力即代表成熟。按壓側面可能損壞果實，請務必小心。
營養	富含具有美容肌膚與消除疲勞等功效的維他命 C，和調理腸道環境的食物纖維。

奇異果有雌株與雄株之分，各自開接近奶油色的白色花朵，慢慢轉為黃褐色。

照片：愛媛縣農林水產研究所
果樹研究中心

品種別栽種面積演進

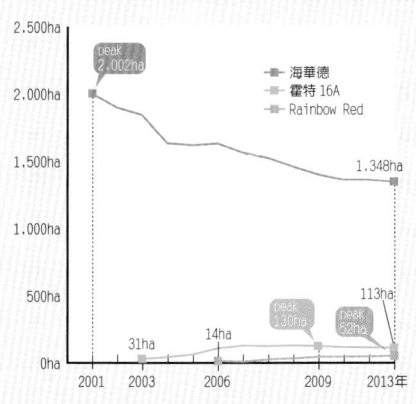

peak
2.002ha

海華德
霍特 16A
Rainbow Red

1.348ha

31ha   14ha

peak
130ha

peak
52ha

113ha

2001 2003   2006   2009   2013年

Zespri Gold（霍特 16A）與 Rainbow Red 等黃金奇異果的栽種面積愈來愈多。

（日本農林水產省　特產果樹生產動態等調查）

海華德
Zespri Green

特色是成熟後，果肉會轉為漂亮的綠色。

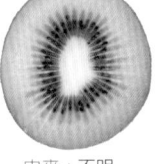

由來：不明
糖度：12%
主要產地：愛媛縣

其他 39%
愛媛 24%
福岡 16%
和歌山 11%
山梨 5%
群馬 5%

照面提供：JA 愛媛中央

上市時期
1 2 3 4 5 6 7 8 9 10 11 12 月

1920 年代，紐西蘭的海華德・萊特（Hayward Wright）發現的品種，是全球栽種品種中最普及的奇異果。果實重量約 100g，體型偏大，甜味與酸味比例適中。

Zespri Gold
霍特 16A*

由來：育成者自有品系 × 育成者自有品系
糖度：19%
主要產地：愛媛縣

千葉 1%
佐賀 32%
愛媛 67%

果肉為黃色，中心部為黃白色。

上市時期
1 2 3 4 5 6 7 8 9 10 11 12 月

紐西蘭 Zespri 公司開發的水果，果形略微細長，幾乎沒有細毛。特點是酸味弱，甜度高。以「Zespri Gold」之名販售。

Rainbow Red

由來：從中國品系奇異果選拔
糖度：18%
主要產地：福岡縣

其他 9%
東京 10%
靜岡 22%
福岡 59%

表面沒有細毛，果肉的中心部位為鮮紅色。

上市時期
1 2 3 4 5 6 7 8 9 10 11 12 月

靜岡縣生產者從中國品系奇異果選拔、育成的品種。體型比常見的海華德小一點，種子四周的果肉為紅色。酸味較弱，甜味強烈是其特色所在。

香綠
Sweet 16

由來：海華德的自然雜交實生
糖度：14.5 〜 15.5%
主要產地：香川縣

成熟後果肉變軟，轉成鮮豔的深綠色。

照片提供：香川縣農業生產流通課

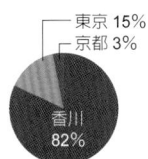

東京 15%
京都 3%
香川 82%

上市時期
1 2 3 4 5 6 7 8 9 10 11 12 月

香川縣的原創品種，呈細長橢圓形，採用套袋栽培，外觀十分漂亮。酸味微弱，甜味強烈。高糖度的最高級品項以「Sweet 16」之名販售。

其他各種水果 ／ 奇異果

讚岐黃金 *
黃樣

果肉為黃色，
富含果汁。

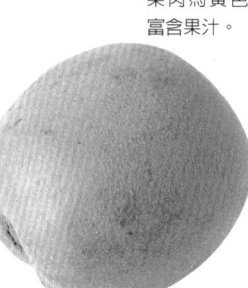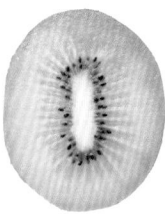

由來：育成者擁有的蘋
果系品種 ×FCM-1
糖度：13.5～14.5%
主要產地：香川縣

照片提供：香川縣農業生產流通課

香川
100%

上市時期
1 2 3 4 5 6 7 8 9 10 11 12 月

香川縣原創品種。果肉是金黃色，因此得名。
每顆重量約 200g，是全球最大的奇異果。甜
味強烈，口感近似洋香瓜。

讚岐 Angel Sweet*

整個果肉都是黃綠色，
只有種子周圍為紅色。

由來：育成者自有
品系 ×FCM-1
糖度：18～20%
主要產地：香川縣

照片提供：香川縣農業生產流通課

香川
100%

上市時期
1 2 3 4 5 6 7 8 9 10 11 12 月

2013 年登錄的香川縣原創品種。成熟時種子
四周會出現一圈宛如天使光環的紅色，因此
得名。糖度高，甜味媲美和三盆。

其他各種水果／奇異果

 column
一口大小的
「Sanuki Kiwikko」

「Sanuki Kiwikko」是香川縣與香川大學
共同開發的 5 種奇異果統稱，品種名為
「香川 UP-1 號」～「香川 UP-5 號」。
雜交原生於日本的山梨獼猴桃（*A.rufa*）
與奇異果，培育出糖度高達 17～20%，
尺寸小巧可愛的特色品種。只要用指甲在
中間劃一道，就能擠出果肉食用。

照片提供：香川縣農業生產流通課

魁蜜
蘋果奇異果

果肉會隨著成熟
程度逐漸轉黃。

由來：不明
糖度：——
主要產地：靜岡縣

照片提供：紀州三昧

長野
28%
靜岡
42%
群馬
30%

上市時期
1 2 3 4 5 6 7 8 9 10 11 12 月

原產於中國。形狀很像蘋果，因此稱為「蘋
果奇異果」。酸味較弱，完熟後相當甜。由
於生產量很少，很難在市面上看到。

陽光金圓頭
ZESY002*

照片提供：水果安全之進口水果圖鑑

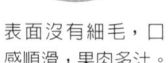

表面沒有細毛，口感順滑，果肉多汁。

由來：育成者自有品系 × 育成者自有品系
糖度：17.5%
主要產地：紐西蘭

上市時期

1 2 3 4 5 6 7 8 9 10 11 12 月

形狀呈漂亮的橢圓形，外皮的細毛很稀疏，金黃色的果皮獨樹一格。果肉也是深黃色，富含果汁。水果甜味相當強烈，備受消費者青睞。Zespri 公司開發的品種。

column

又小又甜的迷你奇異果

市面上出現了一種像小番茄一樣裝在盒子裡販售的小型奇異果，取名為「奇異莓（Kiwiberry）」、「袖珍奇異果（Baby Kiwi）」。這些小型奇異果來自美國，其實與原生於日本山區的軟棗獼猴桃為近親種。表面沒有奇異果特有的細毛，可以連皮吃，是其特色所在。帶有清爽酸味，口感柔軟甘甜。

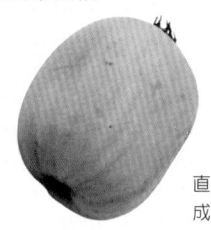

直徑 2～3cm。愈成熟果肉愈軟。

其他各種水果 ／ 奇異果

其他奇異果品種

Zespri Sweet Green ZESH004*	果肉為鮮綠色，特色是帶有鮮嫩清爽的甜味與酸味。 由來：育成者自有品系 × 育成者自有品系　主要產地：紐西蘭
布魯諾	體型較大，為一般尺寸的 2～2.5 倍。果肉呈深綠色，帶有清淡甜味。 由來：──　主要產地：山形縣
香粹 *	香川縣育成的品種，特色在於一口一顆，甜味強烈。產季從 11 月開始，共 2 個月。 由來：一才猿梨 ×Matua　主要產地：香川縣
讚綠 *	香川縣育成的品種，酸甜滋味恰到好處。生產量少，屬於珍貴品種。 由來：香綠 × 中國品系奇異果　主要產地：香川縣
片浦 Yellow	神奈川縣育成的品種，顧名思義，果肉為黃色，糖度達 15%，甜味強烈。 由來：蘋果奇異果 × 中國品系奇異果　主要產地：神奈川縣
東京 Gold*	黃色果肉口感柔軟，直切的剖面呈心型，十分少見。 由來：育成者自有品系的枝變　主要產地：東京都

主要奇異果大小比較圖

Kiwi fruit

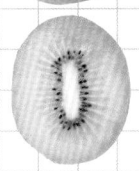

讚岐黃金
P249（6cm）

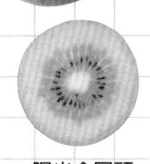

陽光金圓頭
P250（5.5cm）

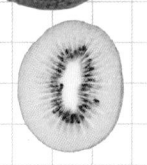

Zespri Sweet Green
P250（5.5cm）

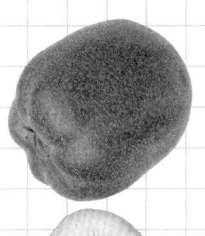

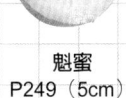

魁蜜
P249（5cm）

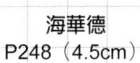

海華德
P248（4.5cm）

Rainbow Red
P248 （4.5cm）

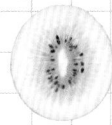

Zespri Gold
P248（4cm）

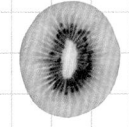

讚岐 **Angel Sweet**
P249（4cm）

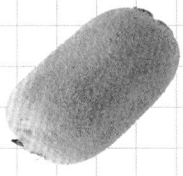
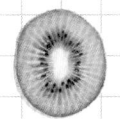

香綠
P248（3.5cm）

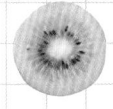

Sanuki Kiwikko
P249（3cm）

※ 數值為直徑長度。此為平均大小的概略比較，水果個體差異甚大，此圖僅供參考。

其他各種水果／奇異果

在果實中開花的獨特水果

IV｜無花果
Fig
映日果

上市時期

1　2　3　4　5　6　7　8　9　10　11　12　月

照片為桝井陶芬

成熟時果頂部
會出現開口

選購 Point

挑選果頂部
稍微裂開的品項

蒂頭附近的果頂部
最甜，直切可以吃
到均勻的甜味。

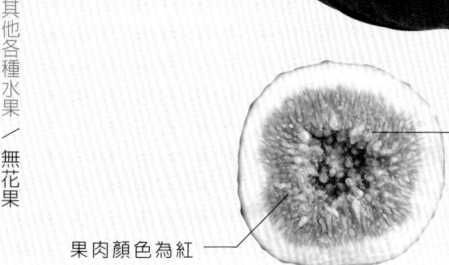

顆粒狀為花朵，
口感彈牙。

果肉顏色為紅
色～暗紫色

其他各種水果／無花果

主要產地

由於無花果容易受損腐壞，通常
都在都市近郊種植，才能將新鮮
無花果送到消費者手上。

/ Data /

學名：*Ficus carica* L.
分類：桑科榕屬
原產地：阿拉伯半島南部
主要成分（新鮮）：熱量 54kcal、水分
84.6g、維他命 C 2mg、食物纖維 1.9g、
鉀 170mg

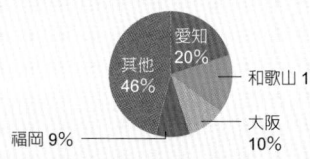

愛知 20%
和歌山 15%
其他 46%
大阪 10%
福岡 9%

縣別收穫量比例（2013 年）
（日本農林水產省　特產果樹生產動態等調查 2013）

　　無花果曾經出現在亞當與夏娃的故事
中，相傳從西元前 6000 年前開始種植。日
本在江戶時代從中國引進無花果，當時當成
藥材使用。

　　成熟的無花果口感柔軟，滋味濃郁綿
密。採用露地栽培，分成 6 月下旬即可採收

的夏果，與 8 月上旬採收的秋果。不只有個
別的專用品種，也有夏秋兼用品種。

　　日本栽培的無花果以甜味清爽的「桝井
陶芬」品種居多。其他還有西日本自古栽種
的「蓬萊柿」，法國原產的高糖度黑皮品種
「碧歐蕾索利斯」等，種類繁多。

挑選方式	整體飽滿，果實大顆，顏色已轉紅。果皮有光澤，果實紮實者佳。避免選購受損品項。若蒂頭為綠色，代表尚未成熟。
保存法	成熟的無花果不耐放，購入後請儘早食用完畢。吃不完時請一顆顆用保鮮膜包起，放入冰箱冷藏。
賞味時期	果頂部有裂口代表完熟，完全裂開則代表過熟。
營養	富含水溶性食物纖維果膠，還有大量蛋白質分解酵素，可幫助腸胃蠕動，促進消化。

無花果的果實從枝條下方往上成熟，花在果實裡，從外觀看不出來，因此稱為無花果。

收穫量演進

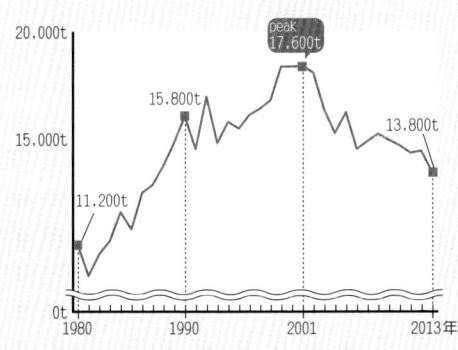

peak
17,600t

20,000t

15,800t

13,800t

15,000t

11,200t

0t
1980　　1990　　　2001　　　2013年

2000年左右收穫量增加，之後稍微趨緩，但還算穩定。

（日本農林水產省　特產果樹生產動態等調查）

桝井陶芬

果肉為桃紅色，
果皮較薄。

由來：不明
糖度：14%
主要產地：愛知縣

上市時期
(1) 2) 3) 4) 5) 6) 7) 8) 9) 10) 11) 12) 月

明治時代由桝井氏帶回日本，普及全國，如
今已成為最普遍的品種。夏秋兩季皆可採收，
耐久放。

Summer Red

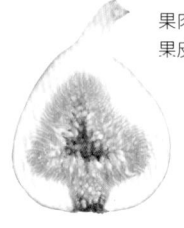

果肉為紫紅色，
果皮散發光澤。

由來：在桝井陶芬的栽
培農場發現
糖度：14%
主要產地：愛知縣

上市時期
(1) 2) 3) 4) 5) 6) 7) 8) 9) 10) 11) 12) 月

外觀近似「桝井陶芬」，不過成熟期略早。
果肉緊實，可重達 100 ～ 130g。糖度高，果
肉多汁。

豐蜜姬 *

由來：（蓬萊柿 ×VC-180）×
（桝井陶芬 ×VC-106）
糖度：17 ～ 19%
主要產地：福岡縣

果肉厚實，口感
柔軟。

上市時期
(1) 2) 3) 4) 5) 6) 7) 8) 9) 10) 11) 12) 月

福岡縣誕生的品種。帶有黃色與紅寶石色的
果肉，果皮為紫紅色。糖度高，肉質細密多
汁。

蓬萊柿

由來：不明
糖度：17%
主要產地：廣島縣

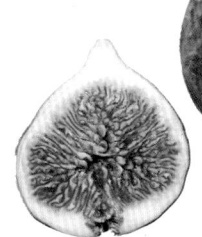

果皮薄，甜味強烈。

上市時期　　　　　　　　照片提供：JA 尾道市
(1) 2) 3) 4) 5) 6) 7) 8) 9) 10) 11) 12) 月

據傳是最早引進日本的無花果。在山陽、四
國、北九州備受歡迎，盛行種植。糖度高，
果肉為鮮紅色。

其他各種水果 ／ 無花果

果王
The King

由來：不明
糖度：20%
主要產地：新潟縣

果皮為黃綠色，果實相當柔軟。

上市時期

(1 2 3 4 5 6 **7** 8 9 10 11 12) 月

重量約 70g，果皮為清爽的黃色，皮薄好吃，可整顆食用。由於收穫量少，採收期也短，主要在產地販售。

碧歐蕾索利斯
Viollette de Sollies

由來：在法國育成的品種
糖度：20%
主要產地：佐賀縣、新潟縣

照片提供：伊藤
YOSHIYUKI

果皮為黑色，果肉為鮮紅色。

上市時期

(1 2 3 4 5 6 7 **8 9 10 11** 12) 月

法國原產，甜味強烈的無花果，可連皮食用。日本產地為佐渡與佐賀縣。果實略小，一顆 50 ～ 100g。

其他無花果品種

Kadota	義大利品種，特點為果皮偏黃。大多用於加工，果實小巧卻很甜。 由來：1929 年從美國引進
白熱那亞	帶有黃綠色果皮，果實小巧的品種。大多用於加工，做成蛋糕。 由來：1929 年從美國引進
Banane	果皮為綠色，果實較大，重約 80g。適合加熱調理。 由來：不明

V | 石榴
Pomegranate
安石榴

選購
Point
有沉重感
果皮緊實

/ Data /

學名：*Punica granatum* Linn.
分類：石榴科石榴屬
原產地：伊朗
主要成分（新鮮）：熱量 56kcal、水分 83.9g、維他命 C 10mg、食物纖維 0g、鉀 250mg

剝去外皮，吃裡面的紅色顆粒。日本多為觀賞用品種，店面販售的石榴以甜味強烈的加州產為主。具有獨特的酸甜滋味，自古就是有益美容與健康的水果。

上市時期

(1 2 3 4 5 6 7 8 **9 10 11** 12) 月

挑選方式
選擇拿在手中有沉甸甸的感覺，果皮緊實，整體為鮮紅色的品項。避免選擇顏色偏褐色的產品。

保存法
放在不直射陽光的常溫處追熟。熟成後不要剝皮，放入密封容器，冷藏可保存 3 個月。若已取出中間的果實，請冷凍保存。

賞味時期
石榴成熟後果皮會裂開，店面販售的品種通常不會裂開，但基本上都是最好吃的時候。購買後再放一段時間會更甜。

營養
富含具有美容功效與消除疲勞的維他命 C，以及可改善高血壓、預防水腫的鉀。

255

獨特外型令人一眼難忘

VI | 木通

果實成熟後會變成果凍狀，果皮會裂開，露出果實。

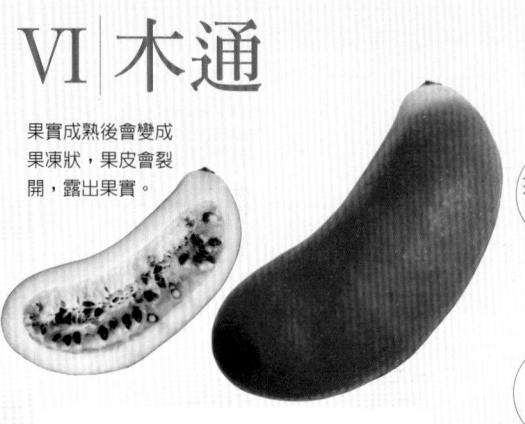

/ Data /

學名：*Akebia trifoliata* Koidz
分類：木通科木通屬
原產地：日本
主要成分（果肉、新鮮）：**熱量 82kcal、水分 77.1g、維他命 C 65mg、食物纖維 1.1g、鉀 95mg**

上市時期
① 2 3 4 5 6 7 8 ⑨ ⑩ 11 12 月

挑選方式保存法

果皮呈美麗的紫色，緊實且厚實者佳。待果肉變成白色或半透明狀態即可食用。裝進塑膠袋以避免乾燥，再放入冰箱冷藏保存。

營養

果肉含有美容肌膚的維他命 C，果皮富含具有利尿效果、預防水腫的鉀。

　　一般來說，「三葉木通」、「五葉木通」也通稱為「木通」。自古野生在日本山區，但後來特地栽種的是體型細長，果實碩大的三葉木通。果凍狀的白色果肉帶有甜味，果皮微苦，可調理食用。

家喻戶曉的長壽水果，與木通為同科植物

VII | 石月

/ Data /

學名：*Stauntonia hexaphylla*
分類：木通科野木瓜屬
原產地：日本、中國、台灣、朝鮮半島南部
主要成分（新鮮）：──

上市時期
1 2 3 4 5 6 7 8 9 ⑩ ⑪ 12 月

挑選方式保存法

整體呈紫紅色，感覺重量十足者佳。與木通不同，石月成熟時果皮不會裂開。裝進塑膠袋以避免乾燥，再放入冰箱冷藏保存。

營養

內含 β-谷固醇，有助於減少壞膽固醇。

　　自古以來，石月是家喻戶曉祝賀長壽的水果。平時很難在市面上看到，關東地區也沒有，一般野生於西部山區，在部分地區當成在地特產種植。果皮呈紫紅色，裡面的果肉呈半透明，口感濃稠。帶有樸實的甜味。

VIII 巴婆果
Pawpaw

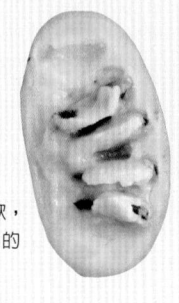

成熟時會變軟，
散發香蕉般的
香氣。

挑選方式・保存法
外表飽滿圓潤，散發香氣代表成熟，可裝進塑膠袋冷藏保存。未成熟的巴婆果可用報紙包覆，放在陰暗處保存。

營養
富含維他命 C 和礦物質。

/ Data /

學名：*Asimina triloba*
分類：番荔枝科巴婆果屬
原產地：北美
主要成分（新鮮）：──

美洲原住民最常吃的水果，濃稠甘甜的果肉十分特別。由於成熟後很快就會變黑，因此市面上很難看到。明治時代引進日本，成為家家戶戶喜愛的庭院樹木。由於外觀很像木通，又稱為「木通柿」。

果肉富含橄欖油！

IX 橄欖
Olive

其他 4%
香川 96%
縣別收穫量比例

照片提供：香川縣農業生產流通課

/ Data /

學名：*Olea europaea*
分類：木犀科木犀欖屬
原產地：土耳其安那托利亞
主要成分（鹽漬、綠橄欖）：熱量
145kcal、水 分 75.6g、維 他 命 C
12mg、食物纖維 3.3g、鉀 47mg

挑選方式・保存法
趁果實還是綠色的時候鹽漬，黑色的成熟果實榨油使用。果實只要接觸空氣就會氧化，滋生黴菌，一定要浸泡在橄欖油裡，維持真空狀態，冷藏保存。

營養
橄欖油富含油酸，可發揮抗氧化作用。還有豐富的維他命E，同樣具有抗氧化功效。

主要產地為地中海沿岸。日本從明治時代就在香川縣小豆島等地栽培。開始結果時為綠色，逐漸轉變為黃色、紫色，成熟時為黑色。綠果實具有宜人的風味與香氣，富含多酚。

257

自古即為常用的漢方藥材

X｜棗子

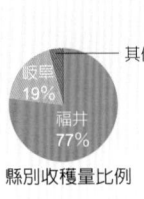

其他 4%
收穫
19%
福井
77%
縣別收穫量比例

上市時期
1 2 3 4 5 6 7 8 9 10 11 12 月

賞味時期
保存法

裝進塑膠袋避免乾燥，放入冰箱冷藏保存。完熟後可晒乾，做成果乾。

營養

富含鉀，可發揮利尿作用並排出鹽分；含有大量維他命 B 群成分之一葉酸，可促進紅血球生成，有助於預防貧血。

/ Data /

學名：*Ziziphus jujube*
分類：鼠李科棗屬
原產地：亞洲南部～東部
主要成分（乾貨）：熱量 287kcal、水分 21.0g、維他命 C 1mg、食物纖維 12.5g、鉀 810mg

日本從江戶時代普遍種植，營養豐富，民間還流傳著「一日吃仨棗，一輩子不顯老」的說法。市面上販售的大多是乾貨，新鮮棗子的口感接近蘋果，酸酸甜甜。

外表近似樹莓、滋味酸甜的果實

XI｜桑椹（桑樹）
Mulberry

上市時期
1 2 3 4 5 6 7 8 9 10 11 12 月

賞味時期
保存法

當黑桑椹的顏色轉成紅黑色、白桑椹變軟，就是最好吃的時候。先用報紙包起，再放入塑膠袋，保存在冰箱的蔬果保鮮室中。

營養

含有鈣、鐵等營養成分。

/ Data /

學名：*Morus*
分類：桑科桑屬
原產地：中國
主要成分（新鮮）：──

桑樹自古就是蠶的食物，種植歷史相當悠久。桑樹的果實稱為桑椹。由於桑椹很軟，容易受損，因此很少在市面上見到。完熟的果實又酸又甜，可享受顆粒分明的口感。亦有白色桑椹。

其他各種水果／棗子‧桑椹

XII 藍莓
Blueberry

選購
Point

外表殘留白色粉末
果皮緊實

照片提供：水果安全之進口水果圖鑑

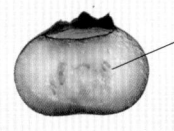

種子很小，可
直接吃，不損
口感。

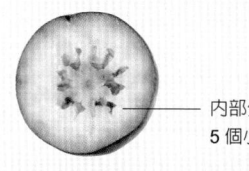

內部分成 4 ～
5 個小室。

/ Data /

學名：*Vaccinium* spp.
分類：杜鵑花科越橘屬
原產地：北美
主要成分（新鮮）：熱量 49kcal、水分
86.4g、維他命 C 9mg、食物纖維 3.3g、
鉀 70mg

其他各種水果 ／ 藍莓

原產於北美，全球超過兩百個品種。1980 年代日本開始正式栽種，普遍種植果實大顆的高叢藍莓，與成熟過程果頂部轉為紅色的兔眼藍莓品種。酸甜滋味的融合十分美味。

挑選方式　外皮顏色轉成漂亮的藍紫色，果皮緊實，有白色粉末為佳。果實愈大通常愈甜，仔細確認外表是否受損。

保存法　新鮮果粒放入密封容器裡，冷藏保存。藍莓不耐放，盡可能冷凍保存。乾燥藍莓可存放 6 個月，亦可加工成果醬。

營養　富含有益眼睛健康的花青素，亦有可發揮抗氧化作用維他命 E，以及食物纖維。

藍莓種類

高叢藍莓	不耐酷暑，栽種於寒冷地區。酸味較弱，味道溫和的「柏克萊」即是代表品種。
矮叢藍莓	野生於北美和北歐的品種，通常加工成冷凍水果食用。
兔眼藍莓	顏色隨著成熟慢慢轉變，變色初期果頂部會出現像兔眼一樣的紅色。包括果實略小的「鄉鈴」、味道濃郁的「梯芙藍」等。

小型果實集結，屬於懸鉤子類的一種

XIII 黑莓
Blackberry

選購
Point

果實成熟
整顆變黑

照片提供：水果安全之進口水果圖鑑

芯部周圍聚集
許多小核果

/ Data /

學名：*Rubus* spp.
分類：薔薇科懸鉤子屬
原產地：北美
主要成分（新鮮）：——

原產於北美，和樹莓（覆盆子）同屬懸鉤子的一種。果實是由許多小顆粒集結而成，但黑莓中間為實心，與樹莓的空心狀不同，有重量感。帶有酸甜滋味和些微苦味，是其特色所在。市面上多為進口產品，但夏季也能買到日本產黑莓。

賞味時期
保存法

果實成熟變黑，有重量感就是最好吃的時候。放入塑膠袋冷藏，可保持 2～3 天。如不立刻食用，可整齊排列在盤子裡，冷凍保存。

營養

富含具有超強抗氧化作用的原花青素與多酚。

其他各種水果 ／ 黑莓

XIV 樹莓（覆盆子）
Raspberry

選購
Point

表面完好無傷
顏色鮮豔

果實是由許
多小核果集
結而成

照片提供：水果安全之進口水果圖鑑

採收時要剝去
硬核，因此中間
有一個空洞。

/ Data /

學名：*Rubus* spp.
分類：薔薇科懸鉤子屬
原產地：北美
主要成分（新鮮）：熱量 41kcal、水分
88.2g、維他命 C 22mg、食物纖維 4.7g、
鉀 150mg

其他各種水果／樹莓

樹莓種類

Indian summer	代表品種。特色是一年兩收，具有濃郁滋味。
Red Jewel	一年兩收，可鮮食，亦可做成果醬等加工品。
Golden Queen	顧名思義，果實呈黃色，十分特別。適合鮮食。
Fall Gold	果實呈黃色，味道極佳，適合鮮食的品種。
黑覆盆莓	果實呈黑色的品種。味道濃郁。

　　日本也是懸鉤子屬植物之一樹莓（覆盆子）的原產地。樹莓的每顆果實都是由許多小顆粒組成，果實中心呈空洞狀，是其特色所在。日本主要種植歐洲原產的「紅覆盆莓」與北美原產的「黑覆盆莓」。

挑選方式

新鮮樹莓（覆盆子）帶有宜人香氣，外表呈鮮紅色。選擇時注意沒有髒汙和傷痕，已經包裝好的產品則要仔細確認下方果實是否壓壞。

保存法

新鮮樹莓容易受損，請裝進塑膠袋，放入冰箱冷藏保存，盡可能在 2～3 天內吃完。無法立刻吃完時，請用廚房紙巾包覆，冷凍保存。

營養

富含具有抗氧化作用的多酚，有助於美容肌膚、預防感冒的維他命 C 和食物纖維。

XV | 蔓越莓
Cranberry

上市時期
1 2 3 4 5 6 7 8 9 10 11 12 月

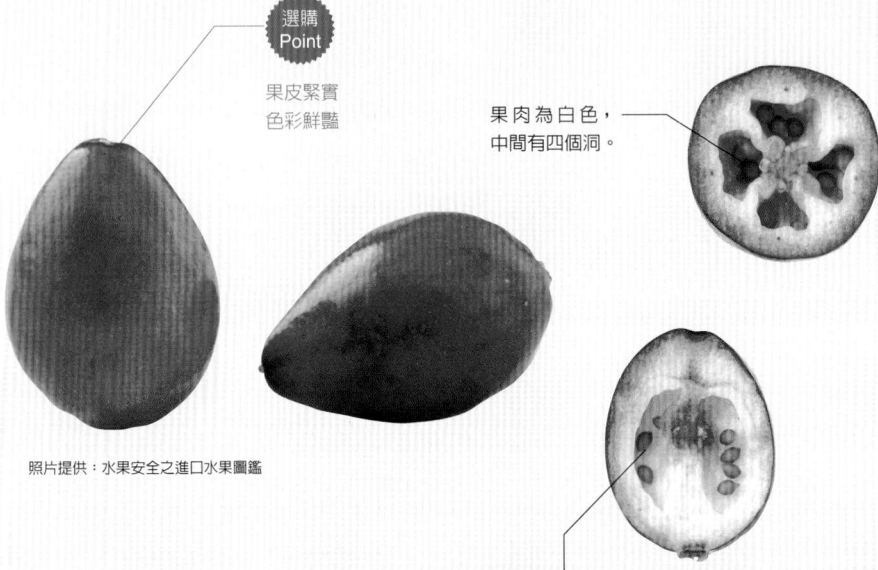

選購
Point

果皮緊實
色彩鮮豔

果肉為白色，
中間有四個洞。

照片提供：水果安全之進口水果圖鑑

種子很多，約
10 ～ 60 顆。
種子可食。

/ Data /

學名：*Vaccinium macrocarpon*
分類：杜鵑花科越橘屬
原產地：北美
主要成分（新鮮）：——

蔓越莓的日文名稱為「蔓苔桃」。帶有酸味與澀味，適合加工。在北歐與北美國家經常做成果醬或醬汁食用。日本幾乎都是進口產品。富含維他命 C 與抗氧化成分。

賞味時期保存法

果實轉紅色或紅黑色就是最好吃的時候。裝進塑膠袋可避免乾燥，冷藏保存。如不立刻食用，請整齊排放在托盤裡，冷凍保存。

營養

原花青素與多酚具有強烈的抗氧化作用，有助於抑制壞膽固醇的生成。

其他各種水果 ／ 蔓越莓

XVI 醋栗（鵝莓）
Gooseberry

上市時期
① 1 2 3 4 5 6 7 8 9 10 11 12 月

種子多達 10 ～ 60 顆，可食用。

/ Data /

學名：*Ribes* spp.
分類：虎耳茶科醋栗屬
原產地：歐洲、美國
主要成分（新鮮）：熱量 52kcal、水分 85.2g、維他命 C 22mg、食物纖維 2.5g、鉀 200mg

**挑選方式
保存法**

果皮緊實代表新鮮。保存 2 ～ 3 天時請先裝進塑膠袋，避免乾燥，再放進冰箱冷藏。長期保存請冷凍。

營養

含有可預防貧血的葉酸，與消除疲勞的檸檬酸。

醋栗有兩種品種，一種成熟時果實轉為綠色，另一種則是紅色。果實表面有直條紋，是其特色所在。完熟前酸味強烈，適合加工。做成果醬或果汁，可連果皮與種子一起享用，十分美味。如要鮮食，請選擇成熟柔軟的果實。

在寒冷地區栽種的莓果之一

XVII 黑穗醋栗（黑嘉麗）
Black currant

上市時期
① 1 2 3 4 5 6 7 8 9 10 11 12 月

種子約有 5 ～ 20 顆，顆粒很小，可直接吃。

/ Data /

學名：*Ribes* spp.
分類：虎耳草科茶麗子屬
原產地：歐洲、亞洲東北部
主要成分：──

**賞味時期
保存法**

整顆果實均勻變色就是最好吃的時候。裝進塑膠袋或密封容器，可避免乾燥。冷藏可保存 10 ～ 20 天，長期保存請冷凍。

營養

富含有助於維持眼睛健康的花青素。

亦稱為黑加侖。從果實顏色區分成「紅醋栗」、「黑穗醋栗（黑嘉麗）」與「白穗醋栗」等品種。由於酸味強烈，通常做成果醬或利口酒食用。也是富含多酚的水果。

XVIII 藍靛果
Haskap

/ Data /

學名：*Lonicera caerulea*
分類：忍冬科忍冬屬
原產地：東亞
主要成分（新鮮）：熱量 53kcal、水分 85.5g、維他命 C 44mg、食物纖維 2.1g、鉀 190mg

上市時期
1 2 3 4 5 6 7 8 9 10 11 12 月

賞味時期 保存法
果實轉為深藍紫色就是最好吃的時候，可冷藏保存 2～3 天。如果不立刻吃，可放入冰箱冷凍室，或加工成果醬食用。

營養
富含有效預防貧血的鐵，和具有抗氧化作用的多酚。

自古生長於北海道，具有獨特酸味和淡淡苦味，近年來經由品種改良，甜味愈來愈強烈。此外，雖然生產量不高，但最近也推出了冷凍產品。藍靛果素有「不老長壽果實」的美譽，含有豐富的維他命和礦物質。

可連皮一起食用的小型紅色果實

XIX 胡頹子

/ Data /

學名：*Elaeagnus* spp.
分類：胡頹子科胡頹子屬
原產地：亞洲、歐洲等
主要成分（新鮮）：熱量 68kcal、水分 81.0g、維他命 C 5mg、食物纖維 2.0g、鉀 130mg

上市時期
1 2 3 4 5 6 7 8 9 10 11 12 月

賞味時期 保存法
果實轉為鮮紅色，感覺變軟，就是最好吃的時候。可裝進塑膠袋避免乾燥，在新鮮狀態下直接冷凍，或放在蔬果保鮮室，可冷藏保存 1 週。

營養
富含具有抗氧化作用的維他命 E，以及可在體內轉化為胡蘿蔔素的維他命 A。

除了「牛奶子」、「木半夏」之外，還有果實長度超過 2cm 的「大王胡頹子」（吃驚胡頹子）等品種。平時很難在市面上看見，不過，一般民眾喜歡種在庭院，當成景觀樹木欣賞。胡頹子可以整顆吃，酸甜中帶有淡淡澀味。

其他各種水果 ／ 藍靛果‧胡頹子

XX｜楊梅

選購
Point

外表帶有
鮮豔的紅色

/ Data /

學名：*Myrica rubra* Sieb. et Zucc
分類：楊梅科楊梅屬
原產地：中國、日本
主要成分（新鮮）：熱量 44kcal、水分 87.8g、維他命 C 4mg、食物纖維 1.1g、鉀 120mg

楊梅的種類

森口	果實大顆，酸味較弱，帶有清爽甜味。
秀光	果實比森口大，鮮食可吃到絕佳美味。

column

楊梅有許多園藝品種

楊梅有許多園藝品種，不少民眾將它種在庭院欣賞。最具代表性的品種包括 6 月中旬成熟的早生種「紅玉」、人氣品種中生種「瑞光」，以及高知縣常見的晚生種「龜藏」。

挑選方式　顏色轉為深紅色即可食用。長在樹上的楊梅，最好在果實成熟落下前採收。

保存法　楊梅容易損壞，建議裝進塑膠袋，放入蔬果保鮮室冷藏。亦可擦乾水氣，整顆冷凍保存。

營養　含有多酚的一種「單寧」，有助於維持腸胃健康。

　　由於楊梅外觀近似桃子，因此日文名稱取為「山桃」。自古生長在野山之中，經常成為日本和歌歌頌的主角。完熟的果實又酸又甜，特色在於帶有松脂般的香氣和淡淡苦味。種子與樹皮可解毒，是日本人家喻戶曉的腸胃藥藥材。

PART 2　水果圖鑑

堅果

堅果亦即「樹之果」，

通常外皮較硬，食用裡面的大型種子。

不只是栗子和樹果類，

一年生草本植物花生也是堅果之一。

I｜栗子
Chestnut
栗

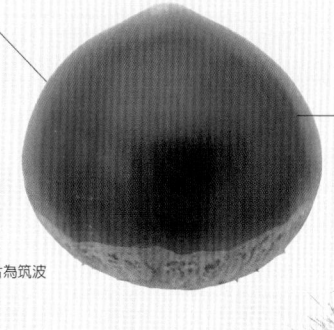

選購
Point

呈漂亮的圓形
果皮緊實

果皮有堅硬的
外皮與澀皮

照片為筑波

雌花的子房成長，硬殼內形成 3
顆果實（種子）。果皮下有澀皮
（種皮），可食部位為種子。

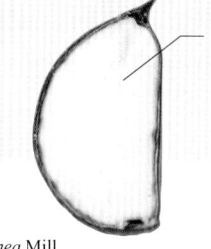

果肉為白
色到黃色

硬殼中通常有 3
顆果實（種子）

主要產地

茨城縣與熊本縣是知名的栗子產
地。愛媛縣位居第三，這三大縣
約占整體收穫量的一半。

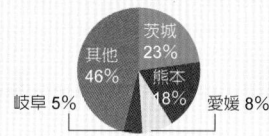

其他 46%　茨城 23%　熊本 18%　岐阜 5%　愛媛 8%

縣別收穫量與比例（2013 年）

/ Data /

學名：*Castanea* Mill.
分類：殼斗科栗屬
原產地：歐洲、中國、美國、日本等
主要成分（日本栗、新鮮）：熱
量 164kcal、水分 58.8g、維他命 C
33mg、食物纖維 4.2g、鉀 420mg

堅果／栗子

　　世界各地皆種植著各種栗子品種。日本
種植栗子的歷史相當悠久，考古學家曾經在
繩文時代的遺跡中找到栗子果實。目前日本
市面上販售的品項以日本栗的品種為主，自
古原生於日本的芝栗是現代日本栗的祖先。
特點是顆粒又大又甜，風味絕佳。包括京都

的「丹波栗」、茨城的「貯藏栗」、岐阜縣
的「惠那栗」在內，日本各地創造出許多地
方品種。
　　除了日本栗之外，還有以天津甘栗為代
表的中國栗、常用來製作糖漬栗子的歐洲栗
等各式品種，日本也進口許多加工產品。

挑選方式	果皮有光澤，顏色呈深邃的深褐色。整體帶有弧度，具有重量感代表果肉紮實。
保存法	裝進塑膠袋以預防乾燥，避免蟲害，放入冰箱冷藏保存，可保鮮1週左右。去皮煮熟的栗子可以冷凍保存。
賞味時期	採收後冷藏1週，讓澱粉轉化為糖分，進一步提升甜度。外表轉為褐色，從樹上自然掉落的栗子最好吃。
營養	含有可發揮美肌效果的維他命C，澀皮充滿具有抗氧化作用的多酚。

今年新生的莖部前端長出的花穗中，第10節的花穗根部萌生1～2朵雌花，左邊中央的白色星星狀物體即為雌花。

收穫量演進

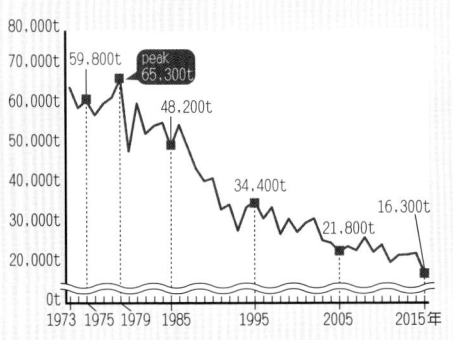

收穫量呈下滑趨勢。

（日本農林水產省　果樹生產出貨統計）

堅果 ／ 栗子

I 栗子的種類

品種比想像中多，不過各品種的上市期都
很短。

筑波

由來：岸根 × 芳養玉
主要產地：熊本縣、茨城縣

果肉顏色為淺黃
色，帶有粉狀口
感，甜味鮮明。

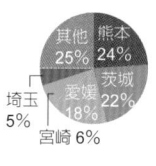
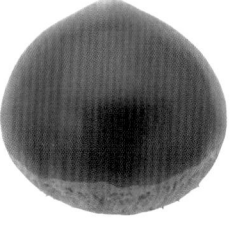

其他 25%
熊本 24%
茨城 22%
愛媛 18%
埼玉 5%
宮崎 6%

上市時期
1 2 3 4 5 6 7 8 9 10 11 12 月

此為日本代表品種，由日本農林省園藝實驗
場育成，1959 年命名。外型短三角形，頭
頂部略尖，是其特色所在。外殼為紅褐色，
香氣宜人，富含甜味。

丹澤

由來：乙宗 × 大正早生
主要產地：熊本縣、茨城縣

果肉為淡淡的黃
白色，帶有粉狀
口感，甜味清香。

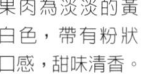
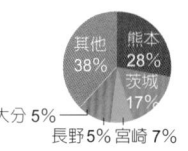

其他 38%
熊本 28%
茨城 17%
大分 5%
長野 5%
宮崎 7%

上市時期
1 2 3 4 5 6 7 8 9 10 11 12 月

與「筑波」相同，1959 年由日本農林省命名
發表的品種。果實呈圓形，帶有光澤，表面
還有清晰可見的條紋圖案。雖然甜味和香氣
都不明顯，但在早生栗子中屬於果實大顆且
品質優良的品種。

堅果 ／ 栗子

銀寄

由來：不明
主要產地：愛媛縣、熊本縣

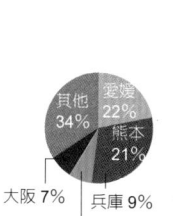

其他 34%
愛媛 22%
熊本 21%
大阪 7%
兵庫 9%
茨城 7%

果皮與澀皮略多，
果肉具有黏性。

上市時期
1 2 3 4 5 6 7 8 9 10 11 12 月

原產於大阪，果實呈橢圓形，帶有強烈光澤，
深褐色外皮十分美麗。香氣和甜味強烈，果
肉鬆軟。

利平栗

由來：日本栗 × 中國栗的雜種
主要產地：埼玉縣、熊本縣

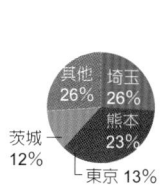

其他 26%
埼玉 26%
熊本 23%
茨城 12%
東京 13%

果肉呈淺黃色，
帶有粉狀口感，
吃起來很紮實。

上市時期
1 2 3 4 5 6 7 8 9 10 11 12 月

在岐阜縣農園發現的品種，一般認為是與中
國栗雜交後誕生。果實呈扁圓形，體型略大，
顏色呈帶有光澤的黑褐色。澀皮比日本栗更
好剝除，適度的甜味是特色所在。

石鎚

由來：岸根 × 笠原早生
主要產地：愛媛縣、茨城縣

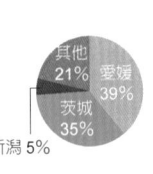

其他 21%
愛媛 39%
茨城 35%
新潟 5%

果肉呈淺黃白色，粉狀
肉質為其特點。

上市時期

1 2 3 4 5 6 7 8 9 10 11 12 月

特點是果實飽滿有光澤，顆粒較大。口感順滑，帶有豐富的甜味與香氣。對抗病蟲害的抵抗力較強，不易受到颱風影響，因此收穫量很穩定。耐存放。

國見

由來：丹澤 × 石鎚
主要產地：茨城縣、大分縣

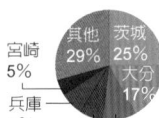

宮崎 5%
兵庫 7%
其他 29%
茨城 25%
大分 17%
熊本 7% 埼玉 10%

果肉為淺黃色，
肉質略帶黏性。

上市時期

1 2 3 4 5 6 7 8 9 10 11 12 月

名稱取自栗子產地之一熊本縣國見岳的早生品種。果實為圓形，表面是帶有光澤感的褐色。一顆約 30g，果實顆粒較大，是其特色所在。由於甜味和香氣不明顯，適合做成帶有鹹甜滋味的甘露煮。

Porotan*

外皮可輕鬆剝除，果肉
為黃色，肉質偏粉，甜
味強烈。

由來：（《森早生
× 改良豐多摩》×
國見）× 丹澤
主要產地：熊本縣

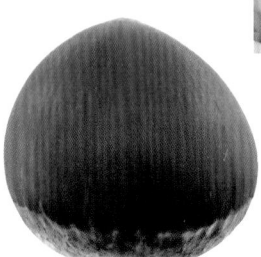

其他 42%
熊本 43%
茨城 7% 埼玉 8%

上市時期

1 2 3 4 5 6 7 8 9 10 11 12 月

在農研機構（茨城縣）育成。由於澀皮可以「啵囉（poro）」一聲地輕鬆剝開，因此得名。先在外皮劃上切痕，放入微波爐加熱，即可輕鬆剝皮。果實偏大，帶有出色的香氣和甜味。

 column　天津甘栗

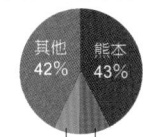

甘栗是一種將原產於中國的中國栗，與加熱過的小石子和著麥芽糖一起拌炒的食品。起源來自於 13 世紀中國就有的「糖炒栗子」。1910 年代，甘栗普及於日本各地，神戶的南京町是最初引進「甘栗」的城市。

在日本，甘栗稱為天津甘栗，但並非意指天津產的栗子。當時中國各地產的栗子都會集中到天津這座城市，從天津港出口，因此得名。姑且不論天津甘栗的意義，但製作甘栗使用的栗子，一定要使用中國產的中國栗。比起日本栗，中國栗顆粒較小，果肉緊實，容易剝除澀皮，是製作甘栗不可或缺的食材。

堅果／栗子

其他栗子品種

岸根	果實大顆，果皮略厚的晚生品種。肉質細密，帶粉狀口感，甜味鮮明。岸根是「筑波」與「石鎚」的親本。 由來：不明　主要產地：山口縣、愛媛縣
大峰	果實小巧，甜度鮮明的早生品種。果肉略帶粉狀質感，適合加工。 由來：偶發實生　主要產地：茨城縣、愛媛縣
紫峰	果實略大，一顆約 25g。粉質果肉帶有甜味與香氣，品質相當高。 由來：銀鈴 × 石鎚　主要產地：愛媛縣
出雲	特色是果實大顆。9 月上旬為產季。肉質略帶粉感，是品質相當高的栗子。 由來：偶發實生　主要產地：宮崎縣、東京都
森早生	果實約 17g，體型略小。產季為 9 月上旬的早生品種，帶有甜味。 由來：豐多摩早生 × 日本栗品系朝鮮在地種　主要產地：茨城縣
伊吹 照片：digita 股份有限公司	果實約有 25g，9 月上旬起為產季。外觀漂亮，不易受傷，產量高。 由來：銀寄 × 豐多摩早生　主要產地：茨城縣
有磨 照片：digita 股份有限公司	9 月下旬以後為產季的中生品種，圓弧的外觀近似圓形。 由來：不明　主要產地：宮崎縣、愛知縣
神峰 *	果實重約 30g，是體型較大的早生品種。甜味強烈，口感紮實。 由來：人丸 × 不明　主要產地：茨城縣
人丸	果實重約 24g，果肉呈淺黃色，甜味強烈。 由來：在筑波與丹澤混植植園發現的偶發實生　主要產地：千葉縣
胞衣 照片：digita 股份有限公司	岐阜縣惠那市以日本傳統點心栗金飩聞名，胞衣是用來製作栗金飩的早生品種。 由來：不明　主要產地：岐阜縣

II｜核桃

Walnut

胡桃

照片為薄皮胡桃

核桃的果殼通常很厚，但也
有可以用手剝殼的薄殼品
種。果實共有 4 瓣。

/ Data /

學名：*Juglans* L.

分類：胡桃科胡桃屬

原產地：歐洲、亞洲、南北美

主要成分（果肉）：熱量 674kcal、水分
3.1g、維他命 C 0mg、食物纖維 7.5g、鉀
540mg

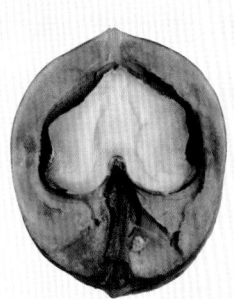

　　人類從西元前 7000 年就開始吃核桃，核桃可說是人
類最早食用的樹果。

　　全球核桃約有數百種，店面常看到的是歐洲原產的
波斯胡桃品系。特點是殼薄好剝，果實較大。日本在地品
種包括外殼凹凸粗糙的鬼胡桃，與剖面呈心型的姬胡桃。
這兩種果實都偏小，但味道濃郁。

 挑選方式	敲開外殼取出果肉會使果肉氧化，最好購買帶殼產品。殼上有洞可能被蟲蛀過，應避免購買。
保存法	帶殼核桃可在陰暗處保存數月。去殼果肉請放入密封容器，再冷藏或冷凍保存。可保鮮 1 年左右。
賞味時期	採收前核桃硬殼包覆在綠色果肉裡，果皮裂開即代表可以採收。洗淨後晒乾即可食用。
營養	富含可預防動脈硬化的亞油酸與 γ - 次亞麻油酸，還有大量維他命。

Ⅱ 核桃的種類

包括自古生長在日本的品種，與從海外進口的品種，種類相當豐富。

波斯胡桃
英國胡桃

上市時期

| 1 | 2 | 3 | 4 | 5 | 6 | 7 | 8 | 9 | 10 | 11 | 12 | 月 |

由來：不明
主要產地：美國

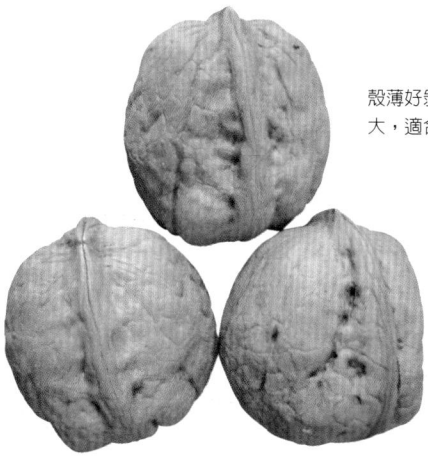

殼薄好剝，果實偏大，適合食用。

原產於歐洲南部到伊朗，歷史悠久，是許多核桃的原種。主要種植於歐洲，明治時代從美國傳入日本。特點在於殼薄好剝，果實偏大。

鬼胡桃

中間果實較小，可
食部位較少。
資料提供：岡村商店

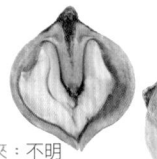

由來：不明
主要產地：長野縣
上市時期
| 1 | 2 | 3 | 4 | 5 | 6 | 7 | 8 | 9 | 10 | 11 | 12 | 月

日本自古生長的核桃。顧名思義，凹凸粗糙
的外殼如同鬼一般令人印象深刻，是其特色
所在。由於外殼又硬又厚，必須用鐵槌敲開。
毫無澀味，味道濃郁綿密。

姬胡桃

果殼表面光滑，厚度
很薄，容易敲開。

出來：不明
主要產地：長野縣
上市時期
資料提供：岡村商店
| 1 | 2 | 3 | 4 | 5 | 6 | 7 | 8 | 9 | 10 | 11 | 12 | 月

從北海道到九州，廣泛生長於日本各地，是
日本人自古食用的食物。由於打開時剖面形
成一個心型，因此稱為「姬胡桃」。澀味較少，
滋味濃郁，充滿水果風味。

薄皮胡桃
菓子胡桃

由來：波斯胡桃的變種
主要產地：長野縣

果實外殼很薄，
可輕易敲開。

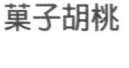

上市時期
| 1 | 2 | 3 | 4 | 5 | 6 | 7 | 8 | 9 | 10 | 11 | 12 | 月

薄皮胡桃是波斯胡桃的枝變，亦稱為「菓子
胡桃」。外殼很薄，可用手敲碎，因此日文
稱為「大手胡桃」。果實大顆，容易加工，
是其特色所在。日本產量也很豐富。

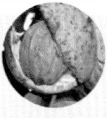 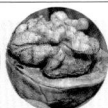

column　信濃胡桃

信濃胡桃是繼承波斯胡桃品系的日本產核
桃。長野縣東御市是產量最多的地方。大正
時代為了紀念大正天皇即位大典，特地在現
今的東御市各地區分送苗木給所有家戶，加
上當地氣候適合栽種核桃，才會盛行種植。
自此之後，此地也成為知名的「核桃故鄉」。
遺憾的是，在 1974 年創下最高產量 1,500t
之後，過去一直悉心經營的核桃栽培產業開
始出現衰退趨勢。有鑑於此，從 2000 年起
長野縣 JA 與大學共同合作，致力於振興核
桃栽培產業。核桃不只能養顏美容，也具有
健康功效，這些因素使得核桃再次成為注目
焦點，需求量愈來愈高，如今產量有日益增
加的趨勢。

堅果／核桃

其他核桃種類

胡桃楸	原產於中國的種類，尖形果頂部是其外觀特色。果皮有許多皺褶與紋路，果實富含脂質，也是常見的木材原料。 由來：不明　主要產地：中國
黑胡桃 （*Juglans nigra*）	原產於美國的種類，是美國原住民自古食用的堅果。果皮為黑色，圓形外觀帶有不規則邊緣，外殼不易敲開，是常見的木材原料。 由來：不明　主要產地：美國

Ⅲ 花生
Peanut

外殼堅硬，可用手剝開。一個豆莢裡有2顆種子，偶爾會混入1顆小種子，在此情況下會有3～4顆種子。

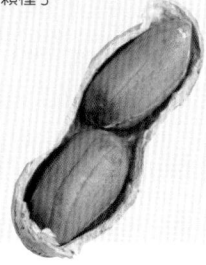

照片為千葉半立

上市時期	
炒花生豆	1 2 3 4 5 6 7 8 9 10 11 12 月

挑選方式　由於花生容易氧化，盡可能選購帶殼產品。細長形花生比飽滿的圓形花生更好吃。

保存法　帶殼花生也要裝進密封容器冷藏保存。氧化會減損味道與風味，剝殼後請當天食用完畢。

賞味時期　從土裡挖出花生後，在花生田上放置2～3週，待其自然乾燥。這時期的新豆特別香。各品種採收期各異，可在市面上買到的新鮮花生品種也不同。

營養　富含維他命E，有助於預防細胞老化、手腳冰冷與肩膀痠痛，還能養顏美容。

/ Data /

學名：*Arachis hypogaea* L.
分類：豆科花生屬
原產地：南美安地斯
主要成分（乾貨）：熱量 562kcal、水分 6.0g、維他命 C 0mg、食物纖維 0g、鉀 740mg

原產於南美。哥倫布曾航海途中以花生為食，因此散播到世界各地。江戶時代傳入日本，由於從花朵旁生長出的枝條落在地面，在地底膨脹結果，日本人將其取名為「落花生」。品種多樣，包括種子較大，可以鮮食的維吉尼亞種；種子較小，經常用來製作點心與花生油的西班牙種等。日本產花生以大顆種子的品系為主，也有適合做成水煮花生的品種。

 花生的種類

現在一年四季都能吃到曬乾後做成的炒花生豆，但從初秋就能吃到新鮮花生。

千葉半立

由來：不明
主要產地：千葉縣

上市時期	
炒花生豆	1 2 3 4 5 6 7 8 9 10 11 12 月

千葉縣育成，昭和28年成為獎勵品種，是歷史最悠久的日本花生品種。由於結合了莖部往上生長和往旁邊生長的品種，因此稱為「半立」。占千葉縣耕種面積的六成五。秋季採收，新做的炒花生豆從11月開始上市。

帶有獨特風味，味道與甜味都很鮮明。

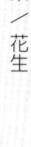

堅果／花生

中手豐

特色在於清爽甜味與香氣。

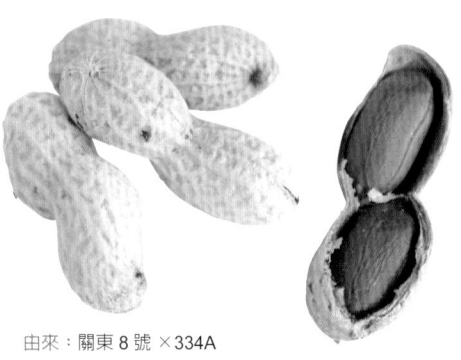

由來：關東 8 號 ×334A
主要產地：千葉縣

上市時期
炒花生豆 (1 2 3 4 5 6 7 8 9 10 11 12) 月

千葉縣育成，1979 年成為縣的獎勵品種。種子大顆，顏色顆粒一致，甜味鮮明。與「千葉半立」同為人氣品種，占千葉縣耕作面積的二成七。

鄉之香 *

顆粒細長大顆，帶有甜味的品種。

由來：中手豐 × 八系 192
主要產地：千葉縣

上市時期
新鮮花生 (1 2 3 4 5 6 7 8 9 10 11 12) 月

千葉縣誕生的品種，2000 年完成品種登錄，2001 年成為千葉縣獎勵品種。這是第一批以製成水煮花生為目標進行改良的品種，皮薄，甜味鮮明。

大勝 *

特點是種子大顆，脂肪含量少。

由來：中手豐 ×Jenkins Jumbo
主要產地：千葉縣

上市時期
新鮮花生 (1 2 3 4 5 6 7 8 9 10 11 12) 月

這是日本栽種的花生中，顆粒最大的品種。大小約「鄉之香」的兩倍，名稱帶有「以大小和味道取勝」之含意。屬於水煮花生用品種，種子清脆柔軟，甜味鮮明。

其他花生品種

改良半立	神奈川縣的推薦品種，適合做成炒花生豆的主力品種。產季為 10 月。 由來：不明 主要產地：神奈川縣
福勝	豆莢略小，帶有甜味與鮮味的早生品種。亦為鹿兒島縣的獎勵品種。 由來：關東 41 號 × 關東 48 號 主要產地：鹿兒島
金時	特色在於豆莢很小，種子為紅色。產量稀少，屬於少見品種。 由來：不明 主要產地：——

水煮花生的作法是用鹽水燙煮豆莢而成。在花生產地千葉縣與鹿兒島縣，這是很常見的吃法。

堅果／花生

知名的珍貴食材「綠色寶石」

IV 開心果（阿月渾子）
Pistatio nut

上市時期

| 1 | 2 | 3 | 4 | 5 | 6 | 7 | 8 | 9 | 10 | 11 | 12 | 月 |

挑選方式 保存法
果實為深綠色，選擇不流失香氣的密封包裝商品。裝進密封容器裡，再放入蔬果保鮮室冷藏或冷凍室裡冷凍。

營養
富含維他命、礦物質與食物纖維，有助於降低膽固醇值、預防高血壓或消除疲勞。

/ Data /

學名：*Pistacia*
分類：漆樹科黃連木屬
原產地：中亞～西亞
主要成分（炒果、調味）：熱量 615kcal、水分 2.2g、維他命 C 0mg、食物纖維 9.2g、鉀 970mg

自古就有的野生植物，西元前開始在羅馬或地中海沿岸栽種。在日本亦稱為「堅果女王」，取名自舊約聖經中出現的示巴女王。特點在於具有獨特的濃郁風味，日本的開心果都是從美國等地進口的產品。

富含甜味與香氣！

V 杏仁果（扁桃）
Almond

上市時期

| 1 | 2 | 3 | 4 | 5 | 6 | 7 | 8 | 9 | 10 | 11 | 12 | 月 |

挑選方式 保存法
市面上可買到生杏仁果與烤杏仁果，請放入密封容器，並放在通風涼爽的陰暗處保存。

營養
富含具有抗老化與清血作用的維他命 E、油酸，還有大量食物纖維。

/ Data /

學名：*Prunus dulcis*
分類：薔薇科李屬
原產地：西亞或約旦地區
主要成分（乾貨）：熱量 587kcal、水分 4.7g、維他命 C 0mg、食物纖維 10.1g、鉀 760mg

在西元前 4000 年美索不達米亞地區，杏仁果早已是當地居民的日常食物。目前全球產量中，大約八成來自加州。總共有超過 100 個品種，可供食用的是帶有些許甜味的甜杏仁品系。

堅果／開心果‧杏仁果

VI 夏威夷豆（澳洲胡桃）
Macadamia nut

/ Data /

學　名：*Macadamia integrifolia* Maiden & Betche
分類：山龍眼科澳洲堅果屬
原產地：澳洲
主要成分（炒果、調味）：熱量 720kcal、水分 1.3g、維他命 C 0mg、食物纖維 6.2g、鉀 300mg

上市時期
1 2 3 4 5 6 7 8 9 10 11 12 月

挑選方式
保存法
選擇可避免氧化的密封包裝產品。保存時請裝進密封容器，放入冷藏室或冷凍室。

營養
富含油酸、棕櫚油酸等不飽和脂肪酸，有助於降低膽固醇值，發揮美容功效。

　　原產地為澳洲的昆士蘭州，亦稱為「昆士蘭堅果」。澳大利亞原住民自古食用夏威夷豆，從中攝取營養成分。後來夏威夷也開始種植，成為名聞遐邇的夏威夷伴手禮。

罕見的腎形種子

VII 腰果
Cashew

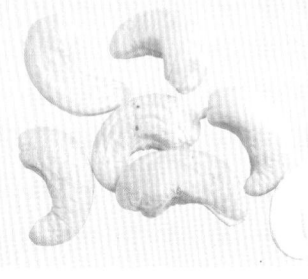

/ Data /

學名：*Anacardium occidentale* L.
分類：漆樹科腰果屬
原產地：南美安地斯
主要成分（炸果、調味）：熱量 576kcal、水分 3.2g、維他命 C 0mg、食物纖維 6.7g、鉀 590mg

上市時期
1 2 3 4 5 6 7 8 9 10 11 12 月

挑選方式
保存法
盡可能選擇帶殼產品，裝進密封容器或塑膠袋，放入冰箱冷藏保存。長期保存請放入冷凍室。

營養
富含鋅、鐵、鎂等礦物質類，與維他命 B1。有助於預防骨質疏鬆症與貧血。

　　主要種植於熱帶地區，散發蘋果香氣的假果（果托，Cashew Apple）前端帶殼，裡面有種子（堅果，Cashew Nut）。特色在於帶有淡淡甜味，口感輕盈。日本以進口產品為主。

以濃郁風味為特色的堅果

VIII 榛果
Hazel nut

/ Data /

學名：*Corylus avellana* L.
分類：樺木科榛屬
原產地：歐洲、北非、西亞
主要成分（炸果、調味）：熱量 684kcal、
水分 1.0g、維他命 C 0mg、食物纖維 7.4g、
鉀 610mg

上市時期
1 2 3 4 5 6 7 8 9 10 11 12 月

**挑選方式
保存法**
盡可能選擇帶殼，避免氧化的密封包裝產品。裝進密封容器，放入冷藏室或冷凍室保存。

營養
富含維他命 E 與礦物質類、油酸，有助於預防生活習慣病、骨質疏鬆症與貧血。

原產地為地中海沿岸到西亞一帶，全世界共有 12 種，日本的野生榛（Asian Hazel）也是榛果的一種。外型圓潤的品種品質較高，具有獨特的濃郁滋味和香氣。土耳其產的榛果約占目前全球生產量的七成。

味道溫潤，亦稱為奶油木

IX 長山核桃
Pecan

/ Data /

學名：*Carya illinoinensis*
分類：胡桃科山核桃屬
原產地：北美
主要成分（炸果、調味）：熱量 702kcal、水分 1.9g、維他命 C 0mg、食物纖維 7.1g、鉀 370mg

上市時期
1 2 3 4 5 6 7 8 9 10 11 12 月

**挑選方式
保存法**
盡可能選擇帶殼，避免氧化的密封包裝產品。裝進密封容器，放入冷藏室或冷凍室保存。

營養
富含多種維他命、礦物質，以及可降低膽固醇值的油酸。有助於發揮健康與美容功效。

原產於北美的堅果，是美洲原住民重要的營養來源。又稱為「碧根果」。果實長 6cm、寬 3cm 左右，成熟時外皮裂開，露出核（nut）。口感輕盈，苦味較弱，味道溫和。

堅果／榛果・長山核桃

PART 2 水果圖鑑

熱帶水果

本節介紹原產地或育成地
在熱帶或亞熱帶的水果，
日本生產的熱帶水果幾乎出自
沖繩縣、宮崎縣、鹿兒島縣、小笠原群島
等地。
日本也以芒果、鳳梨爲中心，
進行各種品牌化與品種改良計畫。

I 鳳梨

▶ P282

● **鳳梨的果實結構及名稱**

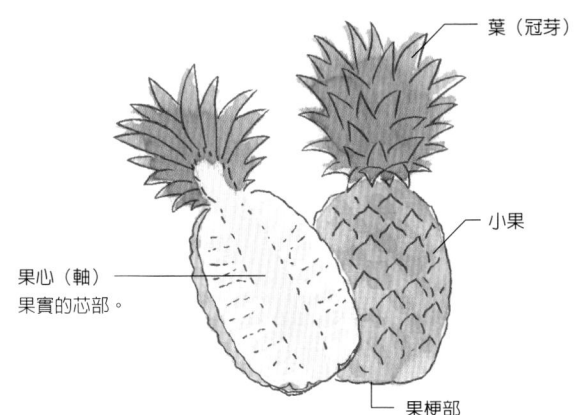

葉（冠芽）

小果

果心（軸）
果實的芯部。

果梗部

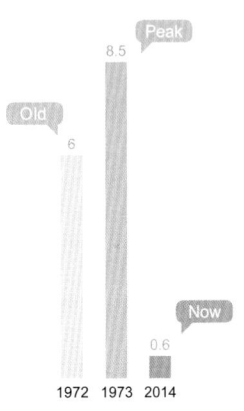

Peak
8.5

Old
6

Now
0.6

1972　1973　2014

II 香蕉

▶ P286

● **香蕉的果實結構及名稱**

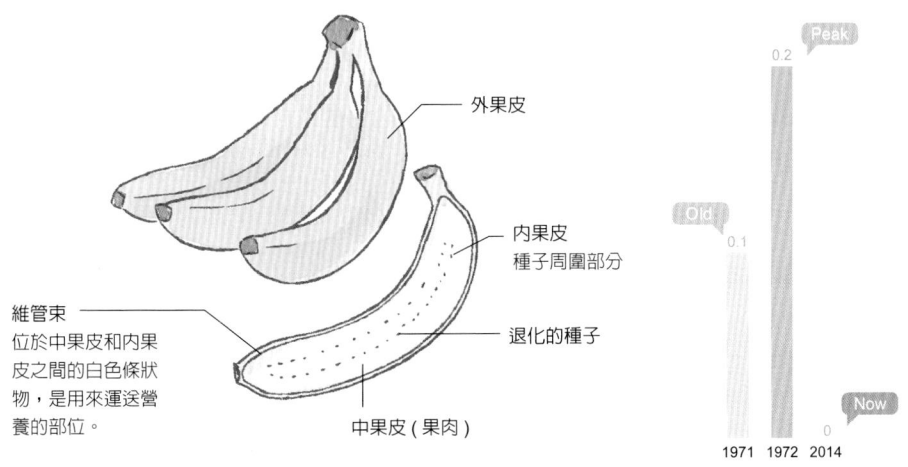

外果皮

內果皮
種子周圍部分

維管束
位於中果皮和內果
皮之間的白色條狀
物，是用來運送營
養的部位。

退化的種子

中果皮（果肉）

Peak
0.2

Old
0.1

Now
0

1971　1972　2014

（日本農林水產省　糧食需給表　國內生產量明細）

I 鳳梨

Pineapple

王梨

上市時期

| 進口 | 1 | 2 | 3 | 4 | 5 | 6 | 7 | 8 | 9 | 10 | 11 | 12 | 月 |
| 日本產 | 1 | 2 | 3 | 4 | 5 | 6 | 7 | 8 | 9 | 10 | 11 | 12 | 月 |

照片為 N67-10

堅硬的小果實呈龜殼狀集結，果肉為淺黃到黃色，纖維質的多寡依品種而異。

經過品種改良幾乎沒有種子

表面有龜殼狀的堅硬突起物

選購
Point

香味宜人
葉子呈鮮綠色

/ Data /

學名：*Ananas comosus* Merr.
分類：鳳梨科鳳梨屬
原產地：巴西北部
主要成分（新鮮）：熱量 51kcal、水分 85.5g、維他命 C 27mg、食物纖維 1.5g、鉀 150mg

除了巴西北部，哥倫比亞、委內瑞拉、蓋亞那皆為鳳梨的原產地。日本直到明治末期才由荷蘭傳入。品種超過 100 種，目前市面上最常看見的是甘甜多汁的菲律賓產「開英種」，進口鳳梨幾乎都是此品種。另有散發桃子香氣的「Soft Touch」、可用手掰開吃的「台農 4 號」等品種。

主要產地

日本國內實質上只有沖繩生產販售，菲律賓產的鳳梨占進口鳳梨 99％，其他則是台灣產與夏威夷產。

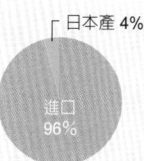

日本產 4%

進口
96%

進口與日本產比例
（根據日本農林水產省果樹生產出貨統計 2014 與日本財務省　貿易設計 2014 進行概算）

熱帶水果／鳳梨

挑選方式	香氣宜人，外觀帶深紅色，果頂部完整無傷。勿選購葉子枯萎或葉子太長的品項。
保存法	如購買整顆鳳梨，可裝進塑膠袋，放入蔬果保鮮室冷藏。如購買截切鳳梨，請放入密封容器，冷藏保存。
賞味時期	基本上完熟後才採收，消費者買到的都是最好吃的狀態。
營養	富含蛋白質分解酵素，可促進魚肉等食物的消化。亦含有大量錳，可強壯骨骼。

花朵為淡紫到深紫色，
由下往上依序開花。

收穫量與進口量演進

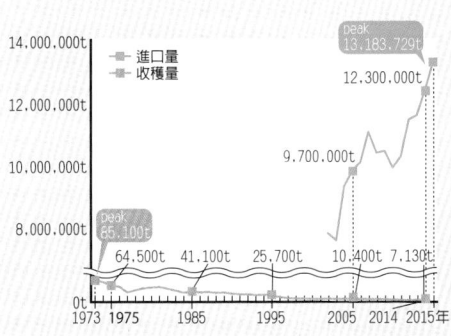

- ■ 進口量
- ■ 收穫量

peak
13,183,729t

12,300,000t

9,700,000t

peak
65,100t

64,500t　41,100t　25,700t　10,400t　7,130t

14,000,000t
12,000,000t
10,000,000t
8,000,000t
0t

1973 1975　　1985　　　1995　　　2005 2014 2015年

日本產的收穫量不到巔峰時期的十分
之一，進口量則呈現上升趨勢。

（日本農林水產省　日本財務省貿易統計）

鳳梨的種類

除了最普遍的開英種之外，沖繩也栽種了幾個品種。

N67-10
開英

由來：從夏威夷的
品種選拔
糖度：14%
主要產地：沖繩縣

沖繩
100%

完熟的果肉相當柔軟，
吃進嘴裡裡入口即化。

上市時期

(1 2 3 4 5 6 7 8 9 10 11 12) 月

N67-10 是「開英」品種群之一，由沖繩縣育成。這是在日本國內栽種的主要鳳梨品種，亦稱為「夏威夷種」。果汁豐富，酸甜滋味均衡。

Soft Touch
Peachpine

由來：夏威夷品系
（開英種）×I-43-880
糖度：17%
主要產地：沖繩縣

沖繩
100%

1 顆 600 ～ 800g，果
實偏小。果皮為黃色。

上市時期

(1 2 3 4 5 6 7 8 9 10 11 12) 月

果肉偏白且帶有甘甜香氣，因此又名「Peachpine」。在沖繩縣育成。熟成時，整顆果皮帶有紅色，是其特色所在。酸味溫和，甜味強烈。

台農 4 號
剝皮鳳梨

由來：新加坡種 × 開英種
糖度：17.5%
主要產地：沖繩縣

沖繩
100%

果肉為深黃色，
葉子有刺，務必
小心。

上市時期

(1 2 3 4 5 6 7 8 9 10 11 12) 月

台灣原產品種，亦稱為「剝皮鳳梨」。整顆果皮是黃色的，特點在於可用手掰開果肉，方便食用。果芯柔軟易吃，酸味較弱，可充分品嘗甜味。

熱帶水果 ／ 鳳梨

284　**PART2** 水果圖鑑

Gold Barrel

由來：Cream Pineapple × McGregor ST-1
糖度：16.5%
主要產地：沖繩縣

沖繩
100%

果肉為鮮黃色，
口感柔軟。

照片：沖繩縣農業研
究中心名護支所

上市時期
1 2 3 4 5 6 7 8 9 10 11 12 月

誕生於沖繩縣。由於栽培困難，是產量極少
的珍稀品種。外皮為橙黃色，一顆 1400g，
果實大顆。帶有淡淡香氣，酸味較弱，口感
綿密，甜味濃郁。

甘熟王 Pine
Mary Dillard No.2

由來：企業獨家改良
糖度：——
主要產地：菲律賓

香氣宜人，糖度
高，富含果汁。

照片：Sumifru 股份有限公司

上市時期
進口 1 2 3 4 5 6 7 8 9 10 11 12 月

Sumifru 的鳳梨品牌「甘熟王 Pine」名聞遐
邇，種植於菲律賓民答那峨島上，適合鳳梨
生長的農園，帶有芳醇甘甜與香氣。

Mayan Gold
Dole Sweetio Pineapple

由來：——
糖度：——
主要產地：菲律賓

鮮豔的金黃色果肉
是其特色所在。

照片：Dole 股份有限公司

上市時期
進口 1 2 3 4 5 6 7 8 9 10 11 12 月

果肉帶金黃色，取名為「黃金鳳梨」的品種，
在日本以「Sweetio」品牌名販售。酸味不明
顯，帶有豐潤的甘甜與香氣。

Del Monte Gold
MD2 Del Monte Gold

由來：未公開
糖度：——
主要產地：菲律賓、哥斯大黎加

果肉呈深黃色，富含
果汁。

照片：Fresh Del Monte
Japan 股份有限公司

上市時期
進口 1 2 3 4 5 6 7 8 9 10 11 12 月

Del Monte 公司開發的品種，高糖度鳳梨的先
驅。由於果肉呈深黃色，因此也稱為「黃金
鳳梨」。帶有豐潤香氣，滋味濃郁，酸甜滋
味恰到好處。

其他鳳梨品種

Summer Gold*	沖繩縣育成的品種，2004 年完成品種登錄。特點是葉子無刺，果肉為黃色，甜味鮮明。市場上的販售量極少。 由來：Cream Pineapple × Mcgregor ST-1　主要產地：沖繩縣
Yugafu*	沖繩縣育成的品種，特點是葉子無刺，果肉為白色。帶有甜味與適度酸味，很難在店頭看到。 由來：Cream Pineapple × HI 101　主要產地：沖繩縣

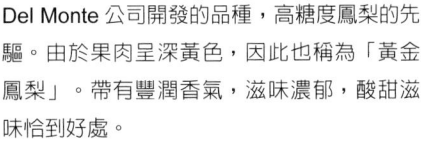

II 香蕉

Banana

甘蕉

照片為香芽蕉

選購 Point

形狀飽滿豐潤
果實緊密
連結著根部

果皮出現稱為
Sugar spot 的黑點
代表香蕉正甜

幾乎沒有種子
但偶爾會在中間
發現小種子

果皮與果肉之
間有稱為維管
束的條狀物

熱帶水果 / 香蕉

/ Data /

學名：*Musa* spp.
分類：芭蕉科芭蕉屬
原產地：東南亞
主要成分〔新鮮〕：熱量 86kcal、水分
75.4g、維他命 C 16mg、食物纖維 1.1g、
鉀 360mg

愈下方愈甜。剝皮後由上
往下吃，吃到最後一口都
能品嘗甜味。

原產於東南亞，從西元前五千到一萬年
開始栽培，是歷史悠久的水果。日本於江戶
時代從東南亞傳入琉球王國。

除了鮮食之外，亦有料理用和鑑賞用品
種，加總起來的數量超過 300 個品種。

最常見的食用品種是來自菲律賓的「香
芽蕉」，清爽滋味十分獨特。「台灣香蕉」

帶有鮮明的甜味與香氣，口感黏稠。此外，
另有長度 10cm 左右的「Senorita」、果皮
為紅色的「Morade Banana」，以及果實小
巧果肉柔軟的日本產「島香蕉」等品種。

挑選方式	整體轉為均勻的黃色，形狀圓潤，果房根部紮實。購買時確認接觸地面的底部是否變軟。
保存法	以垂掛方式常溫保存。冷藏保存會因低溫而凍傷，應避免在變甜前冷藏，導致受損變黑。
賞味時期	果實若帶綠色，請放至全部變黃為止。當果皮出現稱為 Sugar spot 的黑點即代表成熟。
營養	內含易吸收的糖分，適合在疲勞或運動時補充能量。

香蕉有雌花與雄花，全都包覆在紫色花苞（像葉子的部分）裡，花苞掉落後就會開花。雌花會長成果實。

主要進口國

日本市面上販售的香蕉幾乎都是進口產品，以菲律賓產為大宗。其他產地如台灣香蕉也能在日本買到。

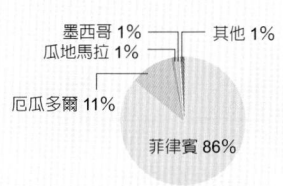

墨西哥 1%　　　　其他 1%
瓜地馬拉 1%
厄瓜多爾 11%
菲律賓 86%

國別進口量比例

（日本財務省貿易統計 2015）

進口量演進

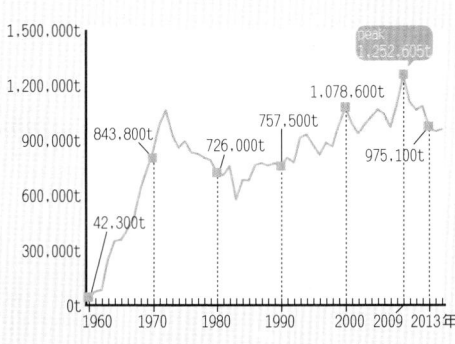

近五十多年來進口量逐年增加。

（日本財務省貿易統計）

市面上看到的幾乎都是香芽蕉，亦有尺寸較小的品種。

香芽蕉

由來：──
糖度：──
主要產地：菲律賓

這是一般店面最常見的品種，占全球市占率的一半。1970 年左右開始進入日本市場。主要來自菲律賓和厄瓜多爾，由幾家廠商生產的香芽蕉品牌。在海拔高度較高的地區種植出來的香蕉，則以甜度較高的「高地栽培香蕉」為名販售。

厚實果皮呈鮮黃色，果肉為淺黃色，富含甜味。

香芽蕉主要品牌與產地

通常是由大型製造商統籌開發、栽培與販售等一系列流程，各自推出自己的品牌。

菲律賓產

● Sweetio（Dole）
在海拔高度超過 500m 的高地，花一年以上種植。帶有甜味與濃郁滋味，最適合日本人的口味。

● 低糖度香蕉（Dole）
低地栽培的澱粉含量較低，甜味也低，糖度比高地栽培香蕉低 13%。這款香蕉採用低地栽培，甜味清爽樸實。

● Highland Honey（Del Monte）
栽種於 Del Monte 公司位於民答那峨島標高 500m 以上高地的農園裡，富含甜味和濃郁滋味的香蕉。為 Del Monte 公司的頂級香蕉品牌。

● 甘熟王 Gold Premium（Sumifru）
只栽種於標高 800m 以上高地的限定農園裡，實現濃郁鮮味的 Sumifru 頂級香蕉品牌。

● 甘熟王（Sumifru）
於標高 700m 左右民答那峨島阿波火山地區，花了 14 個月種植。甜味強烈。

台灣香蕉

由來：——
糖度：——
主要產地：台灣

果肉細密，口感綿稠。

上市時期

進口 [1][2][3][4][5][6][7][8][9][10][11][12] 月

台灣產香蕉從昭和初期即進入日本，是日本十分常見的水果。在昭和 40 年代以前，是日本香蕉市場的大宗。香味強烈，果實彎曲如弓，比「香芽蕉」短粗。另有「北蕉」、「仙人蕉」等品種。

Senorita
Monkoy Banana

由來：——
糖度：——
主要產地：菲律賓

一根約 50g，體型較小，方便食用。

上市時期

進口 [1][2][3][4][5][6][7][8][9][10][11][12] 月

亦稱為「Monkoy Banana」，是日本常見的香蕉品種。長度約 7～9cm，屬於小型香蕉。種植於標高 500m 以上的高地，特點是皮薄，果肉柔軟。帶有濃郁滋味。

瓜地馬拉產

● Del Monte Guatemala

味道溫和，帶有淡淡酸味，果肉具有彈性，是其特色所在。

厄瓜多爾產

● 田邊農園（ANA Foods）

厄瓜多爾是香蕉出口量第一的國家。「田邊農園」是日本人在當地標高 300m 左右地區生產，以安心安全為宗旨的香蕉品牌。其生產的香蕉不只甘甜濃郁，還有菲律賓產和台灣產香蕉沒有的酸味，是其美味的祕密。

日本產

● 三尺香蕉

「香芽蕉」的一種，樹高較低，容易管理，一般日本家庭會在庭院種植。果實偏小。產地位於沖繩與小笠原群島。

照片來源：JA 東京
島嶼小笠原父島支店

● 濃味 Jitate（Farmind）

受惠於厄瓜多溫差劇烈的氣候，澱粉含量增加，糖度高。在經過徹底管理的「室」（追熟加工設備）內，以獨特技術催熟香蕉，進一步帶出香蕉的甜味。

熱帶水果 ／ 香蕉

Banapple

由來：──
糖度：──
主要產地：菲律賓

帶有蘋果風味的
清爽甘甜。

照片來源：Sumifru
Japan 股份有限公司

上市時期

進口 ① 1 2 3 4 5 6 7 8 9 10 11 12 月

以水果風味的甜點系香蕉為理念開發出的新
品種，清爽甘甜是其最大特色。品牌名稱取
自「蘋果風味的香蕉」。

Morade Banana
Red Banana

由來：──
糖度：──
主要產地：菲律賓

果肉與普通香蕉
一樣為黃白色。

上市時期

進口 1 2 3 4 5 6 7 8 9 10 11 12 月

亦稱為「Red Banana」。特徵為紅褐色的果
皮，果形為較粗的圓筒狀。成熟後散發甘甜
香氣，口感彈牙，味道比一般香蕉濃郁。

島香蕉

小笠原產島香蕉「King」。

果形較粗較短，
果肉緊實。

在沖繩本島生產的島香蕉

照片來源：香蕉王國
資料提供：JA 東京島嶼小笠原父島支店

上市時期
1 2 3 4 5 6 7 8 9 10 11 12 月

由來：──
糖度：──
主要產地：沖繩縣、東京都

這是沖繩最常見的品種，一
般家庭也會在庭院種植。據
傳是原本栽種於小笠原群島
的「King」傳入沖繩衍生出
來的。由於在樹上熟成後採
收，因此具有豐富甜味與酸
味，味道十分濃郁。

其他香蕉品種

Cardava
（調理用香蕉）

未成熟時是綠色，成熟後變成黃色。加熱會產生芋薯般的口感。
由來：──
主要產地：菲律賓

Tindok Bnana
（調理用香蕉）

可長至 40cm 以上的大型香蕉。果皮為綠色，帶有澀味。
由來：──
主要產地：菲律賓

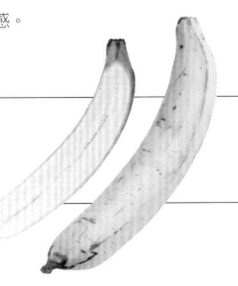

Tindok Bnana

熱帶水果／香蕉

熱帶水果的代名詞

Ⅲ 芒果
Mango

上市時期
進口 [1][2][3][4][5][6][7][8][9][10][11][12] 月

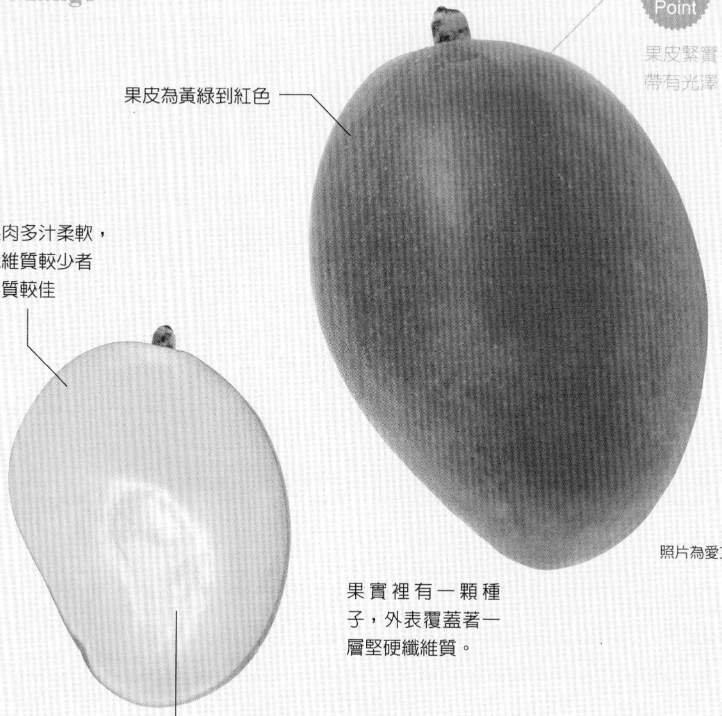

選購
Point

果皮緊實
帶有光澤

果皮為黃綠到紅色

果肉多汁柔軟，
纖維質較少者
品質較佳

照片為愛文

果實裡有一顆種
子，外表覆蓋著一
層堅硬纖維質。

有一顆橢圓形的扁平種子

熱帶水果／芒果

/ Data /

學名：*Mangifera indica* L.
分類：漆樹科芒果屬
原產地：印度、東南亞
主要成分（新鮮）：熱量 64kcal、水分
82.0g、維他命 C 20mg、食物纖維 1.3g、
鉀 170mg

主要進口國

日本最常見來自墨西
哥、菲律賓、泰國等熱
帶、亞熱帶地區的芒
果，日本產的芒果以沖
繩縣、宮崎縣、鹿兒島
縣最知名。

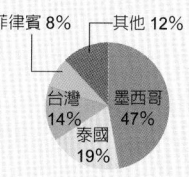

菲律賓 8%　其他 12%
台灣 14%　墨西哥 47%
泰國 19%

國別進口量比例
（日本財務省貿易統計 2015）

　　原產於印度北部到馬來半島，具有超
過 4000 年的歷史，自古被視為「神聖的水
果」。特色在於帶有芳醇香味與甜味，口感
綿稠。

　　芒果的品種數量有 500 種以上，顏色
與外型依產地而異。最常見的是外型略微扁

平，酸甜滋味均衡的「金蜂蜜」；外觀宛
如一顆較大的蛋，以濃郁甜味為特色的「愛
文」等品種。日本栽種的品種以「愛文」為
主，日本產的芒果品牌也愈來愈多，「太陽
蛋」就是最知名的地區品牌之一。

挑選方式	果皮緊實有光澤，表面覆蓋一層果粉代表新鮮。芒果不夠新鮮時會產生黑色斑點，選購時請注意。
保存法	外表帶綠色的果實請常溫保存追熟；成熟果實請裝進塑膠袋，冷藏保存。應儘早食用完畢。
賞味時期	表皮變黃，表面出現光澤，散發甘甜香氣就是最好吃的時候。由於芒果不耐低溫，請在食用前冷藏。
營養	富含 β-胡蘿蔔素、維他命 C 與維他命 E，可預防老化，養顏美容。

小花呈房狀生長，與果實不同，花朵散發腐敗的臭味。據說是因為芒果在熱帶是由蒼蠅幫忙授粉，才會散發蒼蠅喜歡的味道。

進口量演進

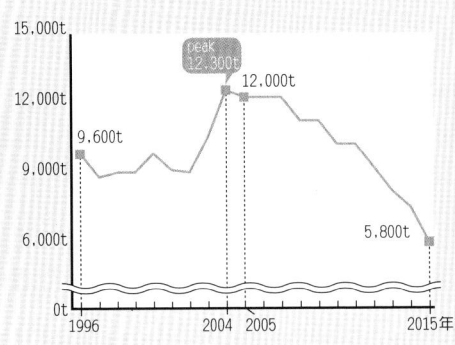

2004 年的進口量最多，此後呈下滑趨勢。

（日本財務省貿易統計）

愛文
Apple Mango
太陽蛋

由來：不明
糖度：12 ～ 16%
主要產地：美國、宮崎

上市時期
1 2 3 4 5 6 7 8 9 10 11 12 月

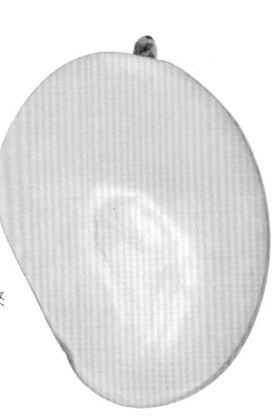

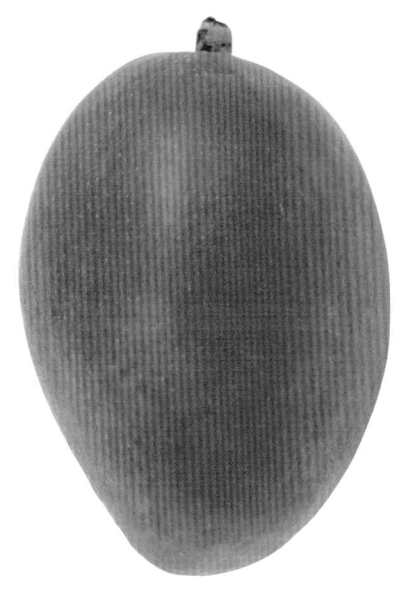

果肉帶有少許纖維質，口感綿密濃稠，吃起來像是在與舌尖共舞。

在日本國內栽種的芒果中，愛文是產量最多的品種。柔和香氣是其最大特色，口感順滑，帶有濃郁甜味與溫和酸味。成熟時果皮會變紅，農家通常採收在樹上完熟的果實。

熱帶水果 / 芒果

---

column

太陽蛋

照片來源：JA 宮崎經濟連

最適合送禮的宮崎產完熟芒果。每顆果實皆分別以網袋套住保護，在樹上完熟後，待其自然落下，以此方式採收。這個做法可充分濃縮養分，培育出口感順滑，帶有鮮明甜味與香氣的芒果。

唯有外觀漂亮，糖度超過 15%，重量超過 350g，符合嚴格標準的芒果才能使用「太陽蛋」品牌名販售。「太陽蛋」是深受消費者歡迎的最高級完熟芒果。

極致綿密濃稠的口感，充滿水果風味。

以網袋細心保護果實，直到完熟為止。

凱特
Keitt

由來：——
糖度：——
主要產地：美國、墨西哥等

黏稠果肉細密多汁。

上市時期

進口 ① 1 2 3 4 5 6 7 ⑧ ⑨ 10 11 ⑫ 月

果實大顆，果皮為綠色。成熟後偏黃，表面產生光澤。採收後追熟 10 ～ 14 天，即可孕育出濃郁滋味。

肯特

由來：——
糖度：——
主要產地：墨西哥

果肉為橘色，纖維質較少。

上市時期

進口 ① 1 2 3 4 5 ⑥ ⑦ ⑧ ⑨ 10 11 ⑫ 月

墨西哥產的品種。成熟後像蘋果一樣變紅，亦稱為「蘋果芒果」。口感順滑，帶有甜味和適度酸味。芳醇香氣也是特色所在。

Carabao
Pelican Mango

由來：——
糖度：——
主要產地：菲律賓

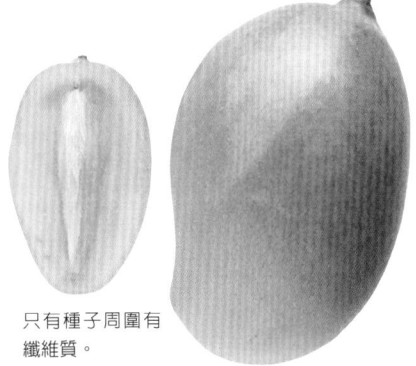

只有種子周圍有纖維質。

上市時期

進口 ① 1 2 3 4 5 6 7 8 9 10 11 ⑫ 月

亦稱為「菲律賓芒果」。綠色果皮會隨著成熟轉為金黃色，散發淡淡香氣。口感順滑，甜味中可品嘗到清爽酸味。

金蜂蜜（Nam Dork Mai）
Golden Mango

由來：——
糖度：——
主要產地：泰國

果肉厚實，纖維質少。

上市時期

進口 ① 1 2 3 ④ 5 6 7 8 9 10 ⑪ ⑫ 月

原名直譯是「花之水滴」的意思，在為數眾多的芒果品種中，口味偏甜。果皮與果肉都是漂亮的黃色，顏色隨著成熟愈來愈深。酸味不明顯，滋味濃郁，口感順滑。

熱帶水果／芒果

Mahachanok

由來：──
糖度：──
主要產地：泰國

果肉呈偏黃的橘色，
纖維質較少。

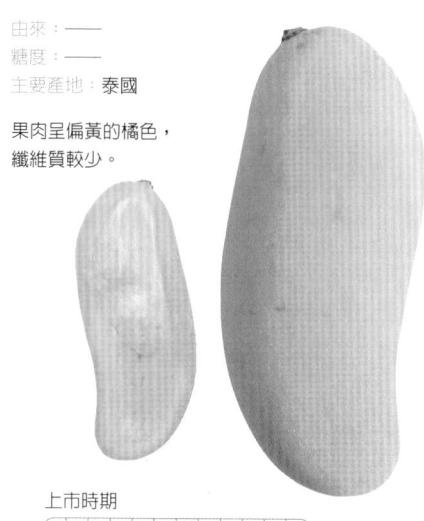

上市時期

進口 ① ② ③ ④ ⑤ ⑥ ⑦ ⑧ ⑨ ⑩ ⑪ ⑫ 月

名稱是泰文「鋸子」的意思。果實呈淡淡的
紅色，形狀帶有些微弧度。切開前即散發香
氣，酸甜滋味鮮明，滋味濃郁。

Tommy Atkins	果皮呈深紅色到暗紫色，果肉為黃色，略帶纖維，但吃起來很甜。 由來：── 糖度：── 主要產地：巴西
Alphonso	在印度芒果中品質最好，帶有濃郁甜味與順滑口感，充滿魅力。 由來：── 糖度：── 主要產地：印度
Kensington Pride	黃色中帶著淡淡桃色的果皮是特色所在，是日本冬季進口的芒果品種。 由來：── 糖度：── 主要產地：澳洲

熱帶水果／芒果

 column 沖繩新品牌「夏小紅」、「Thirara」

沖繩縣在 2012 年登錄了縣產新芒果品
種的商標「夏小紅」與「Thirara」，
致力於推動芒果品牌化。

這兩個品種是從美國引進的 18 個品種
中，選拔出適合沖繩縣種植的品種。

「夏小紅」果實小巧，外觀為可愛的圓
形。成熟後果皮轉為淡紅色。特點是甜
味十分強烈。

「Thirara」取名自「以沐浴在 Thida（太
陽）下的芒果讓人們感到快樂」的願
望，細長外型與酸甜滋味是其特點。這
兩種都是送禮用的高級芒果，未來發展
令人期待。

夏小紅

夏小紅的品種名稱為
「Lippens」。果實為橢
圓形，果皮帶紅色。

Thirara 的品種名稱為
「Valencia Pride」。
外型細長，果皮帶黃
色。

Thirara

照片來源：鳳梨王國

295

Ⅳ 木瓜（番木瓜）
Papaya

照片為 Sunrise

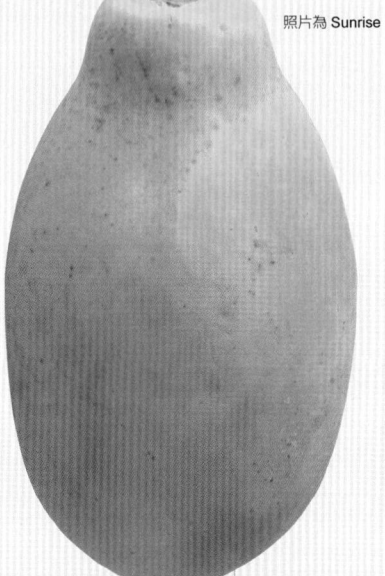

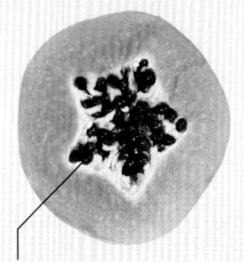

中心部的空洞
填滿小小的
黑色種子

果皮薄，可用刀
子輕鬆削除。

選購
Point

帶有光澤
有重量感

熱帶水果 ／ 木瓜

/ Data /

學名：*Carica papaya* L.
分類：番木瓜科番木瓜屬
原產地：墨西哥南部、中美
主要成分（完熟、新鮮）：熱量 38kcal、
水分 89.2g、維他命 C 50mg、食物纖維
2.2g、鉀 210mg

　　原產於墨西哥南部到中美的熱帶美洲地
區。16 世紀由西班牙人傳入加勒比海沿岸，
再於明治時代傳入日本。由於外表長得像
瓜，因此取名「木瓜」。特點是帶有強烈的
甘甜香氣和順滑口感。

　　木瓜種植在全球的熱帶地區，形狀多
樣，包括蛋形、長橢圓形與球形等。最常
見的是果皮與果肉皆為鮮黃色的「Kapoho
Solo」，亦有紅色果肉、口味清爽的
「Sunrise」品種。

column

青木瓜

成熟前的沖繩
產青木瓜亦稱
為蔬菜木瓜。

與甘甜的水果木瓜不同，青木瓜帶有蔬
菜的感覺。在木瓜成熟前採收的青色果
實稱為青木瓜，特點是富含可分解蛋白
質的木瓜酵素。青木瓜在沖繩自古就是
家喻戶曉的健康食材。許多沖繩傳統的
家常料理都以青木瓜入菜，包括將青木
瓜切絲，與肉或魚拌炒的炒木瓜，醋漬
青木瓜或青木瓜沙拉等。

挑選 方式	果皮沒有皺紋，顏色均勻者佳。果實小巧細長，感覺沉重的產品較為多汁。
保存法	綠色木瓜應以報紙包覆，在常溫下追熟 2 ～ 3 天。由於冷藏容易凍傷，待完全成熟變黃後，再冷藏食用。
賞味 時期	果皮轉為黃色或橘色，散發清甜香氣就是最好吃的時候。輕壓感覺柔軟，稍具彈性的果實更加美味。
營養	富含有助於預防老化、養顏美容的維他命 A、C、E，與鈣質。

果實結在樹幹上的葉子根部，花朵為白色，帶有 5 片花瓣。有雌花、雄花與兩性花，從外觀看各有差異。

進口量演進

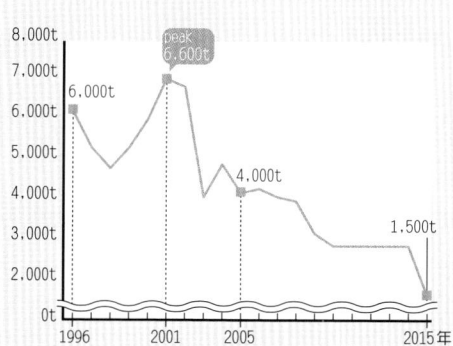

這十年的進口量大幅減少，與巔峰期相較不到四分之一。

（日本財務省貿易統計）

主要進口國

日本全年皆從菲律賓和夏威夷進口木瓜。

國別進口量比例
（日本財務省貿易統計 2015）

Sunrise

由來：──
糖度：──
主要產地：夏威夷

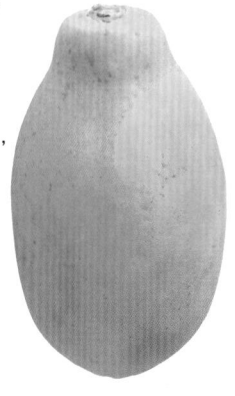

果肉為橘色，
口感清爽。

上市時期
進口 ① 1 2 3 4 5 6 7 8 9 10 11 12 ⑫ 月

從名稱不難想像，Sunrise 是紅肉木瓜。黃色果皮隨著成熟轉為橘色，富含果汁，適合鮮食。這是日本最常見的品種。

Kapoho Solo

由來：──
糖度：──
主要產地：夏威夷

果肉多汁，
口感順滑。

上市時期
進口 ① 1 2 3 4 5 6 7 8 9 10 11 12 ⑫ 月

只在夏威夷 Kapoho 地區種植的品種。富含礦物質的火山土壤，孕育出優質水果。酸味較弱，甜味鮮明，華麗的香味也是特色所在。「Solo」主要指的是此品種。

石垣珊瑚 *

由來：Wonder Bright 的自然雜交實生
糖度：14%
主要產地：沖繩縣

鮮豔的橘色果肉是特色所在。

上市時期
1 2 3 4 5 6 7 8 9 10 11 12 月

石垣島在近幾年栽培，2008 年登錄的新品種。果實結在較低的位置，方便管理維護。果實大顆，帶有宜人香氣，富含甜味。入口即化。

石垣 Wondrous*

由來：Wonder Bright 的自然雜交實生
糖度：14%
主要產地：沖繩縣

果肉為帶橘色的紅色。

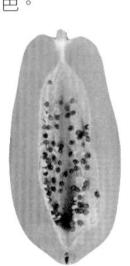

上市時期
1 2 3 4 5 6 7 8 9 10 11 12 月

以容易栽培的優質品種為育成理念，於 2010 年登錄的品種。果實為上圓下尖、接近橢圓形的形狀，每顆平均重量約為 1800g，體型偏大。特點是帶有豐郁香氣與甜味。

熱帶水果／木瓜

V｜火龍果

Pitaya（Dragon fruit）

紅龍果

● 紅皮紅肉種

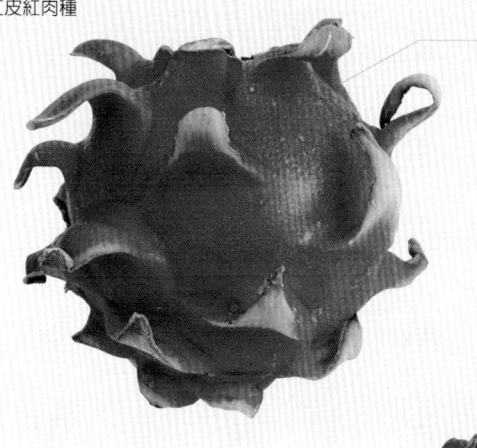

選購
Point

突起部分
沒有蔫萎

果肉為深紅色
種子可食用

日本國內最常見的品種。比其
他品種甜，可享受濃郁滋味。

● 紅皮白肉種

/ Data /

學名：*Hylocereus undatus*
分類：仙人掌科量天尺屬
原產地：墨西哥、中美
主要成分（新鮮）：熱量 50kcal、水分
85.7g、維他命 C 7mg、食物纖維 1.9g、
鉀 350mg

與「紅皮紅肉種」同為
日本常見的品種。風味
清爽，口感清脆。

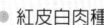

果肉為白色
種子可食用

　　「火龍果」（Pitaya）是仙人掌科量天
尺屬果實的統稱。外表有鱗片狀突起，因此
又稱「紅龍果」（Dragon fruit）。依果皮
與果肉顏色，一般稱為「紅色火龍果」、「白
色火龍果」與「黃色火龍果」。這三種的果
肉都很順口，內含大量芝麻般的黑色種子，
帶有奇異果般的水嫩口感。

熱帶水果／火龍果

挑選方式	整體偏大，拿在手中感覺重量十足。選擇較為新鮮，果皮緊實，齒狀突起部分較短的品項。
保存法	由於火龍果無須追熟，請趁新鮮食用完畢。若不立刻食用，請裝進塑膠袋，避免乾燥，放入蔬果保鮮室保存。
賞味時期	基本上店頭販售的火龍果都處於最好吃的狀態。甜味不強烈，不可過度冷藏。冷藏 1 個小時最好吃。
營養	含有可預防貧血的礦物質類，有助於強化免疫力的維他命 B1、B2 等養分。

主要產地

寒冷氣候會使火龍果枯萎，因此栽種於沖繩縣、鹿兒島等溫暖地區。進口火龍果以越南產或菲律賓產為主。

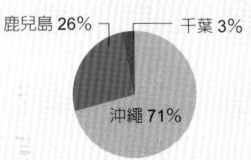

鹿兒島 26%　　千葉 3%
沖繩 71%

縣別收穫量比例（2013 年）
（日本農林水產省　特產果樹生產動態等調查）

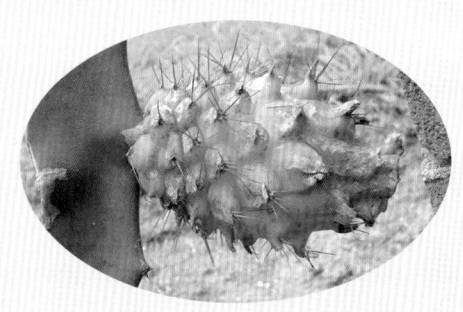

● 黃皮白肉種

果皮為黃色，果肉為白色。日本國內產量稀少，屬於珍稀品種。酸甜滋味均衡，水嫩多汁。
（註：英文名 yellow pibaya，學名：*Selenice treus megalanthus*）

6 ～ 10 月開幾次花。晚上會開曇花般的白色花朵。

熱帶水果／火龍果

果凍狀果肉帶有淡淡的酸甜滋味

VI 百香果
Passion fruit

照片來源：JA 東京島嶼小笠原父島支店

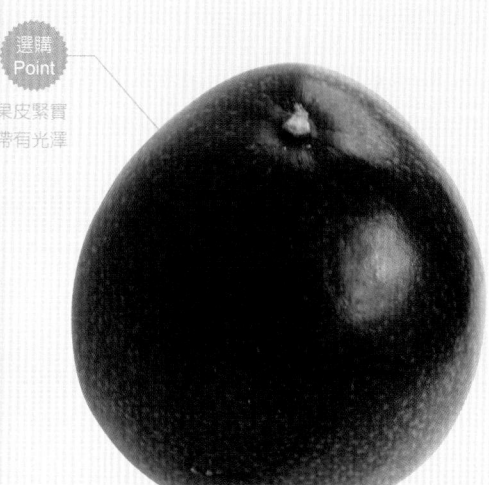

選購
Point

果皮緊實
帶有光澤

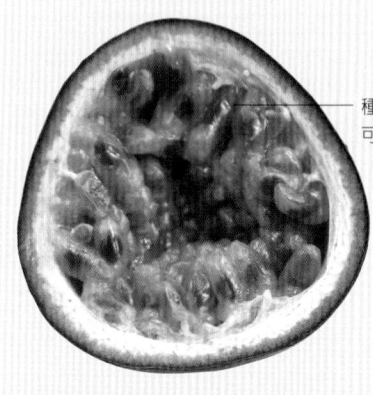

種子較多
可以食用

果皮柔軟，容易切開。
果凍狀的果肉富含果
汁，口感水嫩。

熱帶水果／百香果

/ Data /

學名：*Passiflora edulis* Sims.
分類：西番蓮科西番蓮屬
原產地：巴西南部
主要成分（果汁、新鮮）：熱量 64kcal、
水分 82.0g、維他命 C 16mg、食物纖維
0g、鉀 280mg

西番蓮屬共有 400 多種植物，這是可
食用的品種之一。果肉有紫紅色與黃色，
還有酸味強烈或甜味強烈的品種。亦稱為
「Purple Granadilla」。

挑選方式

整體呈現均勻的深紅豆色，帶
有光澤，散發酸甜香氣。選購
外表無傷或裂痕的產品。拿在
手中要有沉重感。

保存法

裝進塑膠袋冷藏保存，可保存
1 個月。果皮帶綠的果實要在
室溫下追熟。

賞味時期

百香果都是在植株上完熟，因
此店面販售的都是最好吃的狀
態。若不喜歡酸味，可在室溫
下放到表面產生少許皺紋，就
能去除酸味，突顯甜味。

切開後的形狀宛如星星，令人印象深刻

VII 楊桃
Star-fruit
五斂子

上市時期

| 1 | 2 | 3 | 4 | 5 | 6 | 7 | 8 | 9 | 10 | 11 | 12 | 月 |

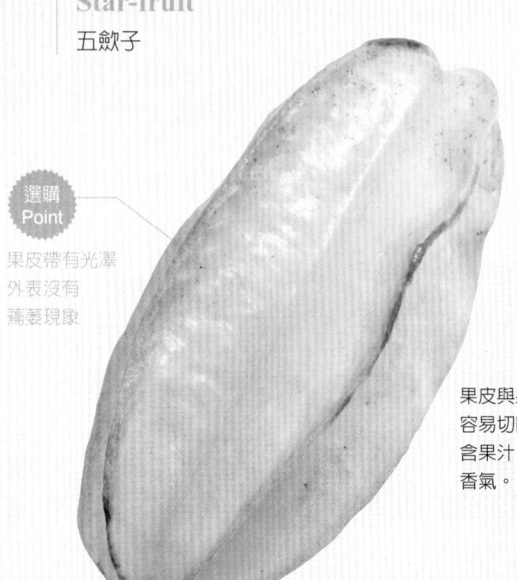

選購
Point

果皮帶有光澤
外表沒有
蔫萎現象

邊角較澀
切除後口感較好

果皮與果肉柔軟，
容易切開。果肉富
含果汁，散發清爽
香氣。

熱帶水果／楊桃

/ Data /

學名：*Averrhoa carambola* L.
分類：酢漿草科楊桃屬
原產地：東南亞
主要成分（新鮮）：熱量 30kcal、水分
91.4g、維他命 C 12mg、食物纖維 1.8g、
鉀 140mg

　　楊桃在日本的正式名稱是「五斂子」，
由於切開後的剖面呈星星狀，因此日本人較
常使用「Star-fruit」這個名稱。原產於東南
亞，目前在許多地方廣泛栽種。18 世紀傳
入日本，於沖繩縣生產。
　　可連皮吃，口感多汁清脆。品種豐富，
有些較甜的品種適合鮮食；有些品種果實略
小，酸味強烈，適合加工。

挑選
方式

成熟果實的外皮為黃色，表面
有光澤，用手觸摸時感覺緊
實。避免選購果皮蔫萎的產
品。

保存法

果實若為綠色代表尚未成熟，
請在常溫下追熟。成熟後裝進
塑膠袋，避免乾燥，放入蔬果
保鮮室冷藏。

賞味
時期

果皮幾乎都是黃色，略帶些許
綠色就是最好吃的時候。若要
做成沙拉，選擇綠色果實，果
肉較硬的楊桃，口感較好。

302　**PART2** 水果圖鑑

營養豐富的森林奶油

Ⅷ 酪梨
Avocado
鱷梨

上市時期
進口 [1][2][3][4][5][6][7][8][9][10][11][12] 月

選購
Point

果皮緊實
帶頭堅硬
果實健康

哈斯

由來：——
由來：墨西哥

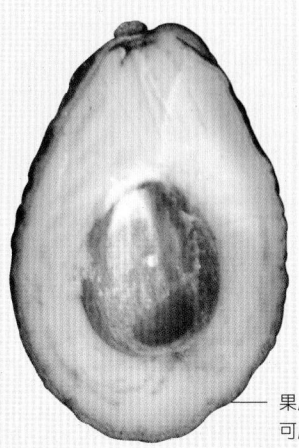

果皮較硬
可用手剝開

營養價值高，富含脂肪，有些品種的脂質含量高達 30%。

國別進口量比例
（日本財務省貿易統計 2015）

美國 8%　其他 1%
墨西哥 90%

/ Data /

學名：*Persea americana* Mill.
分類：樟科酪梨屬
原產地：哥倫比亞、墨西哥等
主要成分（新鮮）：熱量 187kcal、水分 71.3g、維他命 C 15mg、食物纖維 5.3g、鉀 720mg

　　酪梨是中南美洲自古種植的水果，於大正時代傳入日本。富含營養成分，深受消費者喜愛，也是金氏世界紀錄認證營養價值最高的水果。

　　全世界有高達 700 多個品種，現在店面上常見的酪梨，以墨西哥產的「哈斯」品種為主。哈斯酪梨的特色就是愈成熟，果皮顏色就會變黑。其他另有果皮為深綠色的「Bacon」，和外型近似西洋梨的「Ferte」等品種。

挑選方式

若立刻食用，請選擇果皮為黑褐色，已經成熟的產品。形狀飽滿，拿在手中感覺柔軟。

保存法

成熟酪梨應裝進塑膠袋，放入蔬果保鮮室冷藏。感覺較硬的品項應在常溫下追熟，切開的酪梨應以保鮮膜密封，冷藏保存。

賞味時期

果皮不帶綠色，整體呈接近黑色的深褐色，就是最好吃的時候。過度柔軟，外皮有皺紋代表過熟。

熱帶水果 ／ 酪梨

303

Bacon

由來：──
主要產地：鹿兒島

果實呈漂亮的蛋形，一顆約 170 ～ 400g 重。

上市時期

(1 2 3 4 5 6 7 8 9 10 **11** 12) 月

瓜地馬拉品系與墨西哥品系交配的雜種。特色是比日本常見的哈斯品種大。果皮為深綠色，成熟後顏色也沒有太大變化。果肉順滑綿密。

Ferte

由來：──
主要產地：鹿兒島

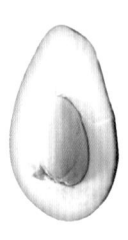

果皮薄，成熟後還是綠色的。

上市時期

(1 2 3 4 5 6 7 8 9 10 11 **12**) 月

瓜地馬拉品系與墨西哥品系交配的雜種，外型近似西洋梨，是其特色所在。適合在日本種植，果肉順滑，脂肪含量為 25 ～ 30%，味道濃郁。

初夏限定的新鮮果實

IX 荔枝（荔支）

Lychee

離枝

照片來源：水果安全之進口水果圖鑑

果肉為乳白色，有一顆大種子。

/ Data /

學名：*Litchi chinensis* Sonnerat
分類：無患子科荔枝屬
原產地：中國、越南
主要成分（新鮮）：熱量 63kcal、水分 82.1g、維他命 C 36mg、食物纖維 0.9g、鉀 170mg

上市時期

進口 (1 2 3 4 **5 6 7** 8 9 10 11 **12**) 月

挑選方式
保存法

果皮潤澤，呈鮮紅色，未發黑的品項最好。可帶皮冷凍，如果是新鮮荔枝，可裝進塑膠袋，放入蔬果保鮮室冷藏。

營養

富含可養顏美容、預防老化的維他命 C，以及預防貧血的葉酸等養分。

中國從西元前開始種植，因楊貴妃愛吃荔枝而聞名。果肉質感宛如果凍，口感多汁柔軟，帶有清爽甜味。日本多為從台灣或中國進口的罐頭產品，近年來可在初夏季節吃到新鮮荔枝。

果實表面有一層毛且富含果汁

X | 紅毛丹

Rambutan

裡面有一顆杏仁果狀種子。

上市時期
進口 1 2 3 4 5 6 7 8 9 10 11 12 月

挑選方式
保存法

從紅色快要轉為黃色的時候最好吃。新鮮的紅毛丹可裝進塑膠袋，放入蔬果保鮮室保存。食用前以鹽水清洗即可。

營養

富含有助於養顏美容、預防感冒的維他命 C 和鈣質。

/ Data /

學名：*Nephelium lappaceum* L.
分類：無患子科韶子屬
原產地：馬來半島等地

由於表面覆蓋著一層約 1cm 長的軟刺，因此馬來語稱它為「長毛的果實」。乳白色果肉呈果凍狀，質感近似荔枝。富含果汁，帶有清爽甜味。

富含甜味的果凍狀果實

XI | 龍眼（桂圓）

Longan

荔枝奴

上市時期
乾貨 1 2 3 4 5 6 7 8 9 10 11 12 月

果皮雖硬，但很容易取出果肉，可用手剝開。

挑選方式
保存法

應儘早食用完畢。如不立刻食用，請裝進塑膠袋冷凍。如購買龍眼乾，請裝進密封袋，放在常溫下保存。

營養

含有維持皮膚與黏膜健康的菸鹼酸、維他命 B2，以及可預防高血壓和水腫的鉀。

/ Data /

學名：*Dimocarpus longan* Lour.
分類：無患子科龍眼屬
原產地：印度、中國等
主要成分（乾貨）：熱量 283kcal、水分 19.4g、維他命 C 0mg、食物纖維 2.8g、鉀 1000mg

果實近似荔枝，果肉呈透明果凍狀，糖度較高，口味偏甜。果肉中有一顆黑色種子，因長得像龍的眼睛而得名。不耐保存，在中國通常做成乾貨，當藥材使用。

熱帶水果／紅毛丹・龍眼

305

XII 山竹（鳳果）
Mangosteen

裡面含有6瓣
橘子狀果肉。

照片來源：水果安全之進口水果圖鑑

| 挑選方式
保存法 | 果皮多汁，具有彈性，感覺柔軟。保存時請以沾濕的廚房紙巾包覆，裝進塑膠袋，放入蔬果保鮮室冷藏。 |

| 營養 | 含有蛋白質消化酵素，幫助魚肉的消化與吸收。亦富含維他命 B1，促進代謝。 |

/ Data /

學名：*Garcinia mangostana* L.
分類：藤黃科藤黃屬
原產地：馬來半島等地
主要成分（新鮮）：熱量 67kcal、水分 81.5g、維他命 C 3mg、食物纖維 1.4g、鉀 100mg

　　廣泛種植於東南亞。厚實的紫色果皮包覆著果肉，帶有高雅柔和的味道與香氣。日本常見的山竹幾乎全部來自泰國。最近也能在市面上買到新鮮山竹。

包覆在無數硬刺下的水果之王

XIII 榴槤
Durian

裡面分成 5 室，
每一室各有 1～
3 顆種子。

照片來源：水果安全之進口水果圖鑑

| 挑選方式
保存法 | 果皮呈褐色，果頂部有裂口即代表成熟。可冷藏保存 1 週。未成熟的榴槤請在常溫下追熟。 |

| 營養 | 含有維他命 A、B 群、C、E 與礦物質成分，營養均衡。可促進代謝，維持皮膚健康。 |

/ Data /

學名：*Durio zibethinus* Murr.
分類：木棉科榴槤屬
原產地：東南亞
主要成分（新鮮）：熱量 133kcal、水分 66.4g、維他命 C 31mg、食物纖維 2.1g、鉀 510mg

　　原產於東南亞。大小與人的頭部一樣大，散發驚人的強烈氣味，果肉十分綿密甘甜。日本販售的榴槤大多來自泰國。包括甜味與香氣都很鮮明的青尼榴槤，與甜味與香氣較不明顯的金枕頭榴槤。

味道與形狀多樣的品種散布全球

XIV｜番石榴

Guava
芭樂

裡面有許多小種子。

挑選方式保存法

選擇果皮為黃綠色，接近圓形的品項。香味強烈，肉質柔軟的果實最好。完熟的果實請用報紙包起，放入冰箱冷藏。未成熟的果實放在常溫下追熟。

營養

富含維他命 C 與維他命 A，有助於預防感冒、消除疲勞、美容養顏。

/ Data /

學名：*Psidium guajava* L.
分類：桃金孃科番石榴屬
原產地：美國
主要成分（新鮮）：熱量 38kcal、水分 88.9g、維他命 C 220mg、食物纖維 5.1g、鉀 240mg

原產於中南美，從西元前就是熱帶美洲原住民的食物。全球約有 160 多種，果實形狀相當多樣，包括球形、橢圓形；果肉顏色從白色、紅色到黃色都有。帶有獨特香氣，紅肉種以濃郁甜味與綿密口感為特色。

眾所周知的健康果實

XV｜西印度櫻桃

Acerola

果皮柔軟，果實含有 3 顆種子。

挑選方式保存法

選購紅色果皮感覺緊實的品項。完熟果實只能保存 2 ～ 3 天，若不立刻食用，請用水清洗後放入冷凍室。

營養

富含維他命 C。含有大量 β-胡蘿蔔素與維他命 E，有助於提升免疫力、預防感冒。

/ Data /

學名：*Malpighia emarginata* DC.
分類：黃褥花科黃褥花屬
原產地：加勒比海群島
主要成分（酸味種、新鮮）：熱量 36kcal、水分 89.9g、維他命 C 1700mg、食物纖維 1.9g、鉀 130mg

原產於西印度群島，日本從昭和 40 年代開始種植，產地以沖繩縣和鹿兒島為主。成熟時果皮會變色，從黃色、紅色，一直轉成深紅色。分成糖度 10% 左右的甜味種與 8% 以下的酸味種。

熱帶水果／番石榴・西印度櫻桃

改變人類味覺的神奇水果

XVI 神祕果
Miracle fruit

上市時期
進口 ①②③ 4 5 6 7 ⑧⑨⑩⑪⑫ 月

果肉為白色，果肉本身不甜。

挑選方式
保存法

如不立刻食用，建議冷凍保存。冷凍神祕果無須解凍，可直接食用。

營養

神祕果會讓酸味食物變甜，適合必須控制糖分攝取的減肥族群或糖尿病患者食用。

/ Data /

學名：*Synsepalum dulcificum* daniell
分類：山欖科神祕果屬
原產地：西非

原生於西非部分地區的紅色果實。內含神祕果蛋白，吃了神祕果後再吃酸味食物，反而覺得甜。除了新鮮果實之外，日本亦可買到冷凍或乾燥食品。

具有高度營養價值的超級食物

XVII 阿薩伊果
Acai

上市時期
進口（果泥）① 2 3 4 5 6 7 8 9 ⑩ ⑪ ⑫ 月

果實的 95％ 皆為堅硬的種子，果肉極少。

照片來源：FRUTAFRUTA

挑選方式
保存法

市面上可買到加工成果泥或果粉的產品。為避免氧化，購買阿薩伊果的果粉時，開封後務必裝進密封容器保存。

營養

富含優質胺基酸、鐵、鈣等，維持健康身體的營養素。多酚含量也很高。

/ Data /

學名：*Euterpe oleracea* Mart.
分類：棕櫚科纖葉椰屬
原產地：巴西

原產於巴西亞馬遜。果實的 95％ 為種子，果肉也很硬，通常做成加工品，去除種子，磨成泥。由於阿薩伊果採收後短時間內開始受損，以前只能在產地吃到。隨著冷凍與運送技術發達，慢慢可在市面上買到。

熱帶水果 ／ 神祕果‧阿薩伊果

XVIII 椰子

Coconut
椰

果實裡裝著滿滿的椰子水。

/ Data /

學名：*Cocos nucifera* L.
分類：棕櫚科椰屬
原產地：巽他群島
主要成分（椰子水）：熱量 20kcal、水分 94.3g、維他命 C 2mg、食物纖維 0g、鉀 230mg

上市時期

進口 | 1 | 2 | 3 | 4 | 5 | 6 | 7 | 8 | 9 | 10 | 11 | 12 | 月

挑選方式 保存法

基本上果實內部沒有細菌，只要鑿洞就很容易氧化變酸，請務必倒入保存容器，冷凍保存。儘早食用完畢。

營養

椰子水含有大量可排出鹽分的鉀，有助於預防水腫。果肉含有許多食物纖維。

果實內部裝著滿滿的水，可直接當椰子果汁飲用。內側果肉可以吃。削掉果肉晒乾做成椰子核，將椰子核泡在水中，再用布擰出乳色液體，即為椰奶。

世界最大的驚人果實

XIX 菠蘿蜜

Jack fruit
波羅蜜

由數百顆小果實集結而成，每顆小果實都有一個種子。

/ Data /

學名：*Artocarpus heterophyllus* Lam.
分類：桑科麵包樹屬
原產地：印度、馬來西亞

上市時期

進口 | 1 | 2 | 3 | 4 | 5 | 6 | 7 | 8 | 9 | 10 | 11 | 12 | 月

挑選方式 保存法

表面多刺，輕敲會有輕脆的叩叩聲。成熟時果皮變成黃褐色，不耐寒氣，請常溫保存。

營養

富含具有抗氧化作用的 β- 胡蘿蔔素，與有助於降低膽固醇值的果膠。

果實大小依品種與系統不同，有的品種重達 25kg 以上。表面有堅硬的突起物，黃白色果肉散發甘甜香氣，是其特色所在。成熟後可鮮食，或加工成糖漿、果醬。成熟前可當蔬菜使用，拿來燉煮或熱炒。種子經烹煮後亦可食用。

XX 釋迦
Atemoya

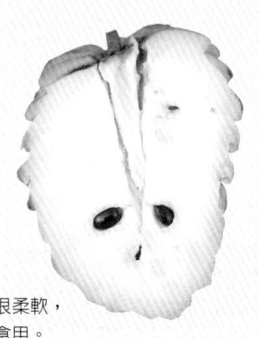

成熟後變得很柔軟，
可用手剝開食用。

/ Data /

學名：*Annona cherimola×Annona squamosa*
分類：番荔枝科番荔枝屬
原產地：——
主要成分（新鮮）：熱量 79kcal、水分
77.7g、維他命 C 14mg、食物纖維 3.3g、
鉀 340mg

挑選方式
保存法

可在 25℃的室内環境下追熟，
待表面像耳垂一樣柔軟，就是
最好吃的時候。追熟後請冷藏
保存。

營養

含有大量的鉀，有助於改善高
血壓與水腫。還有形成骨骼的
必要營養素鎂。

　　由世界三大果實「鳳梨釋迦」（請參照
下方 memo）與「番荔枝」交配而成。可用
湯匙舀起果肉食用，糖度高達 25%，滋味很
甜，媲美「冰淇淋」與「牛心番荔枝」。冰
過更好吃。

memo 「鳳梨釋迦」是原產於祕魯安地斯的水果，白色果肉口感濃稠。

INDEX

●攝影協力

愛知縣立渥美農業高校
iBRIDGE 股份有限公司
青森縣五所川原市經濟部觀光物產課
地方獨立行政法人 青森縣產業技術中心
蘋果研究所
Access Create 股份有限公司
秋田縣果樹實驗場
ANA Foods 股份有限公司
飯綱町役場產業觀光課
伊豆市觀光協會土肥支部
伊藤 YOSHIYUKI
茨城縣農林水產部販售流通課
岩手縣農業研究中心
浦部農園
一般社團法人 笑容福島
愛媛縣企劃振興部廣報廣聽課
愛媛縣經濟勞動部觀光物產課
愛媛縣農林水產研究所果樹中心
愛媛縣農林水產研究所果樹中心 橘子研究所
大分縣農林水產部
地方獨立行政法人 大阪府立環境農林水產綜合研究所
岡山縣農林水產部
沖繩縣農業研究中心名護支所
鹿兒島縣奄美市
神奈川縣農業技術中心
神田育種農場股份有限公司
觀音山水果花園
紀州三昧
季來里 Farm Suzuki
熊本縣玉名郡玉東町
群馬縣農業技術中心 中山間地園藝研究所中心
甲州市公所產業振興課
高知縣農業技術中心果樹實驗場
國立研究開發法人 國際農林水產研究中心
埼玉縣農林部 生產振興課
佐賀縣產業勞動部
坂田種苗股份有限公司（Sakata seed Corporation）
靜岡縣溫室農業協同組合皇冠洋香瓜支所
JA 愛知中央
JA 會津西部營農中心
JA 岩手平泉
JA 江刺
JA 尾道市
JA 香川縣 普通寺集貨場
JA 岐阜
JA 共和
JA 熊本果實連
JA 熊本經濟連
JA 綠色鹿兒島
JA 佐渡本店
JA 島根
JA 新小樽
JA 全農石川
JA 全農岩手
JA 全農愛媛
JA 全農岡山
JA 全農岐阜

JA 全農鳥取
JA 多野藤岡
JA 千曲
JA 敦賀美方 梅之里會館
JA 東京南 稻城支店
JA 當麻
JA 土佐香美西瓜部會
JA 鳥取西部
JA 富里市
JA 南駿
JA 北海道中央會
JA Michinoku 村山
JA 宮崎經濟連
JA 夕張市
島根縣農業技術中心
STUDIO OKAMURA 有限公司
瀧井種苗股份有限公司
千葉縣農林綜合研究中心
千葉縣農林水產部
月形町產業課
digita 股份有限公司
Dole 股份有限公司
栃木縣農業實驗場
栃木縣農業實驗場草莓研究所
鳥取縣農林水產部
鳥取大學農學部
鳥取二十世紀梨紀念館
富山干柿出荷組合聯合會
長崎縣農林技術開發中心果樹・茶研究部門
中津川・惠那廣域行政推進協議會「栗全書」
中津市農政振興課
長野縣東御市產業經濟部
長野縣農政部
南都股份有限公司
新潟縣農林水產部
一般社團法人 日本青果物輸出入安全推進協會
農業生產法人 GRA 股份有限公司
農研機構
野上葡萄園
鳳梨王國
萩原農場股份有限公司
八醬堂股份有限公司
林農園（五一酒廠）
常陸太田市販賣流通對策課
常陸太田市公所農政部
日比貿易股份有限公司
漂流岡山有限公司
弘前大學農學生命科學部
Farmind 股份有限公司
福井縣農林水產部園藝中心
福島縣農林業綜合實驗場
福島縣農林水產部
藤崎町
FRUTAFRUTA 股份有限公司
FRESSA 股份有限公司
Fresh Del Monte Japan 股份有限公司
寶達志水町企劃振興課
HOB 股份有限公司
北海道立綜合研究機構農業研究本部中央農業實驗場

松戶市教育委員會 社會教育課
丸種股份有限公司
MIKADO 協和股份有限公司
三崎柑橘共同選果部會
宮崎縣綜合農業實驗場
三好 AGRI TECH 股份有限公司
山形縣農業綜合研究中心
山形縣農林水產部園藝農業推進課
大和農園 Holdings 股份有限公司
公益社團法人山梨縣果樹園藝會
山梨縣農政部
蘋果大學
LUMIERE 股份有限公司
和歌山縣伊都振興局
和歌山縣果樹試驗場梅子研究所
和歌山縣那賀振興局

●協力

岩城物產中心股份有限公司
岡村商店
觀音山水果花園
金丸文化農園
輕井澤桃薰草莓農園
香川縣農業生產流通課
神山町產業觀光課
高知縣農業技術中心果樹實驗場
JA 愛知北
JA 愛知中央
JA 愛知豐田
JA 會津
JA 上田
JA 愛媛中央
JA 愛媛南
JA 北空知
JA 紀南
JA 佐賀
JA 島根
JA 清水
JA 清水特產直銷商店 Kirari
JA 新福島
JA 全農長野
JA 輕津弘前
JA 敦賀美方梅之里會館
JA 東京島嶼小笠原父島支店
JA 土佐安藝
JA 奈良縣 西吉野柿選果場
JA 新潟未來
JA 東根
JA 笛吹八代支所
JA 福岡 八女立花中央選果場
JA 水果山梨
JA MEGUMINO
JA 余市
靜岡縣草莓協議會（JA 靜岡經濟連）
輝屋股份有限公司
鳥取縣園藝實驗場
長野縣果樹實驗場
美濃加茂市堂上蜂屋柿振興會

※ 依日文五十音順序刊載

國家圖書館出版品預行編目 (CIP) 資料

水果圖鑑 / 一般社團法人 日本果樹種苗協會，國立研
究開發法人 農業‧食品產業技術綜合研究機構，國
立研究開發法人 國際農林水產業研究中心監修；游韻
馨翻譯. -- 初版. -- 台中市：晨星，2019.02 面；　公分.
-- (台灣自然圖鑑；42)
譯自：図説　果物の大図鑑
ISBN 978-986-443-533-3(平裝)
1. 果樹類 2. 植物圖鑑

435.3025　　　　　　　　　　　107018067

詳填晨星線上回函
50 元購書優惠券立即送
（限晨星網路書店使用）

■參考文獻
《種苗法登録果樹品種一覧—平成 28 年度版—》日本果樹種苗協会
《新編 原色果物図説》養賢堂
《果実の事典》朝倉書店
《原色果実図鑑》保育社
《くだもののはたらき》日本園芸農業協同組合連合会
《小学館の図鑑 NEO 野菜と果物》小学館
《日本食品標準成分表 2015 年版(七訂)》文部科学省
各産地の JA および自治体のホームページ
農林水産省品種登録ホームページ

■ STAFF
日本版設計 / NILSON design studio(望月昭秀、木村由香里)
插圖 / 根岸美帆
攝影 / 株式会社 office 北北西(広瀬壮太郎)
執筆協力 / 伊藤睦、山本敦子
編輯、照片 / 株式会社スリーシーズン（奈田和子、木村泉、土屋まり子、藤門杏子、川上靖代、永渕美加子、鈴
木由紀子）
企劃、編輯、照片 / 山本雅之(マイナビ出版)

台灣自然圖鑑 042

水果圖鑑
図説　果物の大図鑑

監修	一般社團法人 日本果樹種苗協會、國立研究開發法人 農業・食品產業技術綜合研究機構、國立研究開發法人 國際農林水產業研究中心
審定	嚴新富
翻譯	游韻馨
主編	徐惠雅
執行主編	許裕苗
版面編排	許裕偉

創辦人	陳銘民
發行所	晨星出版有限公司
	台中市 407 工業區三十路 1 號
	TEL：04-23595820　FAX：04-23550581
	http：//star.morningstar.com.tw
	行政院新聞局局版台業字第 2500 號
法律顧問	陳思成律師
初版	西元 2019 年 02 月 23 日
	西元 2021 年 06 月 23 日（二刷）

讀者服務專線	TEL：02-23672044 / 04-23595819#230
讀者傳真專線	FAX：02-23635741 / 04-23595493
讀者專用信箱	E-mail：service@morningstar.com.tw
網路書店	http：//www.morningstar.com.tw
郵政劃撥	15060393（知己圖書股份有限公司）
印刷	上好印刷股份有限公司

定價 **690** 元

ISBN 978-986-443-533-3

ZUSETSU KUDAMONO NO DAI-ZUKAN supervised by
Japan Fruit Tree Seedling & Clonal Association, National Agriculture
and Food Research Organization and Japan International Research
Center for Agricultural Sciences
Copyright © 2016 3season Co.,Ltd.
All rights reserved.
Original Japanese edition published by Mynavi Publishing Corporation

This Traditional Chinese edition is published by arrangement with
Mynavi Publishing Corporation, Tokyo in care of Tuttle-Mori Agency,
Inc., Tokyo through Future View Technology Ltd., Taipei.

版權所有 翻印必究（如有缺頁或破損，請寄回更換）